从基础知识入手，带领读者搭建开发环境，深入项目开发实战

扶松柏
编著

Android
从入门到精通

北京希望电子出版社
Beijing Hope Electronic Press
www.bhp.com.cn

内 容 简 介

本书循序渐进、由浅入深地详细讲解了开发Android应用程序的知识，并通过具体实例的实现过程演练了各个知识点的具体应用。

全书共23章，分别为Android开发基础、剖析Android应用程序、界面UI设计和布局、基本视图组件、事件处理、Activity程序界面、Intent和IntentFilter、Service和Broadcast Receiver、资源管理机制、Android数据存储、绘制二维图形、多媒体音频、开发视频应用程序、使用OpenGL ES开发3D程序、HTTP和URL数据通信、处理XML数据、使用WebView浏览网页、开发移动Web应用程序、GPS地图定位、开发蓝牙应用程序、拍照和二维码识别、网络防火墙系统、在线电话簿管理系统。本书内容讲解细致并且全面，引领读者全面掌握Android开发技术的精髓。

本书不仅适用于Android开发的初学者，也适用于有一定Android开发基础的读者，还可以作为大专院校相关专业的师生学习用书和培训学校的教材。

图书在版编目（CIP）数据

Android 从入门到精通 / 扶松柏编著. -- 北京 ：北京希望电子出版社，2017.12
ISBN 978-7-83002-510-6

Ⅰ.①A… Ⅱ.①扶… Ⅲ.①移动终端－应用程序－程序设计 Ⅳ.①TN929.53

中国版本图书馆 CIP 数据核字 (2017) 第 220728 号

出版：北京希望电子出版社	封面：深度文化
地址：北京市海淀区中关村大街 22 号	编辑：李 萌
中科大厦 A 座 10 层	校对：龙景楠
邮编：100190	开本：787mm×1092mm　1/16
网址：www.bhp.com.cn	印张：29
电话：010-82620818（总机）转发行部	字数：688 千字
010-82626237（邮购）	印刷：北京昌联印刷有限公司
传真：010-62543892	版次：2020 年 1 月 1 版 1 次印刷
经销：各地新华书店	

定价：79.80 元

前 言

从你开始学习编程的那一刻起，就注定了以后所要走的路：从编程学习者开始，依次经历实习生、程序员、软件工程师、架构师、CTO等职位的磨砺。当你站在职位顶峰的位置蓦然回首，会发现自己的成功并不是偶然，在程序员的成长之路上会有不断修改代码、寻找并解决Bug、不停地测试程序和修改项目的经历。不可否认的是，只要你在自己的开发生涯中稳扎稳打，并且善于总结和学习，最终将会得到可喜的收获。

本书的特色

1．以"入门到精通"的写作方法构建内容，让读者入门容易

为了使读者能够完全看懂本书的内容，本书遵循"入门到精通"基础类图书的写法，循序渐进地讲解这门开发语言的基本知识。

2．破解语言难点，绕过学习中的陷阱

本书采用的不是编程语言知识点的罗列式讲解。为了帮助读者学懂基本知识点，每章都会细致地讲解每一个知识点，让读者知其然又知其所以然，也就是看得明白，学得通。

3．贴心提示和注意事项提醒

本书根据需要在各章安排了很多"注意""说明"和"技巧"等小板块，让读者可以在学习过程中更轻松地理解相关知识点及概念，更快地掌握个别技术的应用技巧。

本书的内容

本书循序渐进、由浅入深地详细讲解了开发Android应用程序的知识，并通过具体实例的实现过程演练了各个知识点的具体应用。全书共23章，分别为Android开发基础、剖析Android应用程序、界面UI设计和布局、基本视图组件、事件处理、Activity程序界面、Intent和IntentFilter、Service和Broadcast Receiver、资源管理机制、Android数据存储、绘制二维图形、多媒体音频、开发视频应用程序、使用OpenGL ES开发3D程序、HTTP和URL数据通信、处理XML数据、使用WebView浏览网页、开发移动Web应用程序、GPS地

图定位、开发蓝牙应用程序、拍照和二维码识别、网络防火墙系统、在线电话簿管理系统。本书内容讲解细致并且全面,帮助读者全面掌握Android开发技术的精髓。

本书的读者对象

初学编程的自学者　　　　　编程爱好者
大中专院校的教师和学生　　相关培训机构的教师和学员
毕业设计的学生　　　　　　初、中级程序开发人员
软件测试人员　　　　　　　实习中的初级程序员
在职程序员

致谢

本书主要由扶松柏编著。参与本书编写的还有于秀青、田君、陈强、席国庆、朱桂英、管西京、张子言、程娟、王文忠、王振丽、张晓博、田万勇、唐丽香、于香芝、武宝川、李明玉、韩成斌、田羽、唐君枝、田凤梅、高庆涛、于小川、田兆录、陈秋红,在此一并表示感谢。

十分感谢我的家人给予的巨大支持。本人水平毕竟有限,书中存在纰漏在所难免,恳请读者提出意见或建议,以便修订并使之更臻完善。最后感谢广大读者购买本书,希望本书能成为您编程路上的领航者,祝您阅读快乐!

作　者

目 录

第1章　Android开发基础 …………… 1

1.1　Android系统简介 ………………… 2
- 1.1.1　Android 9的新特性 …………… 2
- 1.1.2　Kotlin语言 …………………… 2
- 1.1.3　Android系统的发展现状 ……… 3
- 1.1.4　Android系统的自身优势 ……… 3
- 1.1.5　Android开发的类别 …………… 4

1.2　搭建Android应用开发环境 ……… 5
- 1.2.1　安装Android SDK的系统要求 ………………………… 5
- 1.2.2　为Java开发做准备：安装JDK ……………………… 5

1.3　搭建Android Studio开发环境 …… 9
- 1.3.1　官方方式获取Android Studio工具包 ……………………… 9
- 1.3.2　安装工具包 …………………… 11
- 1.3.3　启动Android Studio前的设置工作 ……………………… 13
- 1.3.4　正式启动Android Studio …… 15

1.4　第一个Android应用程序实例 …… 16
- 1.4.1　新建Android工程 …………… 17
- 1.4.2　编写代码和代码分析 ………… 17
- 1.4.3　调试程序 ……………………… 18
- 1.4.4　使用模拟器运行项目 ………… 19
- 1.4.5　使用真机运行项目 …………… 19
- 1.4.6　将Java转换为Kotlin ………… 22

第2章　剖析Android应用程序 …… 23

2.1　Android系统架构 ………………… 24
- 2.1.1　应用程序框架层（Application Framework） ……………… 24
- 2.1.2　应用程序层（Application） … 25

2.2　Android应用程序文件组成 ……… 25
- 2.2.1　两种模式 ……………………… 25
- 2.2.2　"app"目录 …………………… 27
- 2.2.3　设置文件AndroidManfest.xml … 30
- 2.2.4　"Gradle Scripts"目录 ……… 32

第3章　界面UI设计和布局 ………… 35

3.1　使用View视图组件 ……………… 36
- 3.1.1　类View的常用属性和方法 …… 36
- 3.1.2　ViewGroup容器 ……………… 37
- 3.1.3　类ViewManager ……………… 37

3.2　UI界面布局的方式 ……………… 38
- 3.2.1　使用XML进行布局 …………… 38

  3.2.2 在Java代码中控制布局………38
3.3 使用Android布局管理器……………40
  3.3.1 使用线性布局LinearLayout…40
  3.3.2 使用相对布局RelativeLayout…42
  3.3.3 使用帧布局FrameLayout……45
  3.3.4 使用表格布局TableLayout…46
  3.3.5 使用绝对布局AbsoluteLayout…48
  3.3.6 使用网格布局GridLayout……49

第4章 基本视图组件……………51

4.1 使用Widget组件……………………52
  4.1.1 Widget框架类的组成………52
  4.1.2 实战演练：使用Widget
     组件…………………………52
  4.1.3 实战演练：使用Button按钮
     组件…………………………53
  4.1.4 实战演练：使用TextView文本
     框组件………………………54
  4.1.5 实战演练：使用EditText编辑框
     组件…………………………55
  4.1.6 实战演练：使用CheckBox多项
     选择组件……………………56
  4.1.7 实战演练：使用单项选择组件
     RadioGroup…………………57
  4.1.8 实战演练：使用Spinner下拉列
     表组件………………………58
  4.1.9 实战演练：使用AutoComplete
     TextView自动完成文本组件…59
  4.1.10 实战演练：使用DatePicker日
      期选择器组件………………61
  4.1.11 实战演练：使用TimePicker时
      间选择器组件………………61
  4.1.12 实战演练：使用ScrollView滚
      动视图组件…………………62
  4.1.13 实战演练：使用ProgressBar进
      度条组件……………………63
  4.1.14 实战演练：使用SeekBar拖动
      条组件………………………64
  4.1.15 实战演练：使用RatingBar评
      分组件………………………64
  4.1.16 实战演练：使用ImageView图
      片视图组件…………………65
  4.1.17 实战演练：使用网格视图组
      件GridView…………………66
  4.1.18 实战演练：使用ImageSwitcher
      图片切换器组件……………67
  4.1.19 实战演练：使用HorizontalScroll
      View水平滑动组件…………68
4.2 使用MENU菜单组件………………70
  4.2.1 MENU组件基础……………70
  4.2.2 实战演练：使用MENU组件…71
4.3 使用列表组件ListView………………72
  4.3.1 Adapter介绍…………………73
  4.3.2 ListView基础………………73
  4.3.3 实战演练：使用SimpleAdapter
     方式实现ListView列表………74
4.4 使用Toast和Notification通知组件……75
  4.4.1 使用Toast通知………………75
  4.4.2 使用Notification通知………76
  4.4.3 实战演练：使用Toast通知的5
     种用法………………………77

第5章 事件处理 79

- 5.1 基于监听的事件处理 80
  - 5.1.1 监听处理模型中的三种对象 80
  - 5.1.2 实战演练：单击按钮事件处理程序 81
  - 5.1.3 Android系统中的监听事件 83
- 5.2 实现事件监听器的方法 84
  - 5.2.1 内部类形式 84
  - 5.2.2 实战演练：使用外部类形式定义事件监听器 84
  - 5.2.3 实战演练：将Activity本身作为事件监听器类 86
- 5.3 基于回调的事件处理 87
  - 5.3.1 Android事件侦听器的回调方法 87
  - 5.3.2 实战演练：使用基于回调的事件处理机制 89
  - 5.3.3 实战演练：使用基于回调的事件传播 91
  - 5.3.4 重写onTouchEvent方法响应触摸屏事件 92
- 5.4 系统设置事件 92
  - 5.4.1 Configuration类基础 93
  - 5.4.2 实战演练：获取系统的屏幕方向和触摸屏方式 93

第6章 Activity程序界面 96

- 6.1 Activity基础 97
  - 6.1.1 Activity的状态及状态间的转换 97
  - 6.1.2 实战演练：使用Activity覆盖7个生命周期 98
- 6.2 启动Activity 102
  - 6.2.1 实战演练：使用LauncherActivity启动Activity列表 102
  - 6.2.2 实战演练：使用ExpandableListActivity生成一个可展开列表窗口 104
  - 6.2.3 实战演练：使用PreferenceActivity设置界面 105
  - 6.2.4 实战演练：通过Activity数据交换开发会员注册系统 107
- 6.3 Activity的加载模式 109
  - 6.3.1 四种加载模式 109
  - 6.3.2 实战演练：使用singleInstance加载模式 110
- 6.4 使用Fragment 112
  - 6.4.1 Fragment的设计理念 112
  - 6.4.2 创建Fragment 112
  - 6.4.3 实战演练：使用Fragment实现图书展示系统 114

第7章 Intent和IntentFilter 117

- 7.1 Intent和IntentFilter基础 118
  - 7.1.1 Intent启动不同组件的方法 118
  - 7.1.2 Intent的构成 119
  - 7.1.3 实战演练：在一个Activity中调

用另一个Activity……………… 119
7.2 使用IntentFilter……………………… 121
　　7.2.1 IntentFilter基础……………… 121
　　7.2.2 IntentFilter响应隐式Intent … 122
　　7.2.3 实战演练：一个拨打电话
　　　　　程序…………………………… 124
7.3 Intent的属性……………………… 125
　　7.3.1 实战演练：使用Component属
　　　　　性介绍………………………… 125
　　7.3.2 实战演练：Action属性……… 127
　　7.3.3 实战演练：使用Category
　　　　　属性…………………………… 131

第8章 Service和Broadcast Receiver ……… 134

8.1 后台服务Service………………… 135
　　8.1.1 Service介绍 ………………… 135
　　8.1.2 实战演练：创建、启动和停止
　　　　　Service………………………… 135
　　8.1.3 设置Service的访问权限…… 138
　　8.1.4 实战演练：绑定后台Service
　　　　　服务…………………………… 138
8.2 AIDL实现跨Service交互………… 140
　　8.2.1 AIDL基础…………………… 141
　　8.2.2 实战演练：在客户端访问AIDL
　　　　　Service………………………… 141
8.3 使用Broadcast Receiver接收信息 … 143
　　8.3.1 BroadcastReceiver基础……… 143
　　8.3.2 实战演练：发送广播信息… 144

8.4 短信处理………………………… 146
　　8.4.1 SmsManager类介绍………… 146
　　8.4.2 实战演练：实现一个发送短信
　　　　　系统…………………………… 148
8.5 拨打电话处理…………………… 150
　　8.5.1 TelephonyManager类介绍… 150
　　8.5.2 实战演练：来电后自动发送邮
　　　　　件通知………………………… 151

第9章 资源管理机制……… 153

9.1 Android的资源类型……………… 154
9.2 使用资源的3种方式……………… 155
　　9.2.1 在Java代码中使用资源清
　　　　　单项…………………………… 155
　　9.2.2 在XML代码中使用资源…… 155
　　9.2.3 实战演练：联合使用字符串、
　　　　　颜色和尺寸资源……………… 156
9.3 使用Drawable（图片）资源………… 157
　　9.3.1 使用StateListDrawable
　　　　　资源…………………………… 157
　　9.3.2 使用LayerDrawable资源…… 158
　　9.3.3 使用ShapeDrawable资源…… 159
　　9.3.4 使用ClipDrawable资源……… 160
　　9.3.5 使用AnimationDrawable
　　　　　资源…………………………… 160
9.4 使用XML资源…………………… 162
　　9.4.1 Android操作XML文件…… 162
　　9.4.2 实战演练：解析原始XML
　　　　　文件…………………………… 162

9.5 使用样式资源和主题资源……163
   9.5.1 使用样式资源……163
   9.5.2 使用主题资源……164
   9.5.3 实战演练：使用主题资源……164
9.6 使用其他类型的资源……166
   9.6.1 实战演练：使用属性资源…166
   9.6.2 实战演练：使用声音资源…169

第10章 Android数据存储……171

10.1 使用SharedPreferences存储……172
   10.1.1 SharedPreferences简介……172
   10.1.2 实战演练：使用SharedPreferences存储联系人信息……172
10.2 文件存储……174
   10.2.1 文件存储介绍……174
   10.2.2 实战演练：实现一个掌上日记本系统……174
10.3 使用SQLite技术……176
   10.3.1 SQLite基础……176
   10.3.2 SQLiteOpenHelper辅助类……176
   10.3.3 实战演练：使用SQLite存储并操作数据……177
10.4 ContentProvider存储……180
   10.4.1 ContentProvider介绍……180
   10.4.2 实战演练：获取通讯录中的联系人信息……181
10.5 网络存储……184

   10.5.1 Web Service介绍……184
   10.5.2 实战演练：开发一个天气预报系统……184

第11章 绘制二维图形……187

11.1 Skia渲染引擎介绍……188
11.2 使用画布绘制图形……188
   11.2.1 Canvas画布……188
   11.2.2 实战演练：使用画布绘制二维图形……189
11.3 使用画笔绘制图形……191
   11.3.1 Paint类基础……191
   11.3.2 实战演练：使用类Color和类Paint绘制图形……191
11.4 使用位图操作类绘制图形……192
   11.4.1 类Bitmap基础……192
   11.4.2 实战演练：使用类Bitmap实现模拟水纹效果……193
11.5 设置文本颜色……195
   11.5.1 类Color基础……195
   11.5.2 实战演练：使用类Color更改文字的颜色……196
11.6 使用矩形类Rect和RectF……197
   11.6.1 类Rect基础……197
   11.6.2 类RectF基础……198
   11.6.3 实战演练：使用类Rect和类RectF绘制矩形……199
11.7 使用变换处理类Matrix……201
   11.7.1 类Matrix基础……201

11.7.2	实战演练：使用类Matrix实现图片缩放功能 ·········· 201		12.2.1	MediaRecorder接口基础 ····· 214
			12.2.2	实战演练：录制并播放录制的音频 ·········· 215
11.8	使用BitmapFactory类 ·········· 203		12.3	使用MediaPlayer播放音频 ····· 218
11.8.1	类BitmapFactory基础 ·········· 203		12.3.1	MediaPlayer基础 ·········· 218
11.8.2	实战演练：获取指定图片的宽度和高度 ·········· 204		12.3.2	实战演练：使用MediaPlayer播放音频 ·········· 218
11.9	使用Tween Animation创建二维动画 ·········· 205		12.4	使用SoundPool播放音频 ····· 220
11.9.1	Tween动画基础 ·········· 205		12.4.1	SoundPool基础 ·········· 220
11.9.2	实战演练：实现Tween动画的4种效果 ·········· 206		12.4.2	实战演练：使用SoundPool播放长短不一的音效 ·········· 220
11.10	实现Frame Animation（帧动画）效果 ·········· 207		12.5	使用Ringtone播放铃声 ·········· 221
			12.5.1	类RingtoneManager基础 ····· 221
11.10.1	Frame动画基础 ·········· 207		12.5.2	实战演练：使用RingtoneManager设置手机铃声 ·········· 222
11.10.2	实战演练：实现Frame动画效果 ·········· 208		12.6	实现手机振动功能 ·········· 223
11.11	使用Property Animation（属性动画） ·········· 209		12.6.1	Vibrator类基础 ·········· 223
			12.6.2	实战演练：使用Vibrator实现手机振动 ·········· 224
11.11.1	Property Animation（属性）动画基础 ·········· 209		12.7	设置闹钟 ·········· 225
			12.7.1	AlarmManage基础 ·········· 225
11.11.2	实战演练：实现属性动画效果 ·········· 210		12.7.2	实战演练：开发一个闹钟简单的闹钟程序 ·········· 226

第12章 多媒体音频 ·········· 211

第13章 开发视频应用程序 ·········· 228

12.1	核心功能类AudioManager ····· 212		13.1	实战演练：使用MediaPlayer播放视频 ·········· 229
12.1.1	AudioManager基础 ·········· 212			
12.1.2	实战演练：设置短信提示铃声 ·········· 212		13.2	使用VideoView播放视频 ····· 231
12.2	实现录音功能 ·········· 214		13.2.1	VideoView基础 ·········· 231

13.2.2 实战演练：使用VideoView播放手机中的影片 …… 233

第14章 使用OpenGL ES开发3D程序 …… 235

14.1 OpenGL ES介绍 …… 236
14.2 使用点线法绘制三角形 …… 236
　14.2.1 点线法基础 …… 236
　14.2.2 实战演练：使用GL_TRIANGLES方法绘制三角形 …… 237
14.3 使用索引法绘制三角形 …… 239
　14.3.1 gl.glDrawElements()方法基础 …… 239
　14.3.2 实战演练：使用索引法绘制三角形 …… 239
14.4 实现投影效果 …… 241
　14.4.1 正交投影和透视投影 …… 241
　14.4.2 实战演练：在Android屏幕中实现投影效果 …… 242
14.5 实现光照效果 …… 243
　14.5.1 光源的类型 …… 243
　14.5.2 实战演练：开启或关闭光照特效 …… 244
14.6 实现纹理映射 …… 247
　14.6.1 纹理贴图和纹理拉伸 …… 247
　14.6.2 实战演练：实现三角形纹理贴图效果 …… 248
14.7 实现坐标变换 …… 251
　14.7.1 坐标变换基础 …… 251
　14.7.2 实战演练：实现平移变换效果 …… 251
14.8 使用Alpha混合技术 …… 253
　14.8.1 Alpha混合基础 …… 253
　14.8.2 实战演练：实现光晕和云层效果 …… 254

第15章 HTTP和URL数据通信 …… 256

15.1 HTTP协议开发 …… 257
　15.1.1 Android中的HTTP …… 257
　15.1.2 实战演练：在手机屏幕中传递HTTP参数 …… 258
15.2 URL和URLConnection …… 260
　15.2.1 URL类基础 …… 261
　15.2.2 实战演练：从网络中下载图片作为屏幕背景 …… 262
15.3 使用HTTPURLConnection访问网络资源 …… 264
　15.3.1 HttpURLConnection的主要用法 …… 264
　15.3.2 实战演练：显示网络中的图片 …… 268

第16章 处理XML数据 …… 270

16.1 XML技术基础 …… 271
16.2 使用SAX解析XML数据 …… 272
　16.2.1 SAX基础 …… 272

16.2.2 实战演练：使用SAX解析
XML数据 …………………… 272
16.3 使用DOM解析XML …………… 275
16.3.1 DOM基础 ………………… 275
16.3.2 实战演练：使用DOM技术
来解析并生成XML ………… 275
16.4 使用Pull解析技术 ……………… 278
16.4.1 Pull解析原理 ……………… 278
16.4.2 实战演练：使用Pull解析并
生产XML文件 ……………… 278
16.4.3 实战演练：开发一个音乐
客户端 ……………………… 280

第17章 使用WebView浏览网页 …… 283

17.1 WebView基础 ………………… 284
17.1.1 WebView的优点 …………… 284
17.1.2 WebSettings管理接口 ……… 284
17.1.3 Web视图客户对象 ………… 284
17.1.4 客户基类WebChromeClient … 285
17.2 使用WebView的3种方式 ……… 286
17.2.1 实战演练：浏览指定网址的
网页信息 …………………… 286
17.2.2 实战演练：加载显示指定的
HTML程序 ………………… 288
17.2.3 实战演练：实现与JavaScript
的交互 ……………………… 289

第18章 开发移动Web应用程序 …… 293

18.1 实战演练：编写一个适用于Android

系统的网页 ……………………… 294
18.1.1 控制页面的缩放 …………… 296
18.1.2 添加Android的CSS ………… 297
18.1.3 添加JavaScript ……………… 299
18.2 实战演练：使用Ajax技术 ……… 302
18.3 让网页动起来 …………………… 305
18.3.1 实战演练：使用JQTouch框架
开发网页 …………………… 306
18.3.2 实战演练：使用PhoneGap
框架开发网页 ……………… 309

第19章 GPS地图定位 ……………… 315

19.1 使用位置服务 …………………… 316
19.1.1 android.location功能类 ……… 316
19.1.2 实战演练：使用GPS定位技术
获取当前的位置信息 ……… 318
19.2 及时更新位置信息 ……………… 320
19.2.1 使用LocationManager监听
位置 ………………………… 320
19.2.2 实战演练：监听当前设备的
坐标、高度和速度 ………… 321
19.3 在Android设备中使用谷歌地图 … 323
19.3.1 Google Maps Android API开发
基础 ………………………… 323
19.3.2 类MapFragment …………… 324
19.3.3 申请SHA1认证指纹和Google
Maps API V2 Android密钥 328
19.3.4 使用Google Map API密钥 · 330
19.3.5 实战演练：在谷歌地图中定
位显示当前的位置 ………… 333

19.3.6 实战演练：根据给定坐标在
地图中显示位置 ·················· 336
19.4 使用百度地图 ························· 337
19.4.1 百度Android定位SDK
介绍 ····································· 337
19.4.2 使用百度Android定位
SDK ···································· 338
19.4.3 实战演练：在百度地图中
定位显示当前的位置 ·········· 341
19.5 使用高德地图 ························· 343
19.5.1 使用高德地图 ·················· 343
19.5.2 实战演练：使用高德地图
定位显示当前的位置 ·········· 350

第20章 开发蓝牙应用程序 ········ 353

20.1 蓝牙4.0 BLE介绍 ···················· 354
20.2 和蓝牙相关的类 ······················ 354
20.2.1 蓝牙套接字类Bluetooth
Socket ································ 354
20.2.2 服务器监听接口类Bluetooth
ServerSocket ······················ 356
20.2.3 蓝牙适配器类Bluetooth
Adapter ······························· 356
20.2.4 服务端常量类BluetoothClass.
Service ································ 365
20.2.5 定义设备常量类Bluetooth
Class.Device ······················ 365
20.3 开发Android蓝牙应用程序 ····· 366
20.3.1 实战演练：开发一个控制玩
具车的蓝牙遥控器 ·············· 366

20.3.2 实战演练：开发一个Android
蓝牙控制器 ·························· 368

第21章 拍照和二维码识别 ········ 372

21.1 调用系统内置的拍照功能 ······· 373
21.1.1 开启权限 ···························· 373
21.1.2 Camera2中的主要接口 ····· 373
21.2 使用Camera API ····················· 374
21.2.1 使用Camera API方式
拍照 ···································· 374
21.2.2 实战演练：自己开发的拍照
程序 ···································· 375
21.3 全新的Camera2 API ················ 376
21.3.1 Camera2 API介绍 ············· 377
21.3.2 实战演练：使用Camera 2 API
实现预览和拍照功能 ·········· 379
21.4 解析二维码 ······························ 381
21.4.1 QR Code码的特点 ············ 381
21.4.2 实战演练：在早期版本使用
相机解析二维码 ·················· 381
21.4.3 实战演练：使用开源框架
Zxing生成二维码 ··············· 384

第22章 网络防火墙系统 ············ 391

22.1 系统需求分析 ·························· 392
22.2 编写布局文件 ·························· 392
22.3 编写主程序文件 ······················ 395
22.3.1 主Activity文件 ·················· 395
22.3.2 帮助Activity文件 ·············· 408

22.3.3	公共库函数文件……………409	23.2.2	什么是PhoneGap……………431
22.3.4	系统广播文件………………421	23.2.3	搭建PhoneGap开发环境……431
22.3.5	登录验证……………………422	23.3	具体实现……………………………433
22.3.6	打开/关闭某一个实施	23.3.1	创建Android工程……………433
	控件…………………………424	23.3.2	实现系统主界面……………435
		23.3.3	实现信息查询模块…………437

第23章 在线电话簿管理系统…428

23.3.4　实现系统管理模块…………439
23.3.5　实现信息添加模块…………444
23.1　实例目标…………………………429
23.3.6　实现信息修改模块…………447
23.2　PhoneGap简介……………………430
23.3.7　实现信息删除模块和更新
23.2.1　产生背景介绍………………430
　　　　模块…………………………450

第 1 章
Android开发基础

> Android是一款移动智能操作系统的名称,是科技界巨头谷歌(Google)公司推出的一款运行于手机和平板电脑等移动设备上的智能操作系统。虽然Android外形比较简单,但是其功能十分强大。自从2011年开始到现在为止,Android系统一直占据全球智能手机市场占有率第一的宝座。本章将简单介绍Android系统的诞生背景和发展历程,为读者步入本书后面内容的学习打下基础。

1.1 Android系统简介

2007年11月5日，Google正式对外宣布推出Android开源手机操作系统平台。2018年9月2日，谷歌在Google I/O 2018开发者大会发布了Android 9.0。从2011年开始到现在，Android系统便一直占据移动智能操作系统市场占有率第一名的宝座。

1.1.1 Android 9的新特性

（1）自适应电池

如果用户在Android 9中使用了休眠功能，它会让所有的应用程序都休眠，而自适应电池功能是它的一个进阶版，默认情况下是启用的。

（2）黑暗模式

依次打开Settings> System > Display > Advanced > Devicetheme，然后选中"Dark"项打开该功能，这样可以让Android设备变暗。

（3）应用程序操作

这类似于可以通过长时间按下图标来调用应用程序的快捷方式，但考虑到它是谷歌启动程序，它可以为用户的手机提供一些操作建议。例如当把耳机连接到手机时，手机会显示最近的播放列表，或者会建议打个电话给亲人，让他（她）在这周内来看你。

（4）应用定时器

设置应用程序的时间限制，当在指定的时间段内使用它们之后，Android会自动将应用程序的图标变灰——暗示用户应该把时间花在使用应用程序以外的事情上。用户可以自由设置程序的使用时限。

（5）自适应亮度

Android的自动亮度调节功能更加智能，现在可以训练这一功能在使用特定的应用程序和不同的环境时知道用户喜欢的亮度级别。

（6）切片

通过"切片"功能可以在使用Google搜索应用搜索应用时看到丰富的数据。这个功能的好处是，可以直接跳过执行信息对话中列出的操作。例如，在谷歌搜索应用程序中搜索lyft（打车应用），可以选择叫车服务去某一地点，价格也会分别显示出来。

1.1.2 Kotlin语言

在2017年I/O开发者大会上，谷歌宣布Kotlin（官方网站 https://kotlinlang.org/）语言成

为谷歌官方认可的Android应纳用程序开发第一语言。而且从Android Studio 3.0开始，将直接集成Kotlin而无需安装任何插件。Kotlin语言是由JetBrains发明的，它之所以受到热烈欢迎，主要原因是它运行在Java虚拟机上，可以和Java语言一起使用来构建应用程序。这意味着开发人员可以使用现有的代码，轻松地构建新的功能或替代Java代码。由于Kotlin依赖于Java，所以这两种语言都将继续得到支持。

谷歌将致力于推动Kotlin相关安卓开发工具的发展，使得使用Kotlin来开发安卓应用更加高效。当然生态系统不是一天就可以创建好的，Kotlin何时可以取代Java成为安卓开发第一语言还需要时日。

> 本书正文中的代码将以Java语言进行讲解，附带素材中配套了几乎所有实例的Kotlin版代码，并且在配套视频中详细讲解了各个实例Kotlin版代码的具体实现。

1.1.3 Android系统的发展现状

- 北京时间2011年11月数据，Android占据全球智能手机操作系统市场52.5%的份额，中国市场占有率为58%。
- 北京时间2019年2月15日消息，国外著名的市场数据调研公司Kantar Woroldpanel正式公布了截至2018年全球范围内智能手机市场的最新排名情况，这份数据主要包含目前智能手机用户较多的地区，比如中国、美国、英国、法国、德国等地。其中在国内市场，Android手机市场占有率为82.3%，苹果iOS则是16%。

82.3%的市场占有率是一个压倒性的数据，由此可见，Android系统稳坐移动智能操作系统市场占有率第一的宝座毫无压力。

> 可惜Android版本数量较多，市面上同时存在从Android 1.6到当前最新的Android 9多种版本的Android系统手机，应用软件对各版本系统的兼容性对程序开发人员是一种不小的挑战。同时由于开发门槛低，导致应用数量虽然很多，但是应用质量参差不齐，甚至出现不少恶意软件，导致一些用户受到损失。同时Android没有对各厂商在硬件上进行限制，导致一些用户在低端机型上体验不佳。

1.1.4 Android系统的自身优势

此时肯定有读者禁不住要问：为什么Android能在这么多的智能系统中脱颖而出，迅速成为市场占有率第一的手机系统呢？要想分析其原因，需要先了解它的巨大优势，分析究竟是哪些优点吸引了厂商和消费者的青睐。

(1) 系出名门家族Linux

Android是出身于Linux世家，是一款开源的手机操作系统。Android功成名就之后，各大手机联盟纷纷加入，这个联盟由包括中国移动、摩托罗拉、高通、HTC和T-Mobile在内的30多家技术和无线应用的领军企业组成。通过与运营商、设备制造商、开发商和其他有关各方结成深层次的合作伙伴关系，希望借助建立标准化、开放式的移动电话软件平台，在移动产业内形成一个开放式的生态系统。

(2) 强大的开发团队

Android的研发队伍阵容强大，包括摩托罗拉、Google、HTC（宏达电子）、PHILIPS、T-Mobile、高通、魅族、三星、LG以及中国移动在内的34家企业，这都是在手机江湖中享有盛名的大佬。这些企业都将基于该平台开发手机的新型业务，应用之间的通用性和互联性将在最大限度上得到保持。同时还成立了手机开放联盟，联盟中的成员都是通信行业的世界500强企业。

(3) 诱人的奖励机制

谷歌为了提高程序员们的开发积极性，不但为他们提供了一流硬件的设置，提供了一流的软件服务，而且还提出了振奋人心的奖励机制，例如在定期召开开发比赛，用创意和应用夺魁的程序员将会得到重奖。

(4) 开源

开源意味着对开发人员和手机厂商来说，Android是完全无偿免费使用的。因为源代码公开的原因，所以吸引了全世界各地无数程序员的热情。于是很多手机厂商都纷纷采用Android作为自己产品的系统，包括很多山寨厂商。因为免费，所以降低了成本，提高了利润。而对于开发人员来说，众多厂商的采用就意味着人才需求大，所以纷纷加入到Android开发大军中来。于是有一些干得还可以的程序员禁不住高薪的诱惑，都纷纷改行做Android开发。很多觉得现状不尽如人意的程序员，就更加坚定了"改行做Android手机开发"，目的是想寻找自己程序员生涯的转机。也有很多遇到发展瓶颈的程序员加入到Android阵营中，因为这样可以学习一门新技术，使自己的未来更加有保障。

1.1.5 Android开发的类别

Android开发包括底层开发和应用开发，底层开发大多数是指和硬件相关的开发，并且是基于Linux环境的，例如开发驱动程序。应用开发是指开发能在Android系统上运行的程序，例如游戏和地图等程序。

1.2 搭建Android应用开发环境

Android作为一门新兴开发技术，在进行开发前首先要搭建一个对应的开发环境。因为大多数读者的操作系统是Windows，所以本书只介绍在Windows系统下配置Android应用开发环境的知识。

1.2.1 安装Android SDK的系统要求

在搭建Android应用开发环境之前，一定先确定基于Android应用软件所需要开发环境的要求，具体见表1-1。

表1-1 开发系统所需求参数

项目	版本最低要求	说明	备注
操作系统	Windows XP或以上，包括Windows 7、Windows 8和Windows 10	根据自己的电脑自行选择	选择自己最熟悉的操作系统，笔者使用的是Windows 10系统
软件开发包	Android SDK	建议选择最新版本的SDK	最新手机版本是9.0（截至2019年5月）
IDE（可视化开发工具）	Eclipse IDE+ADT或Android Studio	Eclipse和Android是两种独立的开发环境	Eclipse IDE选择"for Java Developer" Android Studio选择最新版本
运行环境	JDK（Java程序运行环境）	建议选择JDK 1.7及以上的版本	笔者使用的是JDK 1.8

Android工具是由多个开发包组成的，具体说明如下。

- JDK：可以到网址 http://www.oracle.com/technetwork/java/javase/downloads/index.html 下载。
- Android Studio：可以到Android的官方网站http://developer.android.com下载。
- Android SDK：可以到Android的官方网站https://developer.android.google.cn/下载。
- JDK：可以到Oracle的官方网站http://www.oracle.com/technetwork/java/javase/downloads/index.html下载。

1.2.2 为Java开发做准备：安装JDK

因为截至2019年5月，市面中80%以上的Android应用程序都是用Java开发的，要想运行Java程序，就必须先安装JDK。JDK（Java Development Kit）是整个Java的核心，包括了Java运行环境、Java工具和Java基础的类库。JDK是学好Java的第一步，是开发和运行Java环境的基础,当用户要对Java程序进行编译的时候,必须先获得对应操作系统的JDK,否则将无法编译Java程序。在安装JDK之前需要先获得JDK,获得JDK的操作流程如下所示。

STEP 01 登录Oracle中文下载网页,网址是http://www.oracle.com/cn/downloads/index.html,如图1-1所示。

STEP 02 单击"Java下载"链接来到Java下载界面,如图1-2所示。

图1-1　Oracle官方下载页面　　　　　　　　图1-2　Java下载界面

STEP 03 单击图1-2中的"Java SE"链接来到Java SE下载界面,如图1-3所示。

STEP 04 单击"JDK"下方的"DOWNLOAD"按钮进入JDK下载界面,如图1-4所示。

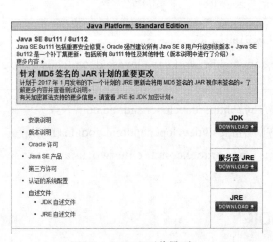

图1-3　Java SE下载界面　　　　　　　　图1-4　JDK下载界面

STEP 05 在图1-4中可以看到有很多版本,读者需要根据自己的操作系统进行下载,各个版本对应操作系统的具体说明如下所示:

- Linux x86：基于X86架构的32位Linux系统。
- Linux x64：基于X86架构的64位Linux系统。
- Mac OS X：苹果操作系统。
- Windows x86：基于X86架构的32位Windows系统。
- Windows x64：基于X86架构的64位Windows系统。

例如笔者电脑的操作系统是64位的Windows系统，所以在图1-4中选中"接受许可协议"单选按钮后，必须单击"Windows x64"后面的"jdk-8u111-windows-x64.exe"链接来下载JDK。如果选择的下载版本和自己电脑的操作系统不对应，将不能成功安装JDK。

STEP 06　下载完成后双击下载的".exe"文件开始进行安装，将弹出"安装程序向导"对话框，在此单击"下一步"按钮，如图1-5所示。

STEP 07　弹出"定制安装"对话框，在此选择JDK文件的安装路径，笔者设置的是"C:\Program Files\Java\jdk1.8.0_111\"，如图1-6所示。

STEP 08　设置好安装路径，然后单击"下一步"按钮开始在安装路径下解压缩下载的文件，如图1-7所示。

图1-5　"安装向导"对话框

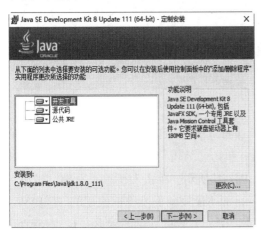

图1-6　"安装路径"对话框

图1-7　解压缩下载的文件

STEP 09　完成后弹出"目标文件夹"对话框，在此选择"JRE"要安装的位置，笔者设置的是"C:\Program Files\Java\jre1.8.0_111\"，如图1-8所示。

STEP 10　单击"下一步"按钮后弹出"进度"对话框开始正式的安装工作，如图1-9所示。

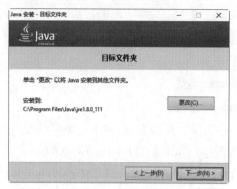
图1-8 "目标文件夹"对话框

图1-9 "进度"对话框

STEP 11 完成后弹出"完成"对话框,单击"关闭"按钮完成整个安装过程,如图1-10所示。

完成安装后可以检测是否安装成功,检测方法是依次单击"开始"|"运行",在运行框中输入"cmd"并按下Enter键,在打开的CMD窗口中输入java –version,如果显示如图1-11所示的提示信息,则说明安装成功。

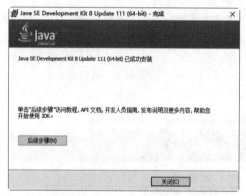
图1-10 完成安装

图1-11 CMD窗口

如果经过检测后没有安装成功,则需要额外将JDK目录的绝对路径添加到系统的PATH中。在Windows 10系统中,选中PATH变量并单击"编辑"按钮后,会弹出一个和其他系统不同的"编辑环境变量"对话框界面,如图1-12所示。单击右侧的"新建"按钮,Windows 10系统在此处需要使用JDK的绝对路径,而不能用前面步骤中使用的"%JAVA_HOME%",此处需要分别添加Java的绝对路径,例如笔者的安装目录是"C:\Program Files\Java\jdk1.8.0_111\",所以需要分别添加如下两个变量值:

```
C:\Program Files\Java\jdk1.8.0_111\bin
C:\Program Files\Java\jdk1.8.0_111\bin\jre\bin
```

经过上述步骤的操作设置后,再依次单击"开始"|"运行",在运行框中输入"cmd"并按下Enter键,在打开的CMD窗口中输入java –version后会显示如图1-13所示的

提示信息，这说明Java完全安装成功。

图1-12 "编辑环境变量"对话框

图1-13 输入java –version

> **注意**
>
> 上述变量设置中，是按照笔者本人的安装路径设置的，笔者安装的JDK的路径是C:\Program Files\Java\jdk1.8.0_111\。

1.3 搭建Android Studio开发环境

在Android的较早版本，在谷歌公司官方网站提供的Android可视化开发工具是Eclipse。在推出Android 6.0系统以后，谷歌宣布以后将主推Android Studio开发工具，从2015年年底开始不再对Eclipse进行任何升级支持。当读者阅读本书内容时，开发Android应用程序的最主流工具将是Android Studio。

1.3.1 官方方式获取Android Studio工具包

在Android官方网站公布了Android开发所需要的完整工具包，如图1-14所示。

在这个工具包中集成了Android开发所用到的全部工具，具体说明如下所示：

- Android Studio IDE：全新的开发工具，取代了原来的Eclipse。
- Android SDK tools：是Software Development Kit的缩写，意为Android软件开发工具包。

图1-14 Android官网中的工具包

- Android Platform：具体的Android平台（版本）工具，在开发Android程序时，必须首先确定我们的程序运行在哪个平台上，常用的平台有1.5、2.0、4.0、5.0、6.0、7.0、O、9.0等。例如笔者在写本书时，最新版本是Android 9.0，所以在工具包中提供的是Android O Platform。
- Android emulator system image with Google APIs：Android模拟器和谷歌API接口。

在Android官方网站获取Android Studio工具包的具体步骤如下。

STEP 01 登录Android的官方网站https://developer.android.google.cn/，如图1-15所示。

图1-15　Android的官方网站

STEP 02 单击顶部导航中的"Android Studio"链接来到"Android Studio"主界面，如图1-16所示。

图1-16　Develop（开发）主界面

STEP 03 单击"DOWNLOAD ANDROID STUDIO"按钮弹出"同意安装条款"对话框，如图1-17所示。

第1章 Android开发基础

图1-17 "同意安装条款"对话框

STEP 04 选中"我已阅读并同意上述条款及条件"复选框，然后单击"下载ANDROID STUDIO FOR WINDOWS"按钮后开始下载。例如笔者使用的是搜谷歌浏览器，所以会弹出谷歌浏览器对应的下载对话框界面，如图1-18所示。

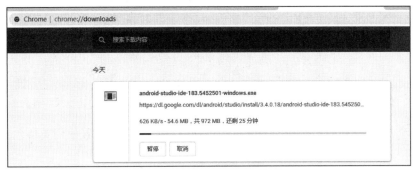

图1-18 下载进度界面

1.3.2 安装工具包

STEP 01 下载完成之后会得到一个"exe"格式的可安装文件，鼠标双击后弹出欢迎界面，如图1-19所示。

STEP 02 单击"Next"按钮后来到选择工具界面，如图1-20所示。由此可见Android Studio是集成了Android SDK的，在安装的时候一定要选中"Android SDK"选项，在此建议全部选中。

STEP 03 单击"Next"按钮后来到同意协议界面，如图1-21所示。

STEP 04 单击"I Agree"按钮后来到安装目录设置界面，在此分别设置Android Studio的安装目录和Android SDK的安装目录，如图1-22所示。

11

图1-19　欢迎界面

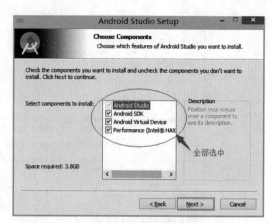

图1-20　选择工具界面

图1-21　同意协议界面

图1-22　安装目录设置界面

STEP 05 单击"Next"按钮后来到模拟器设置界面，在此设置使用英特尔处理器运行模拟器时的内存大小，如图1-23所示。

STEP 06 单击"Next"按钮后来到启动菜单设置界面，在此设置开始菜单中的启动菜单名，如图1-24所示。

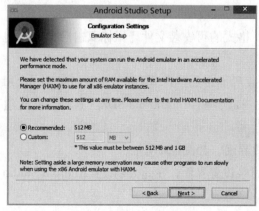

图1-23　模拟器设置界面

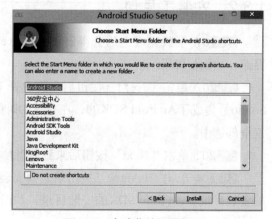

图1-24　启动菜单设置界面

第1章　Android开发基础

STEP 07 单击"Install"按钮后弹出一个安装进度条，显示了当前的安装进度，如图1-25所示。

STEP 08 安装完成后弹出完成安装界面，单击"Finish"按钮后完成全部的安装工作，如图1-26所示。

图1-25　安装进度界面

图1-26　完成安装界面

1.3.3　启动Android Studio前的设置工作

STEP 01 双击"studio64.exe"或在开始菜单中单击"Android Studio"后弹出启动界面，如图1-27所示。

STEP 02 启动Android Studio完成后开始载入我们已经安装的Android SDK，如图1-28所示。

　　　　　　　　　　　　　　　　　　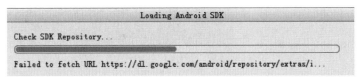

图1-27　启动Android Studio界面　　　　　图1-28　载入Android SDK

STEP 03 载入完成后弹出欢迎界面，如图1-29所示。

STEP 04 单击"Next"按钮来到安装类型界面，在此可以选择第一个选项"Standard（典型）"，如图1-30所示。

STEP 05 单击"Next"按钮来到SDK组件设置界面，在此可以设置要安装的SDK组件。选中所有复选框，然在在下方设置Android SDK的安装路径，如图1-31所示。

STEP 06 单击"Next"按钮来到验证设置界面，在此列出了将要安装的所有文件，如图1-32所示。

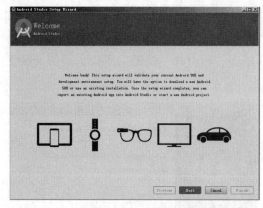

图1-29　欢迎界面

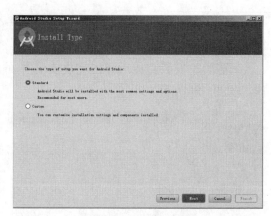

图1-30　安装类型界面

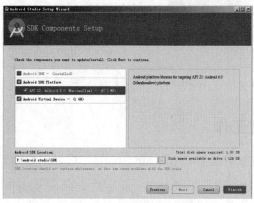

图1-31　SDK组件设置界面

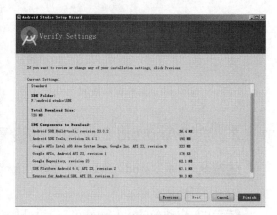

图1-32　验证设置界面

STEP 07 单击"Finish"按钮后弹出安装进度条界面，这个过程会有一点慢，需要读者耐心等待，如图1-33所示。

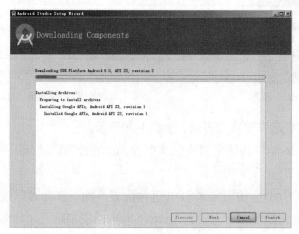

图1-33　安装进度条界面

1.3.4 正式启动Android Studio

STEP 01 当第一次启动Android Studio时，因为可能需要设置一下Android SDK的安装目录，所以会弹出如图1-34所示的对话框。在此需要输入我们已经安装的Android SDK目录，必须是Android SDK的根目录。

图1-34　设置对应的Android SDK的安装目录

STEP 02 设置完成后单击"OK"按钮，进入如图1-35所示的欢迎来到Android Studio界面。

STEP 03 如果以前已经用Android Studio创建或打开过Android项目，那么会在左侧的"Recent Projects（最近工程）"中显示最近用过的工程，如图1-36所示。

 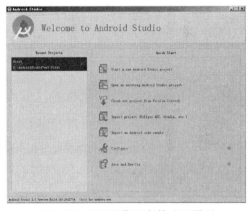

图1-35　欢迎来到Android Studio界面　　　　图1-36　显示近期工程的欢迎界面

- Recent Project：最近打开过的工程，如果有多个打开的工程，则以列表样式显示。双击列表中的某个工程后，可以在Android Studio中打开这个工程。
- Strat a new Android Studio project：单击后可以创建一个新的Android Studio工程。
- Open an existing Android Studio project：单击后可以打开一个已经存在的Android Studio工程。
- Check out project from Version Control：从版本库中检查项目，单击后会弹出如图1-37所示的选项。由此可见，通过Android Studio可以分别加载来自GitHub、CVS、Git、Google Cloud、Mercurial、Subversion等著名开源项目管理站点中的资源。
- Import project（Eclipse ADT，Gradle，etc）：通过导入的方式打开一个已经存在的Android项目，可以导入使用Eclipse、Gradle和etc方式创建的Android项目。
- Import an Android code sample：单击后可以从官网导入Android代码示例。
- Configure：单击后可以来到系统设置面板。
- Docs and How-Tos：学习文档和操作指南，单击后可以来到学习面板，在帮助面板中提供了使用Android Studio的教程，如图1-38所示。

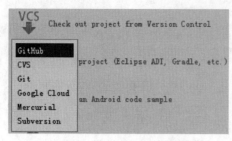

图1-37　从版本库中检查项目

图1-38　学习面板界面效果

STEP 04　打开一个工程后的主界面，如图1-39所示。在本书后面的内容中将进一步详细讲解Android Studio工具各个面板的基本知识。

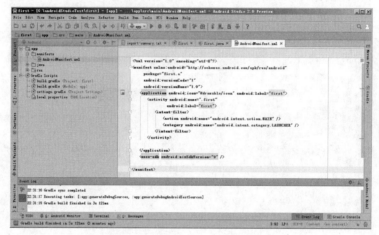

图1-39　打开一个工程后的主界面效果

1.4　第一个Android应用程序实例

本实例的功能是在手机屏幕中显示问候语"第一段Android程序！"，在具体开始之前先做一个简单的规划流程图，如图1-40所示。

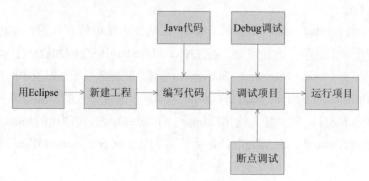

图1-40　规划流程图

实例1-1	在手机屏幕中显示"第一段Android程序！"
源码路径	素材\daima\1\1-1\（Java版+Kotlin版）

1.4.1 新建Android工程

打开Android Studio创建一个Android工程，最终的工程目录结构如图1-41所示。

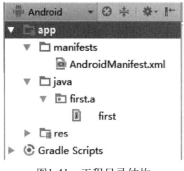

图1-41 工程目录结构

1.4.2 编写代码和代码分析

现在已经创建了一个名为"first"的工程文件，现在打开文件first.java，会显示自动生成如下的代码。

```
package first.a;
import android.app.Activity;
import android.os.Bundle;
public class fistMM extends Activity {
    /** Called when the activity is first created. */
    @Override
    public void onCreate(Bundle savedInstanceState) {
        super.onCreate(savedInstanceState);
        setContentView(R.layout.main);
    }
}
```

刚运行了上面的程序后不会显示任何内容，下面对上述代码进行稍微的修改，让程序只需后输出"第一段Android程序！"。修改后的代码如下。

```
package first.a;
import android.app.Activity;
import android.os.Bundle;
import android.widget.TextView;
```

```
public class fistMM extends Activity {
    /** Called when the activity is first created. */
    @Override
    public void onCreate(Bundle savedInstanceState) {
        super.onCreate(savedInstanceState);
        setContentView(R.layout.main);
        TextView tv = new TextView(this);
        tv.setText("第一段Android程序！");
        setContentView(tv);
    }
}
```

1.4.3 调试程序

Android调试一般分为3个步骤，分别是设置断点、Debug调试和断点调试。

1. 设置断点

此处的设置断点和Java中的方法一样，可以通过鼠标单击代码左边的空白区域进行断点设置，在断点代码行前面会出现●标记，如图1-42所示。

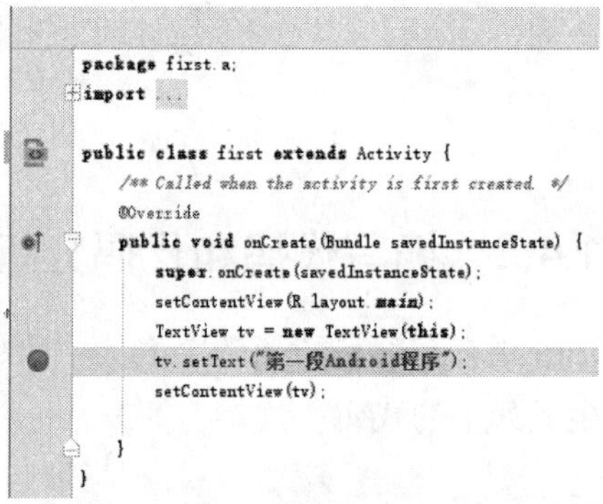

为了调试方便，可以设置显示代码的行号。只需在代码左侧的空白部分单击右键，在弹出的命令中选择"Show Line Numbers"，如图1-43所示。

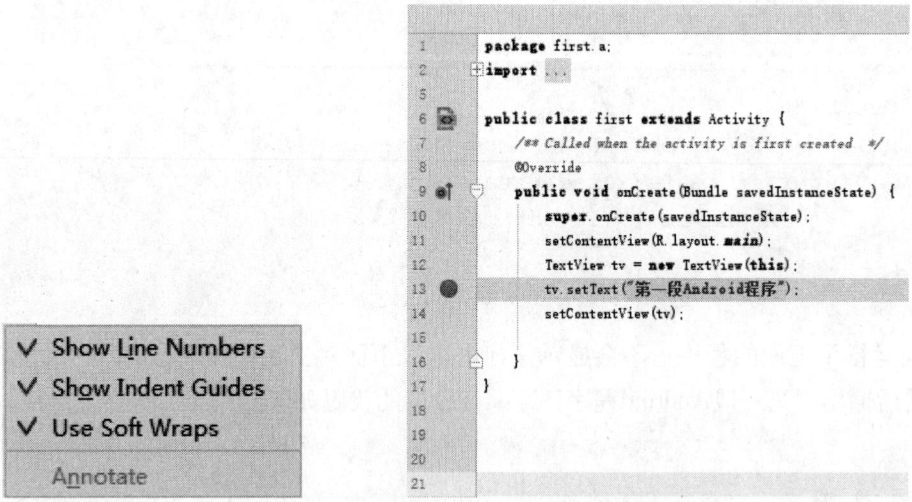

图1-42 设置断点

选择"Show Line Numbers"　　　　开始显示行号

图1-43 设置显示行号

2. Debug调试

Debug Android调试项目的方法和普通Debug Java调试项目的方法类似,唯一的不同是在选择调试项目时选择"Debug 'app'"命令。具体方法是单击Android Studio顶部的 按钮,如图1-44所示。

3. 断点调试

在设置断点后,单击顶部的运行按钮 即可启动断点调试。注意,一定要先设置断点,并且一定要单击Debug调试按钮 。

图1-44　Debug调试

1.4.4　使用模拟器运行项目

STEP 01 单击Android Studio顶部中的 按钮,在弹出的"Select Deployment Target"界面中选择一个AVD,如图1-45所示。

STEP 02 选择名为"First"的AVD模拟器,单击"OK"按钮后开始运行这个程序,模拟器的运行速度会比较慢,需要读者耐心等待一会儿。成功运行后的执行效果如图1-46所示。

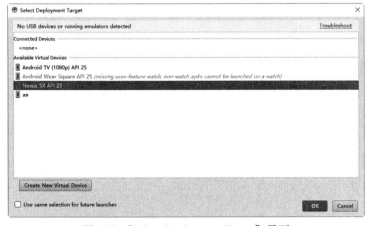

图1-45　"Select Deployment Target"界面　　　　图1-46　运行结果

1.4.5　使用真机运行项目

使用模拟器运行Android应用程序的速度会比较慢,读者可以考虑在真机中调试Android程序。使用真机运行Android应用程序的具体流程如下。

STEP 01 首先确保自己的Android手机已经打开"开发人员选项",然后单击

Android Studio顶部菜单中的 app 按钮，在弹出的选项中选择"Edit Configurations"命令，如图1-47所示。

STEP 02 在弹出的"Run/Debug Configurtions"界面中找到"Target"选项，设置其值为"USB Device"，如图1-48所示。

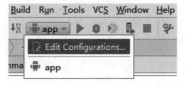
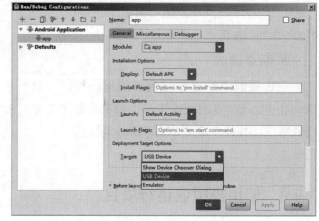

图1-47　选择"Edit Configurations"命令　　　图1-48　设置为"USB Device"

STEP 03 单击"OK"按钮后完成设置，将Android手机用USB数据线和电脑相连。单击Android Studio顶部菜单中的 按钮，此时在弹出的"Android Device Monitor"界面中会显示我们的Android手机设备已经处于"Online"状态，如图1-49所示。

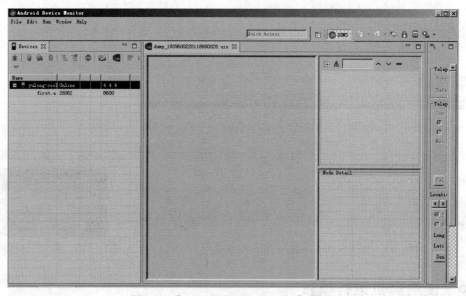

图1-49　"Android Device Monitor"界面

STEP 04 返回Android Studio主界面，单击底部的 Android Monitor 选项卡按钮，在弹出的"Android Monitor"界面中会显示连接的Android手机设备的基本信息。由此可见，

第1章　Android开发基础

Android Studio会自动识别Android手机，在右侧会显示当前的操作信息，如图1-50所示。

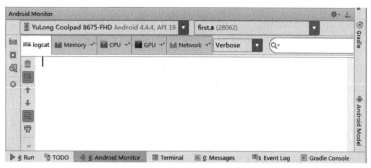

图1-50　"Android Monitor"界面

STEP 05 单击Android Studio顶部主菜单中的 ▶ 按钮开始运行程序，此时我们的应用程序将在连接的Android真机中运行，首先开始生成APK格式的安装包，然后自动安装到手机上。第一次执行会慢一些，以后就快了。在Android Studio底部的控制台程序中会显示提示信息，如图1-51所示。

STEP 06 读者会发现Android真机的运行速率比在模拟器中运行快很多。单击"Android Monitor"界面左上角的 按钮，在弹出的界面中显示了Android真机中的屏幕截图效果，如图1-52所示。

图1-51　控制台提示信息

图1-52　Android真机中的运行效果截图

- Reload：重新加载图片。
- Rotate：将加载的界面截图进行翻滚。
- Frame Screenshot：给截图增加一个手机外框样式。
- Save：保存当前截图到本地。

 注意

用模拟器调试Android应用程序会比较慢，建议读者尽量用Android真机设备进行调试。

1.4.6 将Java转换为Kotlin

使用全新的Android Studio，可以将Android工程中的Java类转换为Kotlin类，例如打开前面的实例1-1，打开Java程序文件first.java，然后依次单击Android Studio工具栏中的"Code"和"Convert Java File to Kotlin File"选项，自动将文件first.java转换为Kotlin文件first.kt，转换后的代码如下所示。

```
class first : Activity() {
    public override fun onCreate(savedInstanceState: Bundle?) {
        super.onCreate(savedInstanceState)
        setContentView(R.layout.main)
        val tv = TextView(this)
        tv.text = "第一段Android程序"
        setContentView(tv)
    }
}
```

上述Kotlin文件first.kt的功能和前面Java文件first.java完全相同，执行后的效果也和前面的执行效果一样。

第 2 章
剖析Android应用程序

在正式开发Android应用程序之前,需要先了解Android系统的整体框架结构,详细剖析Android应用程序的核心组件知识,并需要了解Android应用程序文件的基本结构。在本章的内容中,将简单介绍Android系统的体系结构,详细剖析Android应用程序的基本组成,为读者步入本书后面知识的学习打下基础。

2.1 Android系统架构

Android系统是一款移动设备开发平台,其软件层次结构包括操作系统(OS)、中间件(Middle Ware)和应用程序(Application)。根据Android官方网站介绍,其软件层次结构自下而上分为以下4层:

(1)操作系统层(OS);
(2)各种库(Libraries)和Android 运行环境(RunTime);
(3)应用程序框架(Application Framework);
(4)应用程序(Application)。

上述各个层的具体结构如图2-1所示。

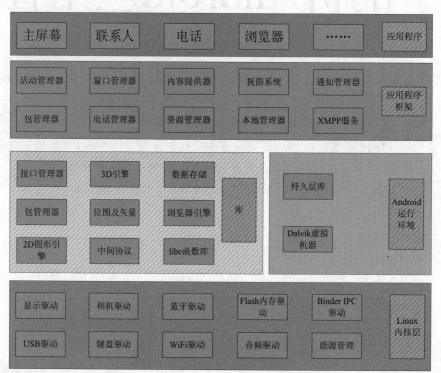

图2-1　Android操作系统的组件结构图

因为本书讲解的是Android应用程序开发,所以接下来简单介绍和应用程序开发相关的两个层次。

2.1.1　应用程序框架层(Application Framework)

应用程序框架层对于Android应用程序来说十分重要,因为本框架层就是Android为应用程序开发者提供的API。当在实际应用中开发的某个具体功能时,通常采用框架层中的组件来实现。也就是说,在应用程序框架层中,Android将内置的一些功能用组件或控件的形式提供给开发者。当开发者需要实现这些功能时，只需调用这些组件或控件即可，而无须编写太多的代码。

由于应用程序框架上层的应用程序是以Java语言构建的，所以本层首先提供了包含了UI（User Interface，用户界面）程序中所需要的各种控件，例如，Views（视图组件），其中又包括了List（列表）、Grid（栅格）、Text Box（文本框）、Button（按钮）等，甚至一个嵌入式的Web浏览器。作为一个基本的Android应用程序，可以利用应用程序框架中的以下5个部分来构建项目：

- Activity（活动）；
- Broadcast Intent Receiver（广播意图接收者）；
- Service（服务）；
- Content Provider（内容提供者）；
- Intent and IntentFilter（意图和意图过滤器）。

2.1.2 应用程序层（Application）

应用程序层比较容易理解，因为读者学习本书的最终目的就是开发Android应用程序。例如本书第1章中的实例1-1便是一个典型的Android应用程序。在现实中见过的手机游戏、天气预报、闹钟等程序都属于应用程序层。Android的应用程序主要是用户界面（User Interface，UI）方面的，通过浏览Android系统的开源代码可知，应用层是通过Java语言编码实现的，其中还包含了各种资源文件（放置在res目录中）。Java程序和相关资源在经过编译后，会生成一个APK包。Android本身提供了主屏幕（Home）、联系人（Contact）、电话（Phone）、浏览器（Browers）等众多的核心应用。同时应用程序的开发者还可以使用应用程序框架层的API实现自己的程序，这也是Android开源的巨大潜力的体现。

2.2 Android应用程序文件组成

本节将以本书第1章中实例1-1为素材，介绍Android应用程序文件的具体组成。

2.2.1 两种模式

在使用Android Studio开发Android应用程序时，通常会使用如下两种模式的目录结构。

1. Project（工程）模式

在Android Studio中打开实例1-1，在Project模式下，一个基本的Android应用项目的目录结构如图2-2所示。各个目录的具体说明如下。

- .gradle：表示Gradle编译系统，其版本由Wrapper指定。
- .idea：Android Studio IDE所需要的文件。
- app：当前工程的具体实现代码。
- build：编译当前程序代码后，保存生成的文件。
- gradle：Wrapper的jar和配置文件所在的位置。
- build.gradle：实现gradle编译功能的相关配置文件，其作用相当于Makefile。
- gradle.properties：和gradle相关的全局属性设置。
- gradlew：编译脚本，可以在命令行执行打包，是一个Gradle Wrapper可执行文件。
- graldew.bat：Windows系统下的Gradle Wrapper可执行文件。
- local.properties：本地属性设置（设置key设置和Android SDK的位置等），这个文件是不推荐上传到VCS中去的。
- settings.gradle：和设置相关的gradle脚本。
- External Libraries：当前项目依赖的Lib，在编译时会自动下载。

2. Android结构模式

在Android Studio中的Android模式下，一个基本的Android应用项目的目录结构如图2-3所示。

图2-2 Project模式

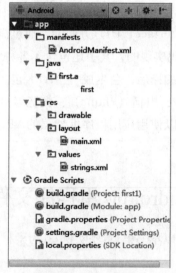

图2-3 Android模式

- app/manifests：AndroidManifest.xml配置文件目录。
- app/java：源码目录。
- app/res：资源文件目录。
- Gradle Scripts：和gradle编译相关的脚本文件。

由此可见，和原来的Eclipse相比，Android结构模式是最为相似的。在接下来的内容中，将以Android结构模式为主，以Project模式为辅，详细分析上述各个Android应用程序组成文件的具体信息。

2.2.2 "app"目录

在实例1-1中，"app"目录的具体结构如图2-4所示。

在Android Studio工程中，"app"目录下保存的是本工程中的所有包文件和源程序文件（.java），通常在里面包含如下所示的两个子目录：

- "java"子目录：保存了开发人员编写的程序文件，和Eclipse环境中的"src"目录相对应。
- "res"子目录：包含了项目中的所有资源文件。例如程序图标（drawable）、布局文件（layout）和常量（values）等。
- manfests：保存AndroidManifest.xml配置文件。

图2-4 "app"目录结构

 注意

> Android Studio工程和普通的Java工程相比，在Java工程中没有每个Android工程都必须有的AndroidManfest.xml文件。

1. "java"子目录

在Android Studio工程中，"java"目录下的文件是用Java语言编写的程序文件。例如打开本项目中的文件first.java，其具体实现代码如下所示。

```
package first.a;
import android.app.Activity;
import android.os.Bundle;
import android.widget.TextView;
public class first extends Activity {
    /** Called when the activity is first created. */
    @Override
    public void onCreate(Bundle savedInstanceState) {
        super.onCreate(savedInstanceState);
        setContentView(R.layout.main);
        TextView tv = new TextView(this);
        tv.setText("第一段Android程序！");
        setContentView(tv);
    }
}
```

当新建一个简单的"first"项目时，系统将生成一个first.java文件。在里面导入两个类android.app.Activity和android.os.Bundle，类"first"继承自Activity且重写了onCreate()方法。OnCreate()是Android中的一个特别的方法，用来"表示一个窗口正在生成"。其不产生窗口，只是在窗口中设置窗口的属性，如风格、位置和颜色等。

（1）@Override

在重写父类的onCreate()方法时，在方法前面加上@Override后，系统可以帮用户检查方法的正确性。例如下面的写法是正确的：

```
@Override
public void onCreate(Bundle savedInstanceState){……}
```

如果写成：

```
public void oncreate(Bundle savedInstanceState) {……}
```

则编译器会报出如下错误：

```
The method oncreate(Bundle) of type HelloWorld must override or
implement a supertype method
//以确保你正确重写onCreate方法，因为oncreate应该为onCreate
```

如果不加@Override，则编译器将不会检测出错误，而是会认为用户新定义了一个方法oncreate()。

（2）android.app.Activity类

因为几乎所有的活动（Activity）都是与用户交互的，所以类Activity关注创建窗口，开发者可以用方法setContentView(View)将自己的UI放到里面。然而活动通常以全屏的方式展示给用户，也可以用浮动窗口形式或嵌入在另外一个活动中。在Android应用程序中，几乎所有的Activity子类都会实现如下两个方法。

- onCreate(Bundle)：初始化活动（Activity），比如完成一些图形的绘制。最重要的是，在这个方法里用户通常将用布局资源（Layout Resource）调用setContentView(int)方法定义UI界面，用findViewById(int)在UI中检索需要通过编程进行交互的部件（Widgets）。setContentView指定由哪个文件指定布局（main.xml），可以将这个界面显示出来，然后进行相关操作，操作会被包装成为一个意图，然后这个意图对应有相关的activity进行处理。
- onPause()：处理当离开活动时要做的事情，用户做的所有改变应该在这里提交。

（3）android.os.Bundle类

从字符串值映射各种可打包的（Parcelable）类型。

2. "res"子目录

在Android Studio工程中,在"res"目录中存放了应用永续使用到的各种资源,如XML界面文件、图片和数据等。通常来说,在"res"目录中包含如下所示的三个子目录。

(1)"drawable"子目录

在以drawable开头的四个目录,其中的"drawable-hdpi"目录用户存放高分辨率的图片,例如WVGA存放400*800;FWVGA存放480*854;在"drawable-mdpi"目录中存放的是中等分辨率的图片,例如HVGA 320*480;在"drawable-ldpi"目录中存放的是低分辨率的图片,例如QVGA 240*320。

(2)"layout"子目录

"layout"子目录专门用于存放XML界面布局文件,XML文件同HTML文件一样,主要用于显示用户操作界面。Android应用项目的布局(layout)文件一般通过"res\layout\main.xml"文件实现,通过其代码能够生成一个显示界面。例如"first"项目的布局文件"res\layout\main.xml"的实现源码如下所示。

```xml
<?xml version="1.0" encoding="utf-8"?>
<LinearLayout xmlns:android="http://schemas.android.com/apk/res/android"
    android:orientation="vertical"
    android:layout_width="fill_parent"
    android:layout_height="fill_parent"
    >
<TextView
    android:layout_width="fill_parent"
    android:layout_height="wrap_content"
    android:text="@string/hello"
    />
</LinearLayout>
```

在上述代码中,有以下几个布局和参数。

- <LinearLayout></LinearLayout>:在这个标签中,所有元件都是按由上到下的排队排成的。
- android:orientation:表示这个介质的版面配置方式是从上到下垂直地排列其内部的视图。
- android:layout_width:定义当前视图在屏幕上所占的宽度,fill_parent即填充整个屏幕。
- android:layout_height:定义当前视图在屏幕上所占的高度,fill_parent即填充整个屏幕。

- wrap_content：随着文字栏位的不同而改变这个视图的宽度或高度。

在上述布局代码中，使用了一个TextView来配置文本标签Widget（构件），其中设置的属性android:layout_width为整个屏幕的宽度，android:layout_height可以根据文字来改变高度，而android:text则设置了这个TextView要显示的文字内容，这里引用了@string中的hello字符串，即String.xml文件中的hello所代表的字符串资源。hello字符串的内容"Hello World, HelloAndroid!"这就是我们在HelloAndroid项目运行时看到的字符串。

 注意

> 上面介绍的文件只是主要文件，在项目中需要自行编写。在项目中还有很多其他的文件，那些文件几乎不需要编写，所以在此就不进行讲解了。

（3）"values"子目录

"values"子目录专门用于存放Android应用程序中用到的各种类型的数据，不同类型的数据存放在不同的文件中，例如文件string.xml会定义字符串和数值，文件arrays.xml会定义数组。例如"first"项目的字符串文件String.xml的实现源码如下所示。

```xml
<?xml version="1.0" encoding="utf-8"?>
<resources>
    <string name="hello">Hello World, HelloAndroid!</string>
    <string name="app_name">HelloAndroid</string>
</resources>
```

在类string中使用的每个静态常量名与<string>元素中name属性值相同。上述常量定义文件的代码非常简单，只定义了两个字符串资源，请不要小看上面的几行代码。它们的内容很"露脸"，里面的字符直接显示在手机屏幕中，就像动态网站中的HTML一样。

2.2.3 设置文件AndroidManfest.xml

文件AndroidManfest.xml是一个Android应用程序项目的入口，这是一个控制文件，在里面包含了该项目中所使用的Activity、Service和Receiver。例如下面是项目"first"中文件AndroidManfest.xml的代码。

```xml
<?xml version="1.0" encoding="utf-8"?>
<manifest xmlns:android="http://schemas.android.com/apk/res/android"
    package="com.yarin.Android.HelloAndroid"
    android:versionCode="1"
    android:versionName="1.0">
  <application android:icon="@drawable/icon" android:label="@string/app_name">
        <activity android:name=".HelloAndroid"    android:label="@
```

```
string/app_name">
            <intent-filter>
                <action android:name="android.intent.action.MAIN" />
                <category android:name="android.intent.category.LAUNCHER" />
            </intent-filter>
        </activity>
    </application>
    <uses-sdk android:minSdkVersion="9" />
</manifest>
```

在上述代码中，intent-filters描述了Activity启动的位置和时间。每当一个Activity（或者操作系统）要执行一个操作时，它将创建出一个Intent的对象，这个Intent对象可以描述用户想做什么，用户想处理什么数据，数据的类型，以及一些其他信息。Android会和每个Application所暴露的intent-filter的数据进行比较，找到最合适Activity来处理调用者所指定的数据和操作。下面来仔细分析AndroidManfest.xml文件，如表2-1所示。

表2-1 AndroidManfest.xml元素分析

参数	说明
manifest	根节点，描述了package中所有的内容
xmlns:android	包含命名空间的声明，例如：xmlns:android=http://schemas.android.com/apk/res/android，使得Android中各种标准属性能在文件中使用，提供了大部分元素中的数据
Package	声明应用程序包。
application	包含package中Application（应用程序）级别组件声明的根节点。此元素也可包含Application的一些全局和默认的属性，如标签、icon、主题、必要的权限等。一个manifest能包含零个或一个此元素（不能大余一个）
android:icon	应用程序图标
android:label	应用程序名字
activity	Activity是与用户交互的主要工具，是用户打开一个应用程序的初始页面，大部分被使用到的其他页面也由不同的Activity所实现，并声明在另外的Activity标记中。注意，每一个Activity必须有一个<activity>标记对应，无论它给外部使用或是只用于自己的package中。如果一个Activity没有对应的标记，将不能运行它。另外，为了支持运行时查找Activity，可包含一个或多个<intent-filter>元素来描述Activity所支持的操作
android:name	应用程序默认启动的Activity
intent-filter	声明了指定的一组组件支持的Intent值，从而形成了Intent Filter。除了能在此元素下指定不同类型的值，属性也能放在这里来描述一个操作所需的唯一的标签、icon和其他信息
action	组件支持的Intent action
category	组件支持的Intent Category。这里指定了应用程序默认启动的Activity
uses-sdk	该应用程序所使用的SDK版本相关

2.2.4 "Gradle Scripts"目录

在工程"first"中,"Gradle Scripts"目录的具体结构如图2-5所示。

图2-5 "Gradle Scripts"目录结构

在Android Studio工程中,在"Gradle Scripts"目录中保存了和gradle编译相关的脚本文件。在下面的内容中,将简要介绍各个编译脚本文件的基本知识。

1. 文件build.gradle

在Android Studio工程的根目录中,在文件build.gradle中保存了和当前项目有关的Gradle配置信息,相当于这个项目的Makefile(编译文件),通常将一些项目的依赖写在文件里面。例如在项目"first"中,文件build.gradle的具体实现代码如下所示。

```
buildscript {
    repositories {
        jcenter()
    }
    dependencies {
        classpath 'com.android.tools.build:gradle:2.0.0-alpha1'
    }
}
allprojects {
    repositories {
        jcenter()
    }
}
```

在Android Studio工程"app"目录中也有一个文件build.gradle,用于保存当前工程的所有配置信息,并且Android Studio要求仅在一个build.gradle文件中保存。因为在打包的时候也是通过解析这个build.gralde文件来打包的,所以理解这个build.gradle文件是至关重要的。例如在项目"first"中,文件build.gradle的具体实现代码如下所示。

```
apply plugin: 'com.android.application'
android {
```

```
    compileSdkVersion 25
    buildToolsVersion "25.0.3"

    defaultConfig {
        applicationId "first.a"
        minSdkVersion 19
        targetSdkVersion 25
    }
    buildTypes {
        release {
            minifyEnabled false
                proguardFiles getDefaultProguardFile('proguard-android.txt'), 'proguard-rules.txt'
        }
    }
}
```

2. 文件gradle.properties

在Android Studio工程中,文件gradle.properties定义了和gradle相关的全局属性设置信息。例如在项目"first1"中,文件gradle.properties的具体实现代码如下所示。

```
# Project-wide Gradle settings.
# IDE (e.g. Android Studio) users:
# Gradle settings configured through the IDE *will override*
# any settings specified in this file.
# For more details on how to configure your build environment visit
# http://www.gradle.org/docs/current/userguide/build_environment.html
# Specifies the JVM arguments used for the daemon process.
# The setting is particularly useful for tweaking memory settings.
# Default value: -Xmx10248m -XX:MaxPermSize=256m
# org.gradle.jvmargs=-Xmx2048m -XX:MaxPermSize=512m -XX:+HeapDumpOnOutOfMemoryError -Dfile.encoding=UTF-8
# When configured, Gradle will run in incubating parallel mode.
# This option should only be used with decoupled projects. More details, visit
# http://www.gradle.org/docs/current/userguide/multi_project_builds.html#sec:decoupled_projects
# org.gradle.parallel=true
```

3. 文件settings.gradle

在Android Studio工程中,文件settings.gradle定义了和设置相关的gradle脚本。当使用Android Studio新建一个工程后，会默认生成两个build.gralde文件，一个位于工程根目录，一个位于"app"目录下。根目录下的脚本文件build.gralde是针对module（模块）的全局配置，它所包含的所有module是通过文件settings.gradle来配置的。文件夹"app"就是一个module，如果在当前工程中添加了一个新的module，例如"lib"，也需要在settings.gralde文件中包含这个新的module。例如在项目"first"中，文件settings.gradle的具体实现代码如下所示。

```
include ':app'
```

在上述代码中，"app"就是当前工程包含的一个module。如果有多个module，可以使用 include 方法添加多个参数。

第3章
界面UI设计和布局

UI是User Interface（用户界面）的缩写，UI设计则是指对软件的人机交互、操作逻辑、界面美观的整体设计。好的UI设计不仅是让软件变得有个性有品位，还要让软件的操作变得轻松、简单、自由，充分体现软件的定位和特点。Android系统作为一个智能手机开发平台，用户可以直接用肉眼看到的屏幕内容便是UI。UI的内容是一个Android应用程序的外表，决定了给用户留下什么样的第一印象。在本章的内容中，将带领大家一起学习Android开发中界面布局的基本知识。

3.1 使用View视图组件

在Android系统中，类View代表用户界面组件的基本构建块。一个View占据屏幕上的一块方形区域，负责该区域的绘图或事件处理。在本节的内容中将详细讲解类View的基本知识。

3.1.1 类View的常用属性和方法

在Android系统中，类View是用来创建交互式UI界面的所有部件的基类，几乎所有的UI组件都是继承于View类而实现的。类View是一个最基本的UI类，决定了应用程序的整体外观布局。具体来说，类View的主要功能如下所示：

(1) 为指定的屏幕矩形区域存储布局和内容；
(2) 处理尺寸和布局、绘制、焦点改变、翻屏、按键、手势；
(3) 处理widget基类。

在Android系统中，类View中的常用属性和方法如表3-1所示。

表3-1 类View中的常用属性和方法

属性名称	对应方法	描述
android:background	setBackgroundResource(int)	设置背景
android:clickable	setClickable(boolean)	设置View是否响应单击事件
android:visibility	setVisibility(int)	控制View的可见性
android:focusable	setFocusable(boolean)	控制View是否可以获取焦点
android:id	setId(int)	为View设置标识符，可通过findViewById方法获取
android:longClickable	setLongClickable(boolean)	设置View是否响应长时单击事件
android:soundEffectsEnabled	setSoundEffectsEnabled(boolean)	设置当View触发单击等事件时是否播放音效
android:saveEnabled	setSaveEnabled(boolean)	如果未做设置，当View被冻结时将不会保存其状态
android:nextFocusDown	setNextFocusDownId(int)	定义当向下搜索时应该获取焦点的View，如果该View不存在或不可见，则会抛出RuntimeException异常
android:nextFocusLeft	setNextFocusLeftId(int)	定义当向左搜索时应该获取焦点的View
android:nextFocusRight	setNextFocusRightId(int)	定义当向右搜索时应该获取焦点的View
android:nextFocusUp	setNextFocusUpId(int)	定义当向上搜索时应该获取焦点的View，如果该View不存在或不可见，则会抛出RuntimeException异常

3.1.2 ViewGroup容器

在Android系统中，类ViewGroup是类View的子类。用户可以对ViewGroup里面的视图界面进行布局处理。ViewGroup能够包含并管理下级系列的View和其他ViewGroup，是一个布局的基类。ViewGroup好像一个View容器，负责对添加进来的View（视图界面）进行布局处理。在一个ViewGroup中可以看见另一个ViewGroup中的内容。各个ViewGroup类之间的关系如图3-1所示。

在Android系统中，View是所有UI组件的基类，而ViewGroup是容纳这些组件的容器，其本身也是从View派生出来的。作为容器的ViewGroup可以包含作为叶子节点的View，也可以包含作为更低层次的子ViewGroup，而子ViewGroup又可以包含下一层的叶子节点的View和ViewGroup。事实上，这种灵活的View层次结构可以形成非常复杂的UI布局，开发者可据此设计、开发非常精致的UI界面。

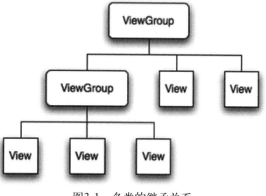

图3-1　各类的继承关系

 注意

在现实应用中，类View是Android中众多UI组件的父类，用于在界面中显示具体内容。而类ViewGroup也继承自View类，它是UI组件的容器，负责布局界面中的各个View视图组件。举一个通俗易懂的例子，类View的子类有TextView（文本）和EditView（文本框）等视图组件。而在类ViewGroup中的子类有Linearlayout（线性布局）和Slidingmenu（滑动布局）等布局组件。

3.1.3 类ViewManager

在Android系统中，类ViewManager只是一个接口，没有任何具体的实现，抽象类ViewGroup对该接口的三个方法进行了具体实现。类ViewManager可以向一个Activity中添加和移除子视图，调用Context.getSystemService()方法可以得到该类的一个实例。公共方法addView()用于添加一个视图对象，并指定其布局参数，具体原型如下所示。

```
public abstract void addView (View view, ViewGroup.LayoutParams params)
```

- 参数view：制定添加的子视图。
- 参数params：子视图的布局参数。

方法removeView()用于移除指定的视图，具体语法格式如下。

```
public abstract void removeView (View view)
```

参数view用于指定移除的子视图。

方法UpdateViewLayout()用于更新一个子视图，具体语法格式如下所示。

```
public abstract void UpdateViewLayout (View view, ViewGroup.LayoutParams params)
```

- 参数view：指定更新的子视图。
- 参数varams：更新时所用的布局参数。

3.2 UI界面布局的方式

在Android中有两种快速布局UI界面的方式，分别是使用XML文件和在Java代码中进行控制。在本节的内容中，将详细讲解使用这两种UI界面布局方式的知识。

3.2.1 使用XML进行布局

在Android应用程序中，官方建议使用XML文件来布局UI界面，好处是简单、明了，并且可以将应用的视图控制逻辑从Java代码中分离出来，放入到XM文件中进行控制。这样就实现了表现和处理的分离，从而更好地符合MVC原则。当在Android应用程序中的"res/layout"目录中定义一个文件名任意的XML 布局文件之后，文件R.java 会自动收录该布局资源，Java程序可通过如下方式在Activity中显示这个视图。

```
setContentView (R.layout.<资源文件名字>);
```

当在布局文件中添加某个UI组件时，都可以为这个UI组件指定"android:id"属性，该属性的属性值表示该组件的唯一标识。如果希望在Java程序代码中可以访问指定的UI组件，可以通过如下所示的代码来访问它。

```
findViewById (R.id.<android.id属性值>);
```

如果在程序中获得指定UI组件，接下来就可以通过代码来控制各个UI组件的外现行为，例如为UI 组件绑定事件监听器。

3.2.2 在Java代码中控制布局

虽然Android 官方推荐使用XML文件方式来布局UI界面，但是开发人员也可以完全在Java程序代码中控制UI布局界面。如果希望在Java代码中控制UI界面，那么所有的UI组件都将通过new 关键字进行创建，然后以合适的方式"组装"在一起即可。例如在下面的实例中，演示了完全使用Java代码控制Android界面布局的过程。

实例3-1	在Java代码中控制Android界面布局
源码路径	素材\daima\3\3-1\（Java版+Kotlin版）

实例文件CodeView.java的具体实现代码如下所示。

```java
public class CodeView extends Activity
{
// 当第一次创建该Activity时回调该方法
@Override
public void onCreate(Bundle savedInstanceState)
{
   super.onCreate(savedInstanceState);
   LinearLayout layout = new LinearLayout(this);// 创建一个线性布局管理器
   super.setContentView(layout);         // 设置该Activity显示layout
   layout.sctOrientation(LinearLayout.VERTICAL);
   final TextView show = new TextView(this); // 创建一个TextView
   Button bn = new Button(this); // 创建一个按钮
   bn.setText(R.string.ok);
   bn.setLayoutParams(new ViewGroup.LayoutParams(
       ViewGroup.LayoutParams.WRAP_CONTENT,ViewGroup.LayoutParams.WRAP_CONTENT));
   layout.addView(show);     // 向Layout容器中添加TextView
   layout.addView(bn);       // 向Layout容器中添加按钮
   bn.setOnClickListener(new OnClickListener()// 为按钮绑定一个事件监听器
   {
       @Override
       public void onClick(View v)
       {
         show.setText("time: " + new java.util.Date());
       }
   });
}}
```

从上述实现代码可以看出，在Java主程序中用到的UI组件都是通过关键字new创建出来的，然后程序使用LinearLayout容器对象保存了这些UI组件，这样就组成了图形用户界面。执行效果如图3-2所示。

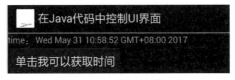

图3-2 执行效果

> **注意**
>
> 在现实开发Android应用程序的过程中，建议使用XML文件的布局方式。在本章后面讲解的布局管理器知识，都是使用XML方式实现界面布局的。

3.3 使用Android布局管理器

一个Android应用程序一般是由多个Activity（界面）组成的，而这些Activity以视图的形式展现在我们面前，视图都是由一个一个的组件构成的。组件就是我们常见的Button（按钮）、TextEdit（文本框）等。那么我们平时看到的Android手机中那些漂亮的界面是怎么显示出来的呢？这时就要用到Android布局管理器，它好比是建筑里的框架，组件按照布局管理器的要求依次排列，就组成了看得见的美观界面。

3.3.1 使用线性布局LinearLayout

在Android系统中，实现线性布局的类是LinearLayout，它会将容器中的组件一个一个排列起来。LinearLayout通过属性android:orientation可以控制组件的横向或者纵向排列。线性布局中的组件不会自动换行，如果组件一个一个排列到尽头之后，剩下的组件就不会显示出来。在下面的内容中，将详细讲解LinearLayout的常用属性和子元素的知识。

1. LinearLayout的常用属性

（1）基线对齐

XML属性：android:baselineAligned。

设置方法：setBaselineAligned(boolean b)。

作用：如果该属性为false,就会阻止该布局管理器与其子元素的基线对齐。

（2）设分隔条

XML属性：android:divider。

设置方法：setDividerDrawable(Drawable)。

作用：设置垂直布局时两个按钮之间的分隔条。

（3）对齐方式（控制内部子元素）

XML属性：android:gravity。

设置方法：setGravity(int)。

作用：设置布局管理器内组件（子元素）的对齐方式。

支持的属性值如下：

- Top，bottom，left，right

- center_vertical(垂直方向居中)，center_horizontal(水平方向居中)。
- fill_vertical(垂直方向拉伸)，fill_horizontal(水平方向拉伸)。
- center，fill。
- clip_vertical，clip_horizontal。

另外还可以同时指定多种对齐方式，例如"left|center_vertical"表示左侧垂直居中。

（4）权重最小尺寸

XML属性：android:measureWithLargestChild。

设置方法：setMeasureWithLargestChildEnable(boolean b)。

作用：该属性为true的时候，所有带权重的子元素都会具有最大子元素的最小尺寸。

（5）排列方式

XML属性：android:orientation。

设置方法：setOrientation(int i)。

作用：设置布局管理器内组件排列方式，设置为horizontal（水平），vertical（垂直），默认为垂直排列。

2. LinearLayout子元素控制

LinearLayout的子元素，即LinearLayout中的组件都受到LinearLayout.LayoutParams控制，因此LinearLayout包含的子元素可以执行下面的属性。

（1）对齐方式

XML属性：android:layout_gravity。

作用：指定该元素在LinearLayout（父容器）的对齐方式，也就是该组件本身的对齐方式，注意要与android:gravity区分。

（2）所占权重

XML属性：android:layout_weight。

作用：指定该元素在LinearLayout（父容器）中所占的权重，例如都是1的情况下，哪个方向(LinearLayout的orientation方向)长度都是一样的。

实例3-2	使用线性布局（LinearLayout）
源码路径	素材\daima\3\3-2\（Java版+Kotlin版）

编写布局文件"res/layour/main.xml"，代码如下所示。

```
<?xml version="1.0" encoding="utf-8"?>
<LinearLayout xmlns:android="http://schemas.android.com/apk/res/android"
            android:layout_width="fill_parent"
```

```
                android:layout_height="fill_parent"
                android:orientation="horizontal">
    <Button android:id="@+id/button1"
            android:layout_width="wrap_content"
            android:layout_height="wrap_content"
            android:text="Hello, I am a Button1"
            android:layout_weight="1"
            />
//此处省略4个Button按钮的代码
</LinearLayout>
```

在上述代码中，在根LinearLayout视图组（ViewGroup）中包含了5个Button，它的子元素是以线性方式（horizontal，水平的）布局，运行效果如图3-3所示。上述实例中的属性可以修改，例如将如下代码中的"horizontal"修改为"vertical"，则表示是垂直/纵向显示的，则执行效果如图3-4所示。

```
android:orientation="horizontal"
```

图3-3　LinearLayout布局

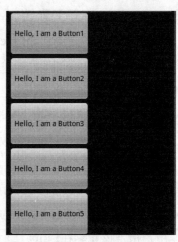

图3-4　纵向显示

3.3.2　使用相对布局RelativeLayout

在Android系统中，实现相对布局的类是RelativeLayout。在相对布局RelativeLayout容器中，子组件的位置总是相对兄弟组件和父容器来决定的。RelativeLayout常用的重要属性如下所示。

（1）第一类：属性值为true或false

- android:layout_centerHrizontal：表示水平居中。
- android:layout_centerVertical：表示垂直居中。

- android:layout_centerInparent：表示相对于父元素完全居中。
- android:layout_alignParentBottom：表示贴紧父元素的下边缘。
- android:layout_alignParentLeft：表示贴紧父元素的左边缘。
- android:layout_alignParentRight：表示贴紧父元素的右边缘。
- android:layout_alignParentTop：表示贴紧父元素的上边缘。
- android:layout_alignWithParentIfMissing：表示如果对应的兄弟元素找不到的话就以父元素做参照物。

（2）第二类：属性值必须为id的引用名"@id/id-name"
- android:layout_below：表示在某元素的下方。
- android:layout_above：表示在某元素的上方。
- android:layout_toLeftOf：表示在某元素的左边。
- android:layout_toRightOf：表示在某元素的右边。
- android:layout_alignTop：表示本元素的上边缘和某元素的上边缘对齐。
- android:layout_alignLeft：表示本元素的左边缘和某元素的左边缘对齐。
- android:layout_alignBottom：表示本元素的下边缘和某元素的下边缘对齐。
- android:layout_alignRight：表示本元素的右边缘和某元素的右边缘对齐。

（3）第三类：属性值为具体的像素值，如30dpi，40px。
- android:layout_marginBottom：表示离某元素底边缘的距离。
- android:layout_marginLeft：表示离某元素左边缘的距离。
- android:layout_marginRight：表示离某元素右边缘的距离。
- android:layout_marginTop：表示离某元素上边缘的距离。

（4）EditText的android:hint

用于设置EditText为空时输入框内的提示信息。

（5）android:gravity

此属性是对该View 内容的限定，例如一个button上面的text，可以设置该text在View的靠左或靠右等位置。以button为例，android:gravity="right"表示button上面的文字靠右。

（6）android:layout_gravity

用来设置该view相对于起父view 的位置。例如一个button 在linearlayout里，可以通过该属性设置把该button放在靠左、靠右等位置。以button为例，android:layout_gravity="right"表示button靠右。

（7）android:layout_alignParentRight

使当前控件的右端和父控件的右端对齐，这里属性值只能为true或false，默认false。

(8) android:scaleType

控制图片如何用resized/moved来匹配ImageView的size。ImageView.ScaleType / android:scaleType值的区别如下。

- CENTER /center：按图片原来的size居中显示，当图片长/宽超过View的长/宽，则截取图片的居中部分显示。
- CENTER_CROP/centerCrop：按比例扩大图片的size居中显示，使得图片长(宽)等于或大于View的长(宽)。
- CENTER_INSIDE/centerInside：将图片的内容完整居中显示，通过按比例缩小或原来的size使得图片长/宽等于或小于View的长/宽。
- FIT_CENTER/fitCenter：把图片按比例扩大/缩小到View的宽度，居中显示。
- FIT_END/fitEnd：把图片按比例扩大/缩小到View的宽度，显示在View的下部分位置。
- FIT_START/fitStart：把图片按比例扩大/缩小到View的宽度，显示在View的上部分位置。
- FIT_XY/fitXY：可以通过该属性设置把图片"不按比例扩大/缩小"到View的大小显示。
- MATRIX/matrix：用矩阵来绘制，动态缩小放大图片来显示。

实例3-3	使用相对布局RelativeLayout
源码路径	光盘\daima\3\3-3\（Java版+Kotlin版）

编写布局文件"res/layour/main.xml"，具体实现代码如下。

```
<?xml version="1.0" encoding="utf-8"?>
<RelativeLayout xmlns:android="http://schemas.android.com/apk/res/android"
    android:layout_width="fill_parent"
    android:layout_height="fill_parent">
    <TextView
        android:id="@+id/label"
        android:layout_width="fill_parent"
        android:layout_height="wrap_content"
        android:text="Type here:"/>
    <EditText
        android:id="@+id/entry"
        android:layout_width="fill_parent"
        android:layout_height="wrap_content"
        android:background="@android:drawable/editbox_background"
```

```
            android:layout_below="@id/label"/>
    <Button
        android:id="@+id/ok"
        android:layout_width="wrap_content"
        android:layout_height="wrap_content"
        android:layout_below="@id/entry"
        android:layout_alignParentRight="true"
        android:layout_marginLeft="10dip"
        android:text="OK" />
……后面省略一个Button按钮组件的代码
/>
</RelativeLayout>
```

在上述代码中，在RelativeLayout视图组中包含了一个TextView、一个EditView和两个Button。执行之后的效果如图3-5所示。

图3-5　执行效果

3.3.3　使用帧布局FrameLayout

在Android系统中，帧布局的实现类是FrameLayout。帧布局容器会为每个组件创建一个空白区域，一个区域成为一帧，这些帧会根据FrameLayout中定义的gravity属性自动对齐。帧布局FrameLayout直接在屏幕上开辟出了一块空白区域，当我们往里面添加组件的时候，所有的组件都会放置于这块区域的左上角。帧布局的大小由子控件中最大的子控件决定，如果组件都一样大的话，那么同一时刻就只能看到最上面的那个组件。当然也可以为组件添加layout_gravity属性，从而设置组件的对齐方式。帧布局FrameLayout中的前景图像永远处于帧布局最顶层，直接面对用户的图像，是不会被覆盖的图片。

实例3-4	使用帧布局FrameLayout
源码路径	素材\daima\3\3-4\（Java版+Kotlin版）
视频路径	素材\视频\实例\第3章\3-4

编写布局文件"res/layour/main.xml"，具体实现代码如下所示。

```
<?xml version="1.0" encoding="utf-8"?>
<FrameLayout    xmlns:android="http://schemas.android.com/apk/res/android"
    android:layout_width="fill_parent"
    android:layout_height="fill_parent">
```

```
<TextView
    android:text="big"
    android:layout_width="wrap_content"
    android:layout_height="wrap_content"
    android:textSize="50pt"/>
……后面省略两个TextView组件的代码
>
</FrameLayout>
```

执行后因为多层重叠而发生重影效果，FrameLayout能够将组件显示在屏幕的左上角，后面的组件覆盖前面的组件。执行效果如图3-6所示。

图3-6　计时器效果

3.3.4　使用表格布局TableLayout

在Android系统中，表格布局的实现类是TableLayout。表格布局继承了LinearLayout，其本质是线性布局管理器。表格布局采用行和列的形式管理子组件，但是并不需要声明有多少行列，只需要添加TableRow和组件就可以控制表格的行数和列数，这一点与网格布局有所不同，网格布局需要指定行列数。TableLayout以行和列的形式管理控件，每行为一个TableRow对象，也可以为一个View对象，当为View对象时，该View对象将跨越该行的所有列。在TableRow中可以添加子控件，每添加一个子控件为一列。

在TableLayout布局中，不会为每一行、每一列或每个单元格绘制边框，每一行可以有零个或多个单元格，每个单元格为一个View对象。在TableLayout中可以有空的单元格，单元格也可以像HTML中那样跨越多个列。在表格布局中，一个列的宽度由该列中最宽的那个单元格指定，而表格的宽度是由父容器指定的。在TableLayout布局中，可以为列设置如下三种属性。

- Shrinkable：如果一个列被标识为Shrinkable，则该列的宽度可以进行收缩，以使表格能够适应其父容器的大小。
- Stretchable：如果一个列被标识为Stretchable，则该列的宽度可以进行拉伸，以使填满表格中空闲的空间。
- Collapsed：如果一个列被标识为Collapsed，则该列将会被隐藏。

 注意

一个列可以同时具有Shrinkable和Stretchable属性，在这种情况下，该列的宽度将任意拉伸或收缩以适应父容器。

第3章 界面UI设计和布局

TableLayout继承自LinearLayout类，除了继承来自父类的属性和方法，TableLayout类中还包含表格布局所特有的属性和方法。这些属性和方法说明如表3-4所示。

表3-4 TableLayout类常用属性及对应方法说明

属性名称	对应方法	描述
android:collapseColumns	setColumnCollapsed(int,boolean)	设置指定列号的列为Collapsed，列号从0开始计算
android:shrinkColumns	setShrinkAllColumns(boolean)	设置指定列号的列为Shrinkable，列号从0开始计算
android:stretchColumns	setStretchAllColumns(boolean)	设置指定列号的列为Stretchable，列号从0开始计算

其中setShrinkAllColumns和setStretchAllColumns的功能是将表格中的所有列设置为Shrinkable或Stretchable。

实例3-5	实现一个计算器界面效果
源码路径	素材\daima\3\3-5\（Java版+Kotlin版）

编写布局文件"res/layour/main.xml"，具体实现代码如下所示。

```
<TableRow>
  <Button android:layout_width="wrap_content" android:layout_height="wrap_content"
   android:text=" 7 " />
  <Button android:layout_width="wrap_content"
   android:layout_height="wrap_content" android:text=" 8 "
   />
  <Button android:layout_width="wrap_content"
   android:layout_height="wrap_content" android:text=" 9 "
   />
  <Button android:layout_width="wrap_content"
   android:layout_height="wrap_content" android:text=" /   "
   />
</TableRow>
//此处省略后面3行代码
</TableRow>
</TableLayout>
```

执行后将显示一个计算器的效果，执行效果如图3-7所示。

图3-7　计算器界面效果

3.3.5　使用绝对布局 AbsoluteLayout

在Android系统中，绝对布局的实现类是AbsoluteLayout。Android官方不建议使用此类，而是推荐使用FrameLayout、RelativeLayout或者定制的layout代替。在最新的版本的Android系统中，绝对布局AbsoluteLayout方式已经被完全抛弃。

所谓绝对布局，是指屏幕中所有控件的摆放由开发人员通过设置控件的坐标来指定，控件容器不再负责管理其子控件的位置。绝对布局的特点是组件位置通过x、y坐标来控制，布局容器不再管理组件位置和大小，这些都可以自定义。绝对布局不能适配不同的分辨率和屏幕大小，这种布局已经过时。如果只为一种设备开发这种布局的话，可以考虑使用这种布局方式。

实例3-6	使用绝对布局 AbsoluteLayout
源码路径	代码\daima\3\3-6\（Java版+Kotlin版）

编写布局文件"res/layour/main.xml"，设置文本在屏幕中x和y坐标的绝对位置，具体实现代码如下。

```xml
<AbsoluteLayout xmlns:android="http://schemas.android.com/apk/res/android"
    android:id="@+id/AbsoluteLayout01"
    android:layout_width="fill_parent"
    android:layout_height="fill_parent"
    >
    <TextView android:id="@+id/txtIntro"
        android:text="绝对布局"
        android:layout_width="fill_parent"
        android:layout_height="wrap_content"
        android:layout_x="20dip"
        android:layout_y="20dip">
```

```
            </TextView>
</AbsoluteLayout>
```

执行后的效果如图3-8所示。

图3-8　执行效果

3.3.6　使用网格布局GridLayout

在Android系统中，网格布局的实现类是GridLayout。在Android 4.0版本之前，如果想要达到网格布局的效果，首先可以考虑使用最常见的LinearLayout布局，但是这样的排布会产生如下几点问题：

- 不能同时在X，Y轴方向上进行控件的对齐。
- 当多层布局嵌套时会有性能问题。
- 不能稳定地支持一些支持自由编辑布局的工具。

GridLayout布局使用虚细线将布局划分为行、列和单元格，也支持一个控件在行、列上都有交错排列。而GridLayout使用的其实是跟LinearLayout类似的API，只不过是修改了一下相关的标签而已，所以对于开发者来说，掌握GridLayout还是很容易的事情。

实例3-7	使用网格布局GridLayout
源码路径	素材\daima\3\3-7\（Java版+Kotlin版）

布局文件grid_layout_test.xml的具体实现代码如下所示。

```
<?xml version="1.0" encoding="utf-8"?>
<!-- GridLayout: 5行 4列 水平布局 -->
<GridLayout xmlns:android="http://schemas.android.com/apk/res/android"
    android:layout_width="wrap_content"
    android:layout_height="wrap_content"
    android:orientation="horizontal"
    android:rowCount="5"
    android:columnCount="4" >
    <Button
      android:id="@+id/one"
```

```
    android:text="1"/>
<Button
    android:id="@+id/two"
    android:text="2"/>
  <Button
    android:id="@+id/three"
    android:text="3"/>
    //此处省略后面的Button按钮代码
</GridLayout>
```

执行后也将实现一个简单的计算器效果,执行效果如图3-9所示。

图3-9　执行效果

第 4 章
基本视图组件

组件是软件开发领域中的重要组成部分，一个项目通常由多个组件共同构成实现某项具体功能。在Android应用程序中，可以通过内置的组件（例如按钮组件、文本组件和进度条组件等）来快速实现项目的需求。在本章的内容中，将详细介绍Android系统中核心视图组件的知识，并通过具体实例的实现过程讲解了各个组件的使用方法。

4.1 使用Widget组件

组件（Component）是对数据和方法的简单封装，每个组件可以实现一个具体的功能。为了便于理解，我们可以将组件看成零件，每个零件都具有自己的作用。在Android系统中有很多组件，通过组件可以实现具有不同功能的APP（应用程序）。再讲得通俗一点，组件就好比Surface Book中的显卡、CPU和内存条等不同的部件，每个部件具有不同的功能。将这些大小不同的部件进行搭配后，可以组装成配置不同的Surface Book电脑。在Android系统的众多组件中，类Widget是为UI界面设计所服务的，在Widget内包含了按钮、列表框、进度条和图片等常用的组件。

4.1.1 Widget框架类的组成

在Android系统中，Widget组件的最直观用法是实现App Widget（窗口小部件），App Widget就是HomeScreen（手机屏幕）中显示的小部件，提供了直观的交互操作功能。通过在HomeScreen中长按动作，在弹出的对话框中选择Widget部件来进行创建，通过在屏幕中长按部件后并拖动到垃圾箱中的方式进行删除。另外，还可以同时创建多个Widget部件。在Android系统中，AppWidget 框架类的主要组成如下所示。

（1）AppWidgetProvider：继承自 BroadcastRecevier，在AppWidget 应用 update、enable、disable 和 delete 时接收通知。其中，onUpdate、onReceive 是最常用到的方法，它们接收更新通知。

（2）AppWidgetProvderInfo：描述 AppWidget 的大小、更新频率和初始界面等信息，以XML 文件形式存在于应用的 res/xml/目录下。

（3）AppWidgetManger：负责管理 AppWidget，向 AppwidgetProvider 发送通知。

（4）RemoteViews：可以在其他应用进程中运行的类，向 AppWidgetProvider 发送通知。

4.1.2 实战演练：使用Widget组件

实例4-1	使用Widget组件
源码路径	素材\daima\4\4-1\（Java版+Kotlin版）

STEP 01 在Android Studio中依次单击【File】|【New】|【Android Project】，新建一个名为"Widgetshiyong"的工程文件，如图4-1所示。

STEP 02 创建项目后将会自动创建一个MainActivity，这是整个应用程序的入口，我们可以打开对应的文件widgetshiyong.java，其主要实现代码如下所示。

```
public class widgetshiyong extends Activity {
    @Override
    public void onCreate(Bundle savedInstanceState) {
        super.onCreate(savedInstanceState);
        setContentView(R.layout.main);
    }
}
```

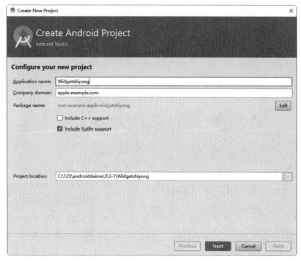

图4-1　新建一个项目

在上述代码中，通过onCreate()方法关联了一个模板文件main.xml。这样，就可以在里面继续添加需要的组件了，例如按钮、列表框、进度条和图片等。

注意

在本节接下来的内容中，所有实例代码都保存在本实例项目中，即本章剩余实例的源码都保存在"素材:\daima\4\4-1"目录下，这样做的目的是展示在Widget组件中"盛装"主要屏幕元素的效果。

4.1.3　实战演练：使用Button按钮组件

在Android系统中，Button的直接子类是CompoundButton，其间接子类有CheckBox、RadioButton和ToggleButton。Button是一个按钮组件，当单击Button后会触发一个事件，这个事件会实现用户需要的功能。例如在会员登录系统中，输入信息并单击"确定"按钮后会实登录一个系统。下面将以前面的实例4-1为基础，演示使用Button按钮组件的方法。

实例4-2	使用按钮组件
源码路径	素材\daima\4\4-1

STEP 01 使用Android Studio打开前面的实例4-1，修改布局文件main.xml，在里面添加一个TextView文本和一个Button按钮。

STEP 02 在文件mainActivity.java中通过findViewByID()获取TextView和Button资源。主要实现代码如下所示。

```
show= (TextView)findViewById(R.id.show_TextView);
press=(Button)findViewById(R.id.Click_Button);
```

STEP 03 给Button组件添加事件监听器Button.OnClickListener()，定义单击Button按钮后的事件处理程序，主要实现代码如下所示。

```
press.setOnClickListener(new Button.OnClickListener(){
    @Override
    public void onClick(View v) {
        show.setText("使用按钮组件！！！");
    }
});
```

执行后将首先显示一个"按钮+文本"界面，当单击按钮后会执行单击事件，显示对应的文本提示，如图4-2所示。

图4-2 执行效果

4.1.4 实战演练：使用TextView文本框组件

实例4-3	使用TextView文本框
源码路径	素材\daima\4\4-1（Java版+Kotlin版）

文本框组件TextView是Android中使用最频繁的组件之一，在本书前面的章节中已经多次使用过TextView。接下来以前面的实例4-1为基础，文件ViewTextActivity.java的主要实现代码如下所示。

```
private void find_and_modify_text_view() {
    TextView text_view = (TextView) findViewById(R.id.text_view);
    CharSequence text_view_old = text_view.getText();
    text_view.setText("最初想法是：" + text_view_old
        + "\n现在想法是:买一台组装的台式机！");
}
```

执行后的效果如图4-3所示。

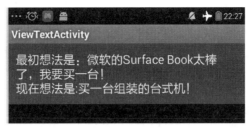

图4-3 运行效果

4.1.5 实战演练：使用EditText编辑框组件

实例4-4	使用EditText编辑框组件
源码路径	素材\daima\4\4-1（Java版+Kotlin版）

使用编辑框组件EditText的方法和使用TextView的方法类似，它能生成一个可编辑的文本框。本实例演示了使用EditText组件的方法，具体实现流程如下所示。

STEP 01 在程序的主窗口界面中添加一个EditText按钮，然后设定其监听器在接收到单击事件时，程序打开EditText的界面。文件editview.xml的具体代码如下所示。

```
//编辑框供用户输入值
<EditText android:id="@+id/edit_text"
android:layout_width="fill_parent"
android:layout_height="wrap_content"
android:text="在这里输入你想买的机器型号" />
    //用于获取输入的值
<Button android:id="@+id/get_edit_view_button"
    android:layout_width="wrap_content"
    android:layout_height="wrap_content"
    android:text="提交你愿望"
 />
```

STEP 02 编写事件处理文件EditTextActivity.java，执行后将首先显示默认的文本和输入框，如图4-4所示；输入一段文本，单击"获取EditView的值"按钮后会获取输入的文字，并在屏幕中显示输入的文字，如图4-5所示。

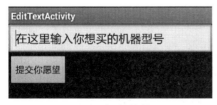
图4-4 初始效果

图4-5 运行效果

4.1.6 实战演练：使用CheckBox多项选择组件

组件CheckBox是一个复选框组件，能够为用户提供输入信息，用户可以一次性选择多个选项。

实例4-5	使用多项选择组件CheckBox
源码路径	素材\daima\4\4-1（Java版+Kotlin版）

STEP 01 编写布局文件check_box.xml，在里面插入4个选项供用户选择，具体代码如下所示。

```xml
<CheckBox android:id="@+id/plain_cb"
    android:text="Surface Book一台"
    android:layout_width="wrap_content"
    android:layout_height="wrap_content"
/>

<CheckBox android:id="@+id/serif_cb"
    android:text="Android开发从入门到精通"
    android:layout_width="wrap_content"
    android:layout_height="wrap_content"
    android:typeface="serif"
/>

<CheckBox android:id="@+id/bold_cb"
    android:text="Java秘籍"
    android:layout_width="wrap_content"
    android:layout_height="wrap_content"
    android:textStyle="bold"
/>

<CheckBox android:id ="@+id/italic_cb"
    android:text="组装台式机一台"
    android:layout_width="wrap_content"
    android:layout_height="wrap_content"
    android:textStyle="italic"
/>
<Button android:id="@+id/get_view_button"
    android:layout_width="wrap_content"
  android:layout_height="wrap_content"
  android:text="你选中的是" />
```

在上述代码中分别创建了4个CheckBox选项供用户选择，然后插入了一个Button组件供用户选择单击后处理特定事件。

STEP 02 编写事件处理文件CheckBoxActivity.java，把用户选中的选项值显示在Title上面。执行后将首先显示4个选项值供用户选择，如图4-6所示；用户选择某些选项并单击"获取CheckBox的值"按钮后，文本提示用户选择的选项，如图4-7所示。

　　图4-6　初始效果　　　　　　　　　图4-7　运行效果

4.1.7　实战演练：使用单项选择组件RadioGroup

在Android系统中，组件RadioGroup是一个单选按钮组件，和多项选择组件CheckBox相对应，我们只能选择RadioGroup中的一个选项。

实例4-6	使用RadioGroup单项选择组件
源码路径	素材\daima\4\4-1（Java版+Kotlin版）

STEP 01 编写布局文件radio_group.xml，设置一个RadioGroup组件，它提供了4个选项供用户选择，然后插入一个Button组件来清除掉用户选择的选项。

STEP 02 编写处理文件RadioGroupActivity.java，当用户单击"清除"按钮后使用setTitle修改Title值为"RadioGroupActivity"，然后会获取RadioGroup对象和按钮对象。文件RadioGroupActivity.java的主要代码如下。

```java
protected void onCreate(Bundle savedInstanceState) {
    super.onCreate(savedInstanceState);
    setContentView(R.layout.radio_group);
    setTitle("RadioGroupActivity");
    mRadioGroup = (RadioGroup) findViewById(R.id.menu);
    Button clearButton = (Button) findViewById(R.id.clear);
    clearButton.setOnClickListener(this);
}
```

执行后将首先显示4个选项供用户选择，如图4-8所示；选择一个选项并单击"这都是我的理想，先全部清除，我再考虑考虑选哪个"按钮后将会清除选择的选项，如图4-9所示。

图4-8　初始效果

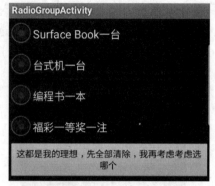

图4-9　运行效果

4.1.8　实战演练：使用Spinner下拉列表组件

在Android系统中，下拉列表组件Spinner能够提供一个下拉样式的选择输入框，用户不需要输入数据，只需在里面选择一个选项后就可在框中完成数据输入工作。

实例4-7	使用下拉列表组件Spinner
源码路径	素材\daima\4\4-1（Java版+Kotlin版）

STEP 01 在文件main.xml中添加一个按钮，单击这个按钮后会启动这个SpinnerActivity文件。

STEP 02 在文件MainActivity.java中编写处理按钮的事件代码，通过事件处理代码启动SpinnerActivity，使用SpinnerActivity展示Spinner组件的界面。在具体实现上，首先创建SpinnerActivity的Activity，然后修改其onCreate()方法，设置其对应模板为spinner.xml。文件SpinnerActivity.java的主要实现代码如下。

```java
public void onCreate(Bundle savedInstanceState) {
    super.onCreate(savedInstanceState);
    setTitle("SpinnerActivity");
    setContentView(R.layout.spinner);
    find_and_modify_view();
}
```

STEP 03 编写布局文件spinner.xml，在里面添加2个TextView组件和2个Spinner组件。定义Spinner组件的ID为spinner_1，设置其宽度占满了其父元素"LinearLayout"的宽，并设置高度自适应。

STEP 04 在文件AndroidManifest.xml中添加如下代码。

```
<activity android:name="SpinnerActivity"></activity>
```

经过上述处理后，就可以在界面中生成一个简单的单选选项界面，但是在列表中并没有选项值。如果要在下拉列表中实现可供用户选择的选项值，需要在里面填充一些数据。

STEP 05 开始载入列表数据，首先定义需要载入的数据，然后在onCreate()方法中通过调用find_and_modify_view()来完成数据载入，将定义的mCountries数据载入到了Spinner组件中。

STEP 06 在文件spinner.xml中预定义数据，此步骤需要在布局文件spinner.xml中再添加一个Spinner组件。

STEP 07 在文件SpinnerActivity.java中初始化Spinner中的值，将R.array.countries对应值载入到了spinner_2中，而R.array.countries的对应值是在文件array.xml中预先定义的，通过文件array.xml预定义了一个名为"countries"的数组。

到此为止，整个实例全部介绍完毕。执行后将首先显示两个下拉列表表单，如图4-10所示；单击下拉列表单后面的 时会弹出一个由Spinner下拉选项框，如图4-11所示；当选择下拉框中的一个选项后，选项值会自动出现在输入表单中，如图4-12所示。

图4-10　初始效果　　　　图4-11　运行效果　　　　图4-12　选择值自动出现在表单中

4.1.9　实战演练：使用AutoCompleteTextView自动完成文本组件

组件AutoCompleteTextView能够帮助用户自动输入数据，例如当用户输入一个字符后，能够根据这个字符提示显示出与之相关的数据。自动输入应用在搜索引擎中比较常见，例如在百度中输入关键字"android"后，会在下拉列表中自动显示出相关的关键词，如图4-13所示。在Android应用开发过程中，通过AutoCompleteTextView组件可以实现如图4-13所示的自动提示功能。

图4-13　百度的输入提示框

实例4-8	使用自动完成文本组件
源码路径	素材\daima\4\4-1（Java版+Kotlin版）

STEP 01　修改布局文件main.xml，在里面添加一个AutoCompleteTextView组件。

STEP 02　修改文件mainActivity.java，在里面添加自动完成功能处理事件。具体代码如下所示。

```java
private Button.OnClickListener auto_complete_button_listener = new Button.OnClickListener() {
  public void onClick(View v) {
    Intent intent = new Intent();
    intent.setClass(MainActivity.this, AutoCompleteTextViewActivity.class);
    startActivity(intent);
  }
};
```

STEP 03　编写文件AutoCompleteTextViewActivity.java，在数组COUNTRIES中为自动下拉框设置提示信息。编译运行后，如果在表单中输入数据，会根据预先准备的数据输出提示。例如输入字符"SU"后的效果如图4-14所示。

图4-14　自动弹出输入提示框

4.1.10 实战演练：使用DatePicker日期选择器组件

日期选择器组件DatePicker能够为用户提供快速选择日期的方法。人们知道日期的格式是"年—月—日"，在很多系统中都为用户提供了日期选择表单，这样不用输入具体的日期，只需利用鼠标点击即可完成日期的设置功能。接下来以前面的实例4-1为基础，演示使用日期选择器组件DatePicker的具体流程。

实例4-9	使用日期选择器组件
源码路径	素材\daima\4\4-1（Java版+Kotlin版）

STEP 01 在文件main.xml中添加一个按钮来打开DatePicker界面，定义了一个ID为"DatePicker_button"的按钮。

STEP 02 定义上述按钮响应处理事件，当单击"DatePicker"按钮后会跳转到DatePickerActivity上。当创建一个Activity组件后，需要在其onCrcate()方法中指定需要绑定的模板文件为date_picker.xml。

STEP 03 在文件DatePickerActivity.java中设置默认显示的初始时间为2017年5月17日，具体代码如下所示。

```
public class DatePickerActivity extends Activity {
/** Called when the activity is first created. */
@Override
public void onCreate(Bundle savedInstanceState) {
  super.onCreate(savedInstanceState);
  setTitle("小鸟购买Surface Book的日期是：");
  setContentView(R.layout.date_picker);
  DatePicker dp =  (DatePicker)this.findViewById(R.id.date_picker);
  dp.init(2017, 5, 17, null);
}
```

STEP 04 在文件date_picker.xml中添加DatePicker组件，设置DatePicker组件的ID为"date_picker"，设置其宽度和高度都为自适应。执行后将首先显示设置的起始日期，如图4-15所示；分别单击月、日、年上面的"+"或下面的"-"后，将会自动显示更改后的月、日、年。

图4-15 执行效果

4.1.11 实战演练：使用TimePicker时间选择器组件

在Android系统中，时间选择器组件TimePicker和DatePicker组件的功能类似，都是为用户提供的快速选择时间的方法。

实例4-10	使用时间选择器组件TimePicker
源码路径	素材\daima\4\4-1（Java版+Kotlin版）

STEP 01 在文件main.xml中添加一个Button按钮，然后为上述按钮"time_picker"编写响应事件代码，设置当单击按钮"time_picker"后会跳转到TimePickerActivity上。具体代码如下所示。

```
private Button.OnClickListener time_picker_button_listener = new
Button.OnClickListener() {
   public void onClick(View v) {
     Intent intent = new Intent();
     intent.setClass(MainActivity.this, TimePickerTimePicker.class);
     startActivity(intent);
   }
};
```

STEP 02 创建一个Activity，然后在onCreate()方法中指定需要绑定的模板为time_picker.xml。需要首先指定对应的布局模板是time_picker.xml，然后获取其中的TimePicker组件。

STEP 03 在文件time_picker.xml中添加TimePicker组件。执行后将首先显示设置的起始时间，分别单击时间上面的"+"或下面的"—"后，将会自动显示更改后时间，如图4-16所示。

图4-16　运行效果

4.1.12　实战演练：使用ScrollView滚动视图组件

通过使用滚动视图组件ScrollView，可以在手机屏幕中生成一个滚动样式的显示效果。使用ScrollView的好处是，即使内容超出了屏幕大小也可以通过滚动的方式供用户浏览。接下来以前面的实例4-1为基础，讲解使用滚动视图组件ScrollView的基本流程。

实例4-11	使用滚动条显示更多的信息
源码路径	素材\daima\4\4-1（Java版+Kotlin版）

使用滚动视图组件ScrollView的方法比较简单，打开实例文件main.xml，在LinearLayout外面增加一个滚动视图组件标记ScrollView，具体实现代码如下所示。

```
<ScrollView xmlns:android="http://schemas.android.com/apk/res/android"
      android:layout_width="fill_parent"
      android:layout_height="wrap_content"
>
```

在上述代码中，将滚动视图组件ScrollView放在了LinearLayout的外面，这样当LinearLayout中的内容超过屏幕大小时，可以实现滚动浏览功能。程序运行后的效果如图4-17所示。

4.1.13 实战演练：使用ProgressBar进度条组件

进度条组件ProgressBar能够以图像化的方式显示某个过程的进度，这样做的好处是能够更加直观地显示进度。进度条在计算机应用中非常常见，例如在安装软件过程中一般使用进度条来显示安装进度。接下来以前面的实例4-1为基础，讲解使用组件ProgressBar的基本流程。

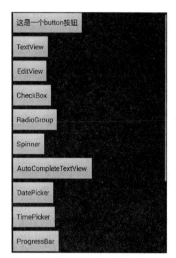

图4-17 运行效果

实例4-12	使用进度条组件ProgressBar
源码路径	素材\daima\4\4-1（Java版+Kotlin版）

STEP 01 首先在文件main.xml中增加一个按钮，然后在文件MainActivity.java中编写单击按钮事件处理程序，当单击按钮后会启动ProgressBarActivity，这样可以打开进度条界面。

STEP 02 编写文件ProgressBarActivity.java，通过此文件设置其对应的布局文件为Progress_Bar.xml，具体代码如下所示。

```
public void onCreate(Bundle savedInstanceState) {
    super.onCreate(savedInstanceState);
    setTitle("学习Android的进度演示：");
    setContentView(R.layout.progress_bar);
}
```

STEP 03 编写布局文件Progress_Bar.xml，在里面插入2个ProgressBar组件，设置第一个是环形进度条样式，设置第二个是水平进度样式。然后设置第一个进度到50，第二个进度到75。执行后将显示指定样式的进度条效果，如图4-18所示。

图4-18 运行效果

4.1.14 实战演练：使用SeekBar拖动条组件

在Android系统中，拖动条组件SeekBar的功能是通过拖动某个进程来直观地显示进度。现实中最常见的拖动条应用是播放器的播放进度条，可以通过拖动进度条的方式来控制播放视频的进度。接下来以前面的实例4-1为基础，讲解使用SeekBar组件的基本流程。

实例4-13	使用拖动条组件SeekBar
源码路径	素材\daima\4\4-1（Java版+Kotlin版）

STEP 01 首先在布局文件main.xml中插入一个按钮，然后为插入的按钮编写处理事件代码，当用户单击按钮后会跳转到SeekBarActivty。

STEP 02 创建一个Activty，为其指定模板为seek_bar.xml，在里面定义了一个SeekBar组件，设置其ID为seek，设定宽度为布满屏幕显示，并设置其最大值是100。

STEP 03 在文件AndroidManifest.xml中声明SeekBarActivity，对应代码如下。

```
<activity android:name="SeekBarActivty" />
```

到此为止，整个流程全部讲解完毕。执行后将显示对应样式的进度条，我们可以通过鼠标来拖动进度条的位置，如图4-19所示。

图4-19　运行效果

4.1.15 实战演练：使用RatingBar评分组件

在Android系统中，评分组件RatingBar能够为我们提供一个标准的评分操作模式。在日常生活中可以经常见到评分系统，如在网上商城中可以对某个产品进行评分处理。

实例4-14	使用评分组件RatingBar
源码路径	素材\daima\4\4-1（Java版+Kotlin版）

STEP 01 首先在布局文件main.xml中插入一个按钮，然后为这个按钮编写处理事件代码，当用户单击按钮后会跳转到RatingBarActivty。

STEP 02 创建一个Activty，为其指定模板rating_bar.xml，在里面定义了一个RatingBar组件，设置其ID为rating_bar，并设定宽度和高度都是自适应。

STEP 03 在文件AndroidManifest.xml中增加对RatingBarActivity的声明，对应代码如下。

```
<activity android:name="RatingBarActivity" />
```

执行后将显示对应样式的评级图，我们可以通过鼠标来选择评级，如图4-20所示。

图4-20　运行效果

4.1.16　实战演练：使用ImageView图片视图组件

在Android应用程序中，使用图片视图组件ImageView可以在屏幕中显示一幅图片。接下来以前面的实例4-1为基础，详细讲解使用图片视图组件ImageView的基本流程。

实例4-15	使用ImageView图片视图组件
源码路径	素材\daima\4\4-1（Java版+Kotlin版）

STEP 01 在布局文件main.xml中插入一个按钮，然后为上述按钮编写处理事件代码，当用户单击按钮后会跳转到ImageViewActivty界面，对应代码如下。

```
private Button.OnClickListener image_view_button_listener = new
Button.OnClickListener() {
  public void onClick(View v) {
    Intent intent = new Intent();
    intent.setClass(MainActivity.this, ImageViewActivity.class);
    startActivity(intent);
  }
};
```

STEP 02 创建一个Activty，为其指定模板image_view.xml，在里面设置Android:src为一张图片，该图片位于本项目根目录下的"res\drawable"文件夹中，它支持PNG、JPG、GIF等常见的图片格式。执行后将显示对应的图片信息。执行效果如图4-21所示。

图4-21　执行效果

4.1.17 实战演练：使用网格视图组件GridView

网格视图组件GridView能够将很多幅指定的图片以指定的大小显示出来，此功能在相册的图片浏览中比较常见。接下来以前面的实例4-1为基础，讲解使用GridView组件的基本流程。

实例4-16	使用网格视图组件GridView
源码路径	素材\daima\4\4-1（Java版+Kotlin版）

STEP 01 首先在布局文件main.xml中插入一个按钮，然后为按钮编写一个处理事件代码，当用户单击按钮后会跳转到ImageShowActivty。

STEP 02 编写Java处理文件GridViewActivity.java，首先为创建的Activty指定布局模板为grid_view.xml，然后获取其模板中的GridView组件，并使用setAdapter()方法为其绑定一个合适的ImageAdapter，最后编写实现ImageAdapter的代码。主要实现代码如下所示。

```java
public void onCreate(Bundle savedInstanceState) {
    super.onCreate(savedInstanceState);
    setContentView(R.layout.grid_view);
    setTitle("九宫格展示系统");
    GridView gridview = (GridView) findViewById(R.id.grid_view);
    gridview.setAdapter(new ImageAdapter(this));
}
public class ImageAdapter extends BaseAdapter {
……
    public View getView(int position, View convertView, ViewGroup parent) {
        ImageView imageView;
        if (convertView == null) {  // if it's not recycled, initialize some attributes
            imageView = new ImageView(mContext);
            imageView.setLayoutParams(new GridView.LayoutParams(85, 85));
            imageView.setScaleType(ImageView.ScaleType.CENTER_CROP);
            imageView.setPadding(8, 8, 8, 8);
        } else {
            imageView = (ImageView) convertView;
        }
        imageView.setImageResource(mThumbIds[position]);
        return imageView;
    }
……
```

在上述代码中，因为ImageAdapter继承于BaseAdapter，所以可以通过构造方法ImageAdapter()获取Context，然后实现了getView。

执行后将会按照九宫格视图的方式显示指定的图片，执行效果如图4-22所示。

4.1.18 实战演练：使用ImageSwitcher图片切换器组件

在现实应用中，经常在门户网站首页里中看到轮显的广告图片，在Android系统中可以通过组件ImageSwitcher实现类似的图片切换显示功能。组件ImageSwitcher有如下3个常用的内置方法。

- public void setImageDrawable (Drawable drawable)：绘制图片。
- public void setImageResource (int resid)：设置图片资源库。
- public void setImageURI (Uri uri)：设置图片地址。

图4-22 运行效果

实例4-17	使用图片切换器组件ImageSwitcher
源码路径	素材\daima\4\4-17（Java版+Kotlin版）

在本实例中，设置屏幕主界面使用GridView组件实现一个九宫格样式的照片墙，当单击某个item图片后会跳转到第二个界面，在第二个界面中使用ImageSwitcher左右切换图片。其中第二个界面的布局文件是show_photo.xml，实现图片切换显示的Java程序文件ShowPhotoActivity.java。其主要实现代码如下。

```
protected void onCreate(Bundle savedInstanceState) {
  super.onCreate(savedInstanceState);
  setContentView(R.layout.show_photo);
  imgIds = new int[]{R.drawable.item01,R.drawable.item02,R.drawable.item03,R.drawable.item04,
      R.drawable.item05, R.drawable.item06, R.drawable.item07, R.drawable.item08,R.drawable.item09,
      R.drawable.item10, R.drawable.item11, R.drawable.item12};
  //实例化ImageSwitcher
  mImageSwitcher = (ImageSwitcher) findViewById(R.id.imageSwitcher1);
  //设置Factory
  mImageSwitcher.setFactory(this);
  //设置OnTouchListener，我们通过Touch事件来切换图片
```

```
    mImageSwitcher.setOnTouchListener(this);
    linearLayout = (LinearLayout) findViewById(R.id.viewGroup);
    tips = new ImageView[imgIds.length];
    for(int i=0; i<imgIds.length; i++){
        ImageView mImageView = new ImageView(this);
        tips[i] = mImageView;
        LinearLayout.LayoutParams layoutParams = new LinearLayout.
LayoutParams(new ViewGroup.LayoutParams(LayoutParams.WRAP_CONTENT,
                LayoutParams.WRAP_CONTENT));
        layoutParams.rightMargin = 3;
        layoutParams.leftMargin = 3;
        mImageView.setBackgroundResource(R.drawable.page_indicator_
unfocused);
        linearLayout.addView(mImageView, layoutParams);
    }
```

执行后的效果如图4-23所示。

图4-23　运行效果

4.1.19　实战演练：使用HorizontalScrollView水平滑动组件

在Android系统中，水平滑动组件是android.widget.HorizontalScrollView。HorizontalScrollView可以放置一个子控件，让用户使用滚动条查看视图的层次结构，允许视图结构比手机的屏幕大。HorizontalScrollView是一种FrameLayout（框架布局），其子项被滚动查看时是整体移动的，并且子项本身可以是一个有复杂层次结构的布局管理器。一个常见的应用是子项在水平方向中，用户可以滚动显示顶层水平排列的子项（items）。

注意

在现实应用中，HorizontalScrollView不可以和ListView（列表组件，在本书后面讲解）同时使用，因为ListView有自己的滚动条设置。最重要的是，如果在需要显示很大的list（列表）的情况下，两者同时用则会使ListView在一些重要的优化上失效。出现这种失效的原因在于，HorizontalScrollView会强迫ListView用HorizontalScrollView本身提供的空间容器（infinite Container）来显示完整的列表。

实例4-18	使用水平滑动组件HorizontalScrollView
源码路径	素材\daima\4\4-18（Java版+Kotlin版）

STEP 01 编写布局文件item_home_header.xml，设置在屏幕顶部使用HorizontalScrollView组件水平滚动图片。

STEP 02 编写Java文件MainActivity.java，设置单击水平滑动图片后来到一个指定的网页，主要实现代码如下所示。

```java
protected void onCreate(Bundle savedInstanceState) {
    super.onCreate(savedInstanceState);
    setContentView(R.layout.activity_main);
    lv = (ListView) findViewById(R.id.lv);
    headerView = LayoutInflater.from(this).inflate(
            R.layout.item_home_header, null);
    header_ll = (LinearLayout) headerView.findViewById(R.id.header_ll);
    for (int i = 0; i < 10; i++) {
        View coupon_home_ad_item = LayoutInflater.from(this).inflate(
                R.layout.home_item, null);
        ImageView icon = (ImageView) coupon_home_ad_item
                .findViewById(R.id.coupon_ad_iv);// 拿个这行的icon
就可以设置图片
        final String href = "http://www.toppr.net/";
        if (!TextUtils.isEmpty(href)) {
                coupon_home_ad_item.setOnClickListener(new
OnClickListener() {// 每个item的点击事件加在这里
                    @Override
                    public void onClick(View v) {
                        Uri uri = Uri.parse(href);
                        Intent intent = new Intent(Intent.ACTION_VIEW,
                                uri);
                        startActivity(intent);
                    }
                });
        }
```

执行后的效果如图4-24所示。

图4-24　运行效果

4.2　使用MENU菜单组件

几乎所有的Android手机都有一个MENU键，这是Android系统内置的一个功能。在Android系统中有一个专门的组件来实现MENU键功能，按下MENU键后通常会显示手机中的所有功能，和"菜单"按键的功能差不多。

4.2.1　MENU组件基础

在Android系统中，组件MENU能够为用户提供一个友好的界面显示效果。在当前的手机应用程序中，主要包括如下两种人机互动方式。

- 直接通过GUI屏幕界面中的View组件。这种方式可以满足大部分的交互操作。
- 使用MENU。当按下MENU按键后会弹出与当前活动状态下的应用程序相匹配的菜单。

上述两种方式有各自的优势，而且可以很好地相辅相成，即便用户可以从主界面完成大部分操作，但是适当地拓展MENU功能可以更加完善应用程序。在具体实现MENU组件功能时，可以通过Android系统中提供的3种菜单类型实现，分别是options menu、context menu和sub menu，具体说明如下。

（1）最为常用的options menu和context menu

options menu通过按home键来显示，而context menu需要在view上按2 s后显示。这两种MENU又都可以加入子菜单，子菜单不能嵌套子菜单。options menu最多只能在屏幕最下面显示6个菜单选项，被称为icon menu，icon menu不能有checkable选项。多于6的菜单项会以more icon menu来调出，被称为expanded menu。options menu通过Activity的onCreateOptionsMenu()来生成，这个函数只会在MENU第一次生成时调用。任何想改变options menu的操作只能在onPrepareOptionsMenu()中实现，这个函数会在MENU显示前调用。onOptionsItemSelected用来处理选中的菜单项。

context menu需要跟某个具体的View绑定在一起，在Activity中用registerForContextMenu来为某个view注册context menu。context menu在显示前都会调用onCreateContextMenu()来生成MENU。onContextItemSelected用来处理选中的菜单项。

> **注意**
> 在此提醒读者，以上两种menu都可以加入子菜单，但子菜单不能嵌套子菜单，这意味着Android系统中的菜单只有两层，这在设计时需要注意，同时子菜单不支持icon。

（2）SubMenu（子菜单）

SubMenu是在选项菜单的基础上增加子菜单，是在选项菜单的基础上增加子菜单。一个Menu对象可以拥有0或多个SubMenu，通过调用Menu.addSubMenu方法将SubMenu添加到当前Menu中。在SubMenu 添加MenuItem的方式和在Menu中添加MenuItem方式一样，因为SubMenu是Menu的子类，但是SubMenu里不能再添加SubMenu。Android系统提供了基于Group id管理多个MenuItem的方法，具体说明如下所示。

- removeGroup(int group)：移除所有属于group的MenuItem。
- setGroupEnable(int group ,boolean enable)：批量开启或关闭整个组的MenuItem。
- setGroupVisible(int group ,visible)：批量显示或隐藏整个组的MenuItem。
- setGroupCheckable(int group ,boolean checkable,boolean exclusive)：设置菜单是否可选中。最后一个exclusive是指是单选还是多选，当exclusive是true时，系统将菜单前面添加单选框，是false时则变成是checkbox多选框。

> **注意**
> Android还提供了对菜单项进行分组的功能，可以把相似功能的菜单项分成同一个组，这样就可以通过调用setGroupCheckable、setGroupEnabled和setGroupVisible来设置菜单属性，而无须单独设置。

4.2.2 实战演练：使用MENU组件

实例4-19	使用MENU组件
源码路径	素材\daima\4\4-19（Java版+Kotlin版）

STEP 01 新建工程文件后，先编写布局文件main.xml，分别插入了1个TextView组件和2个Button组件。其中TextView用于显示文本，然后用"layout_width"设置了Button的宽度，用"layout_height"设置了Button的高度；最后通过符号@来设置并读取变量值，然后进行替换处理。具体说明如下所示。

- Android:text="@string/button1"：相当于<string name="button1">button1</string>
- Android:text="@string/button2"：相当于<string name="button2">button2</string>

请读者不要小看上面的符号@，它用于提示XML文件的解析器要对@后面的名字进行解析，例如上面的"@string/button1"，解析器会从values/string.xml中读取Button1这个变量值。

（2）编写文件ActivityMenu.java，其实现流程如下所示。

- 定义函数onCreate()显示文件main.xml中定义的Layout布局，并设置2个Button为不可见状态。
- 定义函数onCreateOptionsMenu()来生成MENU，此函数是一个回调方法，只有当按下手机设备上的MENU按钮后，Android才会生成一个包含两个子项的菜单。在具体实现上，将首先得到super()函数调用后的返回值，并在onCreateOptionsMenu的最后返回；然后调用menu.add()给menu添加一个项。
- 定义函数onOptionsItemSelected()，此函数是一个回调方法，只有当按下手机设备上的MENU按钮后Android才会调用执行此函数。而这个事件就是单击菜单里的某一项，即MenuItem。

执行后的效果如图4-25所示；当单击设备上的"MENU"键后会触发程序，并在屏幕中显示预先设置的已经隐藏的两个按钮，如图4-26所示；当单击一个隐藏按钮后会显示一个按钮界面，如图4-27所示。

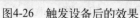

图4-25 初始效果　　图4-26 触发设备后的效果　　图4-27 显示按钮界面

4.3 使用列表组件ListView

在Android系统中，列表组件ListView能够展示一个友好的屏幕秩序，可以在屏幕中实现列表显示样式。在本节的内容中，将详细讲解使用列表组件ListView的基本知识。

4.3.1 Adapter介绍

在Android系统中，组件ListView通过一个Adapter来构建并显示。Adapter是连接后端数据和前端显示的适配器接口，是数据和UI（View）之间一个重要的纽带。在Android应用程序中，在使用常见的ListView和GridView等组件时需要用到Adapter。图4-28直观地表达了Data、Adapter和View三者之间的关系。

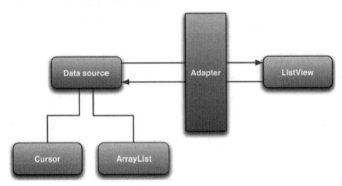

图4-28 Data、Adapter、View三者之间的关系

在Android系统中，比较常用的Adapter有BaseAdapter、ArrayAdapter、SimpleAdapter和SimpleCursorAdapter，具体说明如下所示。

- BaseAdapter：是一个抽象类，继承它需要实现较多的方法，所以也就具有较高的灵活性。
- ArrayAdapter：支持泛型操作，最为简单，只能展示一行字。
- SimpleAdapter：有最好的扩充性，可以自定义出各种效果。
- SimpleCursorAdapter：可以适用于简单的纯文字型ListView，它需要Cursor的字段和UI的id对应起来。如需要实现更复杂的UI也可以重写其他方法。可以认为是SimpleAdapter对数据库的简单结合，可以方便地把数据库的内容以列表的形式展示出来。

4.3.2 ListView基础

在Android系统中，ListView是Android应用非常广泛的一种组件，它以垂直列表的形式显示所有列表项，列表项显示的数据可以来自于数组或List集合或由Adapter提供列表项。有两种创建ListView的方式。

（1）直接使用ListView创建列表视图。

（2）使Activity继承ListView。ListView提供支持的常用XML属性有：

- android:divider：设置List列表项的分隔条，既可以用颜色分隔，也可用Drawable分隔；
- android:dividerHeight：设置分隔条的高度；

- android:entries：指定一个数组资源，Android将根据该数组资源来生成ListView；
- android:footerDividersEnabled：如果设置为false，则不在footer View之前绘制分隔条；
- android:headerDividersEnabled：如果设置为false，则不再header View之后绘制分隔条。

4.3.3 实战演练：使用SimpleAdapter方式实现ListView列表

实例4-20	使用SimpleAdapter方式实现ListView列表
源码路径	素材\daima\4\4-20（Java版+Kotlin版）

STEP 01 编写布局文件main.xml，在里面插入3个TextView组件。其中在listView前面的是标题行，listview相当于用来显示数据的容器，里面每行显示一个用户信息。

STEP 02 编写文件use.xml来布局屏幕中的用户信息，设置每行包含了一个img图片和2个文字信息，这个文件以参数的形式通过Adapter在listview中显示。

STEP 03 编写处理文件ListTest.java，首先构建一个list对象，并设置每项有一个map图片，然后创建TestList类继承Activity。另外还需要通过SimpleAdapter来显示每块区域的用户信息。文件ListTest.java的主要代码如下所示。

```java
super.onCreate(savedInstanceState);
    setContentView(R.layout.main);
        ArrayList<HashMap<String, Object>> users = new ArrayList<HashMap<String, Object>>();
    for (int i = 0; i < 10; i++) {
            HashMap<String, Object> user = new HashMap<String, Object>();
        user.put("img", R.drawable.user);
        user.put("username", "名字(" + i+")");
        user.put("age", (11 + i) + "");
        users.add(user);
    }
    SimpleAdapter saImageItems = new SimpleAdapter(this,
        users,// 数据来源
        R.layout.user,//每一个user xml 相当ListView的一个组件
        new String[] { "img", "username", "age" },
        // 分别对应view 的id
        new int[] { R.id.img, R.id.name, R.id.age });
    // 获取listview
((ListView) findViewById(R.id.users)).setAdapter(saImageItems);

SimpleAdapter saImageItems = new SimpleAdapter(this,
```

```
                users,            // 数据来源
                R.layout.user,    //每一个user xml 相当ListView的一个组件
                new String[] { "img", "username", "age" },
                // 分别对应view 的id
                new int[] { R.id.img, R.id.name, R.id.age });
```

执行后的效果如图4-29所示。

图4-29 运行效果

4.4 使用Toast和Notification通知组件

在Android系统中可以使用Toast和Notification组件实现通知和提醒功能。和Dialog组件相比，这种类型的提醒功能更加友好和温馨，并且不会打断用户的当前操作。

4.4.1 使用Toast通知

Toast是Android系统中用来显示信息的一种机制，和Dialog不一样的是，Toast是没有焦点的，而且Toast显示的时间有限，在经过一定时间后就会自动消失。Toast的提示信息可以在调试程序的时候方便地显示某些想显示的东西。在Android系统中，通过如下两种方法创建Toast。

● 第一种方法：makeText(Context context, int resId, int duration)

参数context表示toast显示在哪个上下文，通常是当前Activity；参数resId指显示内容引用Resouce哪条数据，就是从R类中去指定显示的消息内容；参数duration指定显示时间，Toast默认有LENGTH_SHORT和LENGTH_LONG两常量，分别表示短时间显示和长时间显示。

● 第二种方法： makeText(Context context, CharSequence text, int duration)

参数context和duration与第一个方法相同，参数text可以自己写消息内容。

通过上面任意方法创建Toast对象之后，调用方法show()即可显示Toast提醒框。

在Android系统中，通过如下两种方法可以设置Toast的显示位置。
- 方法一：setGravity(int gravity, int xOffset, int yOffset)

三个参数分别表示起点位置、水平向右位移、垂直向下位移。
- 方法二：setMargin(float horizontalMargin, float verticalMargin)

表示以横向和纵向的百分比设置显示位置，参数均为float类型，分别表示水平位移正右负左、竖直位移正上负下。

4.4.2 使用Notification通知

在Android系统中，Notification也是一个和提醒有关的组件，它通常和NotificationManager一块使用。Notification是一种具有全局效果的通知，程序一般通过NotificationManager服务来发送Notification。Notification俗称为通知，是一种具有全局效果的通知，它展示在屏幕的顶端，首先会表现为一个图标的形式，当用户向下滑动的时候，展示出通知具体的内容。通知一般通过NotificationManager服务来发送一个Notification对象来完成，NotificationManager是一个重要的系统级服务，该对象位于应用程序的框架层中，应用程序可以通过它向系统发送全局的通知。这个时候需要创建一个Notification对象，用于承载通知的内容。但是一般在实际使用过程中，一般不会直接构建Notification对象，而是使用它的一个内部类NotificationCompat.Builder来实例化一个对象，并设置通知的各种属性，最后通过NotificationCompat.Builder.build()方法得到一个Notification对象。当获得这个对象之后，可以使用NotificationManager.notify()方法发送通知。

Notification的基本操作主要有创建、更新、取消这三种，一个Notification必须具备如下所示的三个部分，如果缺少一个则会在运行时会抛出异常。
- 小图标：使用setSamllIcon()方法设置。
- 标题：使用setContentTitle()方法设置。
- 文本内容：使用setContentText()方法设置。

除了以上三项，其他均为可选项。虽然如此，但还是应该给 Notification 设置一个Action，这样就可以直接跳转到 App 的某个 Activity、启动一个 Service 或者发送一个Broadcast。否则，Notification 仅仅只能起到通知的效果，而不能与用户交互。当系统接收到通知时，可以通过振动、响铃、呼吸灯等多种方式进行提醒。

注意

> 因为一些Android版本的兼容性问题，对于Notification而言，Android 3.0是一个分水岭，在其之前构建Notification推荐使用Notification.Builder构建，而在Android 3.0之后，一般推荐使用NotificationCompat.Builder构建。本书中的所有代码环境均在Android 9.0中完成，如果读者使用以前的设备进行测试，请注意兼容性问题。

4.4.3 实战演练：使用Toast通知的5种用法

实例4-21	使用Toast提醒的五种用法
源码路径	素材\daima\4\4-21（Java版+Kotlin版）

STEP 01 编写主布局文件main.xml，在屏幕中设置5个按钮，分别显示Toast提醒的5种类型。

STEP 02 编写文件MainActivity.java监听用户单击的按钮，根据单击的按钮显示对应类型的Toast提醒效果。文件MainActivity.java的主要实现代码如下所示。

```java
public void onClick(View v) {
    Toast toast = null;
    switch (v.getId()) {
    case R.id.btnSimpleToast:
        Toast.makeText(getApplicationContext(), "默认Toast样式",
                Toast.LENGTH_SHORT).show();
        break;
    case R.id.btnSimpleToastWithCustomPosition:
        toast = Toast.makeText(getApplicationContext(), "自定义位置Toast",
                Toast.LENGTH_LONG);
        toast.setGravity(Gravity.CENTER, 0, 0);
        toast.show();
        break;
    case R.id.btnSimpleToastWithImage:
        toast = Toast.makeText(getApplicationContext(), "带图片的Toast",
                Toast.LENGTH_LONG);
        toast.setGravity(Gravity.CENTER, 0, 0);
        LinearLayout toastView = (LinearLayout) toast.getView();
        ImageView imageCodeProject = new ImageView(getApplicationContext());
        imageCodeProject.setImageResource(R.drawable.ic_launcher);
        toastView.addView(imageCodeProject, 0);
        toast.show();
        break;
    case R.id.btnCustomToast:
        LayoutInflater inflater = getLayoutInflater();
        View layout = inflater.inflate(R.layout.custom,
                (ViewGroup) findViewById(R.id.llToast));
        ImageView image = (ImageView) layout
                .findViewById(R.id.tvImageToast);
        image.setImageResource(R.drawable.ic_launcher);
```

```
            TextView title = (TextView) layout.findViewById(R.id.tvTitleToast);
            title.setText("Attention");
            TextView text = (TextView) layout.findViewById(R.id.tvTextToast);
            text.setText("完全自定义Toast");
            toast = new Toast(getApplicationContext());
            toast.setGravity(Gravity.RIGHT | Gravity.TOP, 12, 40);
            toast.setDuration(Toast.LENGTH_LONG);
            toast.setView(layout);
            toast.show();
            break;
        case R.id.btnRunToastFromOtherThread:
            new Thread(new Runnable() {
                public void run() {
                    showToast();
                }
            }).start();
            break;
    }
}
```

执行后的5种效果如图4-30所示。

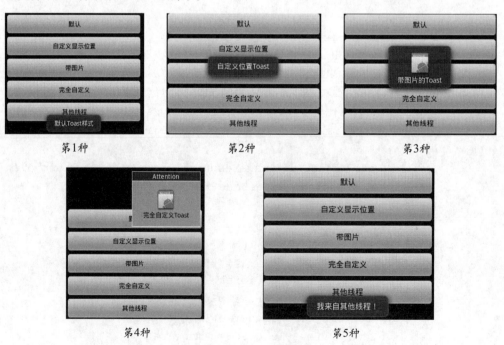

图4-30　5种Toast提醒效果

第 5 章
事件处理

在Android应用程序中，与界面编程最紧密相关的知识是事件处理。当用户在程序界面上执行各种操作时，应用程序必须为用户动作提供响应，这种响应动作就需要通过事件处理来完成。在Android系统中提供了两种事件处理的方式，分别是基于回调的事件处理和基于监听器的事件处理。在本章的内容中，将详细讲解Android系统中事件处理机制的基本知识，为读者步入本书后面知识的学习打下基础。

5.1 基于监听的事件处理

在本书前面的内容中已经多次用到了事件处理功能，如单击一个按钮后可以运行一个功能的过程就是一个事件处理程序，单击按钮这个动作就是一个事件，单击按钮后将要执行的功能就是一个处理程序。

5.1.1 监听处理模型中的三种对象

在Android系统的基于监听的事件处理模型中，主要涉及如下3类对象。
- 事件源Event Source：产生事件的来源，通常是各种组件，如按钮、窗口等。
- 事件Event：事件封装了界面组件上发生的特定事件的具体信息，如果监听器需要获取界面组件上所发生事件的相关信息，一般通过事件Event对象来传递。
- 事件监听器Event Listener：负责监听事件源发生的事件，并对不同的事件做相应的处理。

基于监听的事件处理的处理流程如图5-1所示。

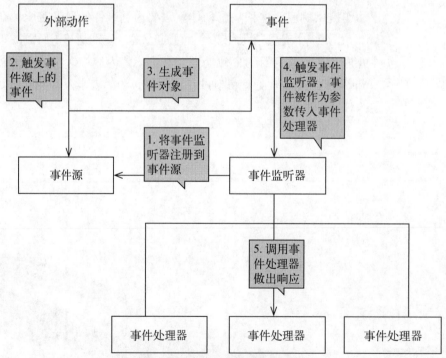

图5-1 基于监听的事件处理的处理流程

由图5-1可知，基于监听器的事件处理模型的处理流程如下。
（1）用户按下屏幕中的一个按钮或者单击某个菜单项。

（2）按下动作会激活一个相应的事件，这个事件会触发事件源上注册的事件监听器。

（3）事件监听器会调用对应的事件处理器（事件监听器里的实例方法）来做出相应的响应。

基于监听器的事件处理机制是一种委派式Delegation的事件处理方式，事件源将整个事件委托给事件监听器，由监听器对事件进行响应处理。这种处理方式将事件源和事件监听器分离，有利于提供程序的可维护性。每个组件都可以针对特定的事件指定一个事件监听器，每个事件监听器也可监听一个或多个事件源。因为在同一个事件源上有可能会发生多种未知的事件，所以委派式Delegation的事件处理方式会把事件源上所有可能发生的事件分别授权给不同的事件监听器来处理。同时也可以让某一类事件都使用同一个事件监听器进行处理。在下面的实例中，演示了基于监听的事件处理的基本过程。

5.1.2 实战演练：单击按钮事件处理程序

实例5-1	单击按钮事件处理程序
源码路径	素材\daima\5\5-1（Java版+Kotlin版）

STEP 01 在本实例的UI界面布局页面中分别定义一个文本框控件和一个按钮控件。

STEP 02 将UI界面布局页面中的按钮设置为事例源，然后编写Java程序文件EventEX.java，功能是为上述按钮绑定一个事件监听器，具体实现代码如下。

```java
public class EventEX extends Activity
{
public void onCreate(Bundle savedInstanceState)
{
  super.onCreate(savedInstanceState);
  setContentView(R.layout.main);
  // 获取应用程序中的bn按钮
  Button bn = (Button) findViewById(R.id.bn);
  // 为按钮绑定事件监听器。
  bn.setOnClickListener(new MyClickListener());
}
// 定义一个单击事件的监听器
class MyClickListener implements View.OnClickListener
{
  // 实现监听器类必须实现的方法，该方法将会作为事件处理器
  @Override
  public void onClick(View v)
  {
```

```
        EditText txt = (EditText) findViewById(R.id.txt);
        txt.setText("号外，号外，按钮bn被单击了！");
    }
}
}
```

在上述代码中定义了View.OnClickListener实现类，这个实现类将会被作为事件监听器来使用。通过如下所示的代码为单击按钮"bn"时注册事件监听器。当按钮"bn"被单击时会触发这个处理器，将程序中的文本框内容变为"号外，号外，按钮bn被单击了！"。

```
bn.setOnClickListener(new MyClickListener());
```

本实例执行后的效果如图5-2所示，单击"单击按钮会有惊喜"按钮后的效果如图5-3所示。

　　图5-2　初始执行效果　　　　　　图5-3　单击按钮后的执行效果

由此可见，当在事件源上发生指定的事件时，Android会触发事件监听器，由事件监听器调用相应的方法(事件处理器)来处理事件。可以看出，基于监听的事件处理规则如下所示。

- 事件源：应用程序的任何组件都可以作为事件源。
- 事件监听：监听器类必须由程序员负责实现，实现事件监听的关键就是实现处理器方法。
- 注册监听：只要调用事件源的setXxxListener(XxxLinstener)方法即可。

当外部动作在Android组件上执行操作时，系统会自动生成事件对象，这个事件对象会作为参数传递给事件源，并在上面注册的事件监听器。在事件监听的处理模型中涉及了三个成员，分别是事件源、事件和事件监听器，其中事件源最容易创建，任意界面组件都可作为事件源。事件的产生无须程序员关心，它是由系统自动产生的。所以说，实现事件监听器是整个事件处理的核心工作。

 注意

　　Android 系统对上述事件监听模型进行了简化操作，如果事件源触发的事件足够简单，并且事件里触发的信息有限。那么就无须封装事件对象，将事件对象传入事件监听器。

5.1.3 Android系统中的监听事件

在Android应用开发过程中，存在了如下所示的常用监听事件。

（1）ListView事件监听

- setOnItemSelectedListener：鼠标滚动时触发。
- setOnItemClickListener：点击时触发。

（2）EditText事件监听

- setOnKeyListener：获取焦点时触发。

（3）RadioGroup事件监听

- setOnCheckedChangeListener：点击时触发。

（4）CheckBox事件监听

- setOnCheckedChangeListener：点击时触发。

（5）Spinner事件监听

- setOnItemSelectedListener：点击时触发。

（6）DatePicker事件监听

- onDateChangedListener：日期改变时触发。

（7）DatePickerDialog事件监听

- onDateSetListener：设置日期时触发。

（8）TimePicker事件监听

- onTimeChangedListener：时间改变时触发。

（9）TimePickerDialog事件监听

- onTimeSetListener：设置时间时触发。

（10）Button、ImageButton事件监听

- setOnClickListener：点击时触发。

（11）Menu事件监听

- onOptionsItemSelected：点击时触发。

（12）Gallery事件监听

- setOnItemClickListener：点击时触发。

（13）GridView事件监听

- setOnItemClickListener：点击时触发。

5.2 实现事件监听器的方法

在Android系统中，有如下4种通过编程方式实现的事件监听器方法。
- 内部类形式：将事件监听器类定义在当前类的内部。
- 外类类形式：将事件监听器类定义成一个外部类。
- Activity本身作为事件监听器类：让Activity本身实现监听器接口，并实现事件处理方法。
- 匿名内部类形式：使用匿名内部类创建事件监听器对象。

5.2.1 内部类形式

在本章前面的实例5-1中，就是通过内部类形式实现事件监听器的。再看如下所示的代码。

```java
public class ButtonTest extends Activity {
    protected void onCreate(Bundle savedInstanceState) {
        super.onCreate(savedInstanceState);
        this.setContentView(R.layout.main);

        Button button=(Button)findViewById(R.id.button);
        MyButton listener=new MyButton();
        button.setOnClickListener(listener);
    }
    class MyButton implements OnClickListener{
        public void onClick(View v) {
            System.out.println("内部类作为事件监听器");
        }
    }
}
```

通过上述代码，将事件监听器类定义成当前类的内部类。通过使用内部类，可以在当前类中复用监听器类。另外，因为监听器类是外部类的内部类，所以可以自由访问外部类的所有界面组件。这也是内部类的两个优势。

5.2.2 实战演练：使用外部类形式定义事件监听器

在Android系统中，使用外部顶级类定义事件监听器的形式比较少见，主要有如下两个原因。
- 事件监听器通常属于特定的GUI界面，定义成外部类不利于提高程序的内聚性。
- 外部类形式的事件监听器不能自由访问创建GUI界面的类中的组件，编程不够简洁。

外部类这种形式非常有用，例如当某个事件监听器确实需要被多个GUI界面所共享，而且主要是完成某种业务逻辑的实现，这时就可以考虑使用外部类的形式来定义事件监听器类。例如在下面的实例中,演示了使用外部类实现事件监听器的基本过程。在实例中定义了一个继承于类OnLongClickListener的外部类SendSmsListener,这个外部类实现了具有短信发送功能的事件监听器。

实例5-2	使用外部类形式定义事件监听器
源码路径	素材\daima\5\5-2(Java版+Kotlin版)

STEP 01 编写布局文件main.xml,功能是在屏幕中实现输入短信的文本框控件和发送按钮控件。

STEP 02 文件SendSmsListener.java定义了实现事件监听器的外部类SendSmsListener,具体实现代码如下所示。

```java
public class SendSmsListener implements OnLongClickListener
{
private Activity act;
private EditText address;
private EditText content;

public SendSmsListener(Activity act, EditText address
   , EditText content)
{
  this.act = act;
  this.address = address;
  this.content = content;
}

@Override
public boolean onLongClick(View source)
{
  String addressStr = address.getText().toString();
  String contentStr = content.getText().toString();
  // 获取短信管理器
  SmsManager smsManager = SmsManager.getDefault();
  // 创建发送短信的PendingIntent
  PendingIntent sentIntent = PendingIntent.getBroadcast(act
     , 0, new Intent(), 0);
  // 发送文本短信
  smsManager.sendTextMessage(addressStr, null, contentStr
     , sentIntent, null);
  Toast.makeText(act, "今日头条短信发送完成!", Toast.LENGTH_LONG).show();
```

```
    return false;
  }
}
```

在上述代码中实现的事件监听器绝没有与任何GUI界面相耦合，在创建该监听器对象时需要传入两个EditText对象和一个Activity对象，其中一个EditText当作收短信者的号码，另外一个EditText作为短信的内容。

STEP 03 文件SendSms.java的功能是监听用户单击按钮动作，当用户单击了界面中的按钮bn时，程序将会触发SendSmsListener监听器，通过该监听器中包含的事件处理方法向指定手机号码发送短信。本实例执行后的效果如图5-4所示。

图5-4　执行效果

5.2.3　实战演练：将Activity本身作为事件监听器类

在Android系统中，当使用Activity本身作为监听器类时，可以直接在Activity类中定义事件处理器方法，这种形式的好处是非常简洁。但是这种形式存在如下两个缺点：
- 因为Activity的主要职责应该是完成界面初始化，但此时还需包含事件处理器方法，所以可能会引起混乱。
- 如果Activity界面类需要实现监听器接口，让人感觉比较怪异。

实例5-3	将Activity本身作为事件监听器类
源码路径	素材\daima\5\5-3（Java版+Kotlin版）

STEP 01 编写布局文件main.xml，功能是在屏幕中插入一个按钮控件。

STEP 02 编写Java程序文件ActivityListener.java，设置让Activity类实现了OnClickListener事件监听接口，这样可以在该Activity类中直接定义事件处理器方法onClick(view v)。当为某个组件添加该事件监听器对象时，可以直接使用this作为事件监听器对象。文件ActivityListener.java的具体实现代码如下。

```
// 实现事件监听器接口
public class ActivityListener extends Activity
implements OnClickListener
{
EditText show;
Button bn;
public void onCreate(Bundle savedInstanceState)
{
```

```
    super.onCreate(savedInstanceState);
    setContentView(R.layout.main);
    show = (EditText) findViewById(R.id.show);
    bn = (Button) findViewById(R.id.bn);
    // 直接使用Activity作为事件监听器
    bn.setOnClickListener(this);
}
// 实现事件处理方法
@Override
public void onClick(View v)
{
    show.setText("按钮bn被单击了！");
}
}
```

单击按钮后的执行效果如图5-5所示。

图5-5　执行效果

5.3　基于回调的事件处理

在Android系统中，和基于监听器的事件处理模型相比，基于回调的事件处理模型要简单些。在基于回调的事件处理的模型中，事件源和事件监听器是合一的，也就是说没有独立的事件监听器存在。当用户在GUI组件上触发某事件时，由该组件自身特定的函数负责处理该事件。通常通过重写Override组件类的事件处理函数实现事件的处理。在下面的内容中，将详细讲解Android系统基于回调的事件处理的方法。

5.3.1　Android事件侦听器的回调方法

在Android系统中，对于回调的事件处理模型来说，事件源与事件监听器是统一的，或者说事件监听器完全消失了。当用户在GUI组件上激发某个事件时，组件自己特定的方法将会负责处理该事件。为了实现回调机制的事件处理，Android系统为所有GUI组件都提供了一些事件处理的回调方法。在Android操作系统中，对于事件的处理是一个非常基础而且重要的操作，很多功能都需要对相关事件进行触发才能实现。例如Android事件侦听器是视图View类的接口，包含一个单独的回调方法。这些方法将在视图中注册的侦听器被用户界面操作触发时由Android框架调用。在现实应用中，如下所示的回调方法被包含在Android事件侦听器接口中。

（1）onClick()：当用户触摸这个item（在触摸模式下），或者通过浏览键或跟踪球聚焦在这个item上，然后按下"确认"键或者按下跟踪球时被调用。

（2）onLongClick()：当用户触摸并控制住这个item（在触摸模式下），或者通过浏览键或跟踪球聚焦在这个item上，然后保持按下"确认"键或者按下跟踪球（一秒钟）时被调用。

（3）onFocusChange()：当用户使用浏览键或跟踪球浏览进入或离开这个item时被调用。

（4）onKey()：当用户聚焦在这个item上并按下或释放设备上的一个按键时被调用。

（5）onTouch()：当用户执行的动作被当做一个触摸事件时被调用，包括按下、释放，或者屏幕上任何的移动手势（在这个item的边界内）。

（6）onCreateContextMenu()：当正在创建一个上下文菜单的时候被调用（作为持续的"长点击"动作的结果）。参阅创建菜单Creating Menus章节以获取更多信息。

要定义上述方法并处理程序中的事件，需要首先在活动中实现这个嵌套接口或定义为一个匿名类。然后，传递一个实现的实例给各自的View.set...Listener() 方法。例如调用setOnClickListener()并传递给它作为用户的OnClickListener实现。例如在下面的代码中，演示了为一个按钮注册一个点击侦听器的方法。

```java
// 为 OnClickListener 创建了一个匿名实现
private OnClickListener mCorkyListener = new OnClickListener() {
public void onClick(View v) {
// do something when the button is clicked
}
};
protected void onCreate(Bundle savedValues) {
...
// 在layout布局中捕获按钮
Button button = (Button)findViewById(R.id.corky);
// 注册事件监听器
button.setOnClickListener(mCorkyListener);
...
}
```

此时可能会发现，把OnClickListener作为活动的一部分来实现会简便很多，这样可以避免额外的类加载和对象分配，例如下面的演示代码。

```java
public class ExampleActivity extends Activity implements
```

```
OnClickListener {
    protected void onCreate(Bundle savedValues) {
        ...
        Button button = (Button)findViewById(R.id.corky);
        button.setOnClickListener(this);
    }
    // Implement the OnClickListener callback
    public void onClick(View v) {
        // do something when the button is clicked
    }
    ...
}
```

在上述代码中的onClick()回调没有返回值,但是一些其他Android事件侦听器必须返回一个布尔值。原因和事件相关,具体原因如下。

- onLongClick():返回一个布尔值来指示是否已经消费了这个事件而不应该再进一步处理它。也就是说,返回true 表示已经处理了这个事件而且到此为止;返回false表示还没有处理它和/或这个事件应该继续交给其他on-click侦听器。
- onKey():返回一个布尔值来指示是否已经消费了这个事件而不应该再进一步处理它。也就是说,返回true 表示已经处理了这个事件而且到此为止;返回false表示还没有处理它和/或这个事件应该继续交给其他on-key侦听器。
- onTouch():返回一个布尔值来指示侦听器是否已经消费了这个事件。重要的是这个事件可以有多个彼此跟随的动作。因此,如果当接收到向下动作事件时返回false,那表明还没有消费这个事件而且对后续动作也不感兴趣。那么,将不会被该事件中的其他动作调用,比如手势或最后出现向上动作事件。

在Android应用程序中,按键事件总是递交给当前焦点所在的视图。它们从视图层次的顶层开始被分发,然后依次向下,直到到达恰当的目标。如果视图(或者一个子视图)当前拥有焦点,那么可以看到事件经由dispatchKeyEvent()方法分发。除了视图截获按键事件外,还可以在活动中使用onKeyDown() and onKeyUp()来接收所有的事件。

注意

> Android 将首先调用事件处理器,其次是类定义中合适的默认处理器。这样,当从这些事件侦听器中返回true时会停止事件向其他Android事件侦听器传播,并且也会阻塞视图中的此事件处理器的回调函数。所以,当返回true时需要确认是否希望终止这个事件。

5.3.2 实战演练:使用基于回调的事件处理机制

在下面的实例中,基于回调的事件处理机制是通过自定义View来实现的,在自定义View时重写了该View的事件处理方法。

实例5-4	使用基于回调的事件处理机制
源码路径	素材\daima\5\5-4（Java版+Kotlin版）

STEP 01 编写Java程序文件MyButton.java，功能是自定义了View视图，并且在定义时重写了该View的事件处理方法，具体实现代码如下所示。

```java
public class MyButton extends Button {

    private static final String TAG = "EventCallBack";

    public MyButton(Context context, AttributeSet attrs) {
        super(context, attrs);
    }

    /* 重写 onTouchEvent触碰事件的回调方法 */
    @Override
    public boolean onTouchEvent(MotionEvent event) {
        Log.i(TAG, "我是MyButton，你触碰了我： " + event.getAction());
            Toast.makeText(getContext(), "我是MyButton，你触碰了我： " + event.getAction(), 0).show();
        return false; //返回false，表示事件继续向外层(即父容器)扩散
    }
}
```

在上述代码中定义的MyButton类中，重写了类Button的onTouchEvent(MotionEvent event)方法，此方法的功能是处理屏幕中触摸按钮的事件。

STEP 02 编写布局文件main.xml，使用文件MyButton.java中自定义的View。

STEP 03 编写文件CallbackHandler.java，复写触摸按钮事件的回调方法，并测试事件的扩散。

在模拟器中执行效果如图5-6所示。如果把焦点放在按钮上，然后按下模拟器上的"单击我会有谷歌大会的消息"按钮，将会在LogCat的界面中看到如图5-7所示的输出信息。

图5-6 执行效果   图5-7 输出回调信息

5.3.3 实战演练：使用基于回调的事件传播

在Android应用程序中，几乎所有基于回调的事件处理方法都有一个Boolean类型的返回值，该返回值用于标识该处理方法是否完全处理该事件。不同返回值的具体说明如下所示。

- 如果事件处理的方法返回true，表明处理方法已完全处理该事件，该事件不会传播出去。
- 如果事件处理的方法返回false，表明该处理方法并未完全处理该事件，该事件会传播出去。

例如在下面的实例中，演示了在Android系统中基于回调的事件传播的基本过程。这个实例重写了Button类的onKeyDown方法，而且重写了点击Button所在Activity的onKeyDown(int keyCode, KeyEvent event)方法。因为本实例程序没有阻止事件的传播，所以在实例中可以看到事件从Button传播到Activity的情形。

实例5-5	使用基于回调的事件传播
源码路径	素材\daima\5\5-5（Java版+Kotlin版）

STEP 01 编写布局文件main.xml，在屏幕中插入一个Button按钮控件。

STEP 02 编写Java程序文件MyButton.java，功能是定义一个从Button源生而出的子类MyButton，具体实现代码如下所示。

```java
public class MyButton extends Button
{
public MyButton(Context context , AttributeSet set)
{
  super(context , set);
}
@Override
public boolean onKeyDown(int keyCode, KeyEvent event)
{
  super.onKeyDown(keyCode , event);
  Log.v("-haoButton-" , "表明并未完全处理该事件,该事件依然向外扩散");
  // 返回false,表明并未完全处理该事件,该事件依然向外扩散
  return false;
}
}
```

STEP 03 编写文件Propagation.java，功能是调用前面的自定义组件MyButton，并在Activity中重写public Boolean onKeyDown(int keyCode. KeyEvent event)方法，该方法会在某个按键被按下时被回调。

本实例在模拟器中执行效果如图5-8所示。
如果把焦点放在按钮上，然后模拟器上的任意按
键，将会在LogCat界面中看到如图5-9所示的输
出信息。

图5-8 执行效果

```
D  05-17 00:54:35.173   172   173   com.android.phone    dalvikvm     GC_CONCURRENT freed 384K, 6%
V  05-17 00:55:30.683   643   643   org.event            -Activity-   the onKeyDown in Activity
V  05-17 00:55:34.823   643   643   org.event            -Activity-   the onKeyDown in Activity
```

图5-9 输出回调信息

由此可见，当该组件上发生某个按键被按下的事件时，Android系统最先触发的是在
该按键上绑定的事件监听器，接着才会触发该组件提供的事件回调方法，然后会传播到
该组件所在的Activity。如果让任何一个事件处理方法返回true，那么这个事件将不会继续
向外传播。假如改写本实例中的Activity代码，将程序中的代码改为return true，再次运行
程序后将会发现：按钮上的监听器阻止了事件的传播。

5.3.4 重写onTouchEvent方法响应触摸屏事件

通过对本节前面内容的学习，仔细对比Android中的两种事件处理模型，会发现基于
事件监听处理模型具有更大的优势，具体说明如下所示。

- 基于监听的事件模型更明确，事件源、事件监听由两个类分开实现，因此具有更
  好的可维护性。
- Android的事件处理机制保证基于监听的事件监听器会被优先触发。

尽管如此，但是在某些情况下，基于回调的事件处理机制会更好地提高程序的内聚
性。例如在下面的实例中，演示了事件处理机制提高程序内聚性的过程。

 注意

> 内聚性又被称为块内联系，是指模块功能强度的度量，即一个模块内部各个元素彼此结合
> 的紧密程度的度量。内聚性是对一个模块内部各个组成元素之间相互结合的紧密程度的度量指
> 标。模块中组成元素结合得越紧密，模块的内聚性就越高，模块的独立性也就越高。理想的内
> 聚要求模块的功能应明确、单一，即一个模块只做一件事情。模块的内聚性和耦合性是两个
> 相互对立且密切相关的概念。

5.4 系统设置事件

在开发Android应用程序的过程中，有时候可能需要让应用程序随着系统的整体设置
进行调整，例如判断当前设备的屏幕方向。另外，有时候可能还需要让应用程序能够随
时监听系统设置的变化，以便对系统的修改动作进行响应。在本节的内容中，将详细讲
解Android系统中响应的系统设置的事件。

5.4.1 Configuration类基础

在Android系统中，类Configuration专门用于描述手机设备上的配置信息，这些配置信息既包括用户特定的配置项，也包括系统的动态设置配置。在Android应用程序中，可以通过调用Activity中的如下方法来获取系统的Configuration对象。

```
Configuration cfg=getResources().getConfiguration();
```

一旦获得了系统的Configuration对象，通过该对象提供的如下常用属性即可获取系统的配置信息。

- public float fontScale：获取当前用户设置的字体的缩放因子。
- public int keyboard：获取当前设备所关联的键盘类型。该属性可能返回如下值：KEYBOARD_NOKEYS、KEYBOARD_QWERTY（普通电脑键盘）、KEYBOARD_12KEY(只有12个键的小键盘)。
- public int keyboardHidden：该属性返回一个Boolean值用于标识当前键盘是否可用。该属性不仅会判断系统的硬键盘，也会判断系统的软键盘（位于屏幕上）。如果系统的硬键盘不可用，但软键盘可用，该属性也会返回KEYBOARDHIDDEN_NO；只有当两个键盘都可用时才返回KEYBOARDHIDDEN_YES。
- public Locale locale：获取用户当前的Locale。
- public int mcc：获取移动信号的国家码。
- public int mnc：获取移动信号的网络码。
- public int navigation：判断系统上方向导航设备的类型。该属性可能返回如NAVIGATION_NONAV（无导航）、NAVIGATION_DPAD（DPAD导航）、NAVIGATION_TRACKBALL（轨迹球导航）、NAVIGATION_WHEEL（滚轮导航）等属性值。
- public int orientation：获取系统屏幕的方向，该属性可能返回ORIENTATION_LANDSCAPE（横向屏幕）、ORIENTATION_PORTRAIT（竖向屏幕）、ORIENTATION_SQUARE（方形屏幕）等属性值。
- public int touchscreen：获取系统触摸屏的触摸方式。该属性可能返回TOUCHSCREEN_NOTOUCH（无触摸屏）、TOUCHSCREEN_STYLUS（触摸笔式的触摸屏）、TOUCHSCREEN_FINGER（接受手指的触摸屏）。

5.4.2 实战演练：获取系统的屏幕方向和触摸屏方式

实例5-6	获取系统的屏幕方向和触摸屏方式
源码路径	素材\daima\5\5-6（Java版+Kotlin版）

本实例的功能是使用类Configuration获取系统的屏幕方向和触摸屏方式，具体实现流

程如下所示。

STEP 01 编写布局文件main.xml，在屏幕中提供了4个文本框来显示系统的屏幕方向和触摸屏方式等状态。

STEP 02 编写Java程序文件ConfigurationEX.java，功能是获取系统的Configuration对象，一旦获得了系统的Configuration之后，程序就可以通过它来了解系统的设备状态了。文件ConfigurationEX.java的具体实现代码如下所示。

```java
public class ConfigurationTest extends Activity
{
EditText ori;
EditText navigation;
EditText touch;
EditText mnc;
@Override
public void onCreate(Bundle savedInstanceState)
{
   super.onCreate(savedInstanceState);
   setContentView(R.layout.main);
   // 获取应用界面中的界面组件
   ori = (EditText)findViewById(R.id.ori);
   navigation = (EditText)findViewById(R.id.navigation);
   touch = (EditText)findViewById(R.id.touch);
   mnc = (EditText)findViewById(R.id.mnc);
   Button bn = (Button)findViewById(R.id.bn);
   bn.setOnClickListener(new OnClickListener()
   {
      // 为按钮绑定事件监听器
      @Override
      public void onClick(View source)
      {
         // 获取系统的Configuration对象
         Configuration cfg = getResources().getConfiguration();
         String screen = cfg.orientation ==
            Configuration.ORIENTATION_LANDSCAPE
            ? "横向屏幕": "竖向屏幕";
         String mncCode = cfg.mnc + "";
         String naviName = cfg.orientation ==
            Configuration.NAVIGATION_NONAV
            ? "没有方向控制" :
            cfg.orientation == Configuration.NAVIGATION_WHEEL
            ? "滚轮控制方向" :
```

```
        cfg.orientation == Configuration.NAVIGATION_DPAD
            ? "方向键控制方向" : "轨迹球控制方向";
    navigation.setText(naviName);
    String touchName = cfg.touchscreen ==
        Configuration.TOUCHSCREEN_NOTOUCH
        ? "无触摸屏" : "支持触摸屏";
    ori.setText(screen);
    mnc.setText(mncCode);
    touch.setText(touchName);
  }
});
}
}
```

在模拟器中单击按钮后的执行效果如图5-10所示。

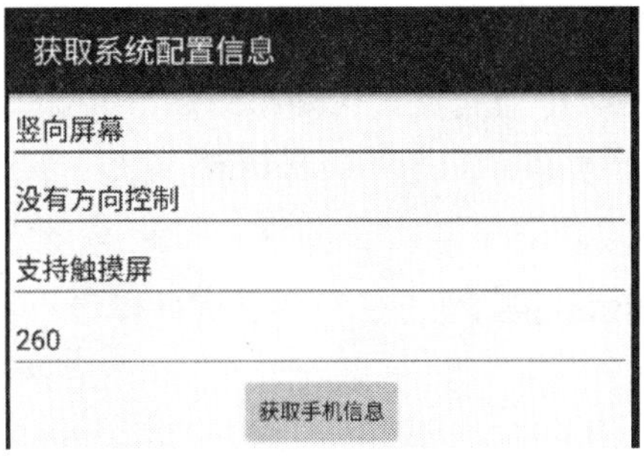

图5-10　执行效果

第 6 章
Activity程序界面

　　Activity是Android系统中的最常用组件之一，程序中Activity通常的表现形式是一个单独的界面（Screen）。每个Activity都是一个单独的类，扩展实现了Activity基础类。这个类显示为一个由Views（视图）组成的用户界面，并响应事件。大多数Android应用程序有多个Activity，例如一个文本信息程序有如下几个界面：显示联系人列表界面，写信息界面，查看信息界面或者设置界面等。每个界面都是一个Activity。切换到另一个界面就是载入一个新的Activity。在某些情况下，一个Activity可能会给前一个Activity返回值。例如，一个让用户选择相片的Activity会把选择到的相片返回给其调用者。在本章将详细介绍开发并配置Activity的基本知识，为读者步入本书后面知识的学习打下基础。

6.1 Activity基础

在Android应用程序中，决定APP（应用程序）外观的因素是UI界面布局和Activity。在本书前面已经详细介绍了UI界面布局的知识，接下来将详细讲解Activity的知识。

6.1.1 Activity的状态及状态间的转换

在Android应用程序中，Activity是一种最重要、最常见的应用组件之一。Android应用的一个重要组成部分就是开发Activity，在本书前面的实例中已经多次用到了Activity，例如在第1章实例1-1中，通过文件first.java创建了一个名为"first"的类，这个类继承于类Activity，文件first.java边上一个Activity。

在Android应用程序中，Activity表示界面，当打开一个新界面后，前一个界面就被暂停，并放入历史栈中（界面切换历史栈）。使用者可以回溯前面已经打开的存放在历史栈中的界面，也可以从历史栈中删除没有界面价值的界面。Android在历史栈中保留程序运行产生的所有界面：从第一个界面，到最后一个。在Android系统中，Activity的生命周期交给系统统一管理，安装在Android中的所有的Activity都是平等的。

在Android应用程序中，Activity有如下4种基本状态。

- Active/Runing：一个新 Activity 启动入栈后，它在屏幕最前端，处于栈的最顶端，此时它处于可见并可和用户交互的激活状态。
- Paused：当 Activity 被另一个透明或者 Dialog 样式的 Activity 覆盖时的状态。此时它依然与窗口管理器保持连接，系统继续维护其内部状态，所以它仍然可见，但它已经失去了焦点故不可与用户交互。
- Stoped：当Activity被另外一个Activity覆盖、失去焦点并不可见时处于Stoped状态。
- Killed Activity：被系统杀死、回收或者没有被启动时处于Killed状态。

在Android应用程序中，可以调用finish()函数结束处理Paused或者Stopped状态的Activity。Activity是所有Android应用程序的根本，所有程序的流程都运行在Activity之中，Activity具有自己的生命周期并由系统控制，程序无法改变，但可以用onSaveInstanceState保存其状态。当一个Activity 实例被创建、销毁或者启动另外一个 Activity 时，它在这4种状态之间进行转换，这种转换的发生依赖于用户程序的动作。图6-1说明了Activity在不同状态间转换的时机和条件。

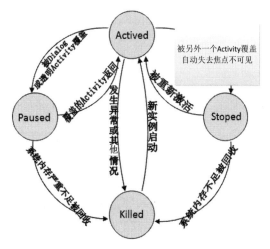

图6-1 Activity 的状态转换

> **注意**
>
> 如图6-1所示，Android 程序员可以决定一个 Activity 的"生"，但不能决定它的"死"，也就时说程序员可以启动一个 Activity，但是却不能手动地"结束"一个 Activity。当调用 Activity.finish()方法时，结果和用户按下 Back键一样：告诉 Activity Manager 该 Activity 实例完成了相应的工作，可以被"回收"。随后 Activity Manager 激活处于栈第二层的 Activity 并重新入栈，同时原 Activity 被压入到栈的第二层，从 Active 状态转到 Paused 状态。例如：从 Activity1 中启动了 Activity2，则当前处于栈顶端的是 Activity2，第二层是 Activity1，当调用 Activity2.finish()方法时，Activity Manager 重新激活 Activity1 并入栈，Activity2 从 Active 状态转换 Stoped 状态，Activity1. onActivityResult(int requestCode, int resultCode, Intent data)方法被执行，Activity2 返回的数据通过 data参数返回给 Activity1。

6.1.2 实战演练：使用Activity覆盖7个生命周期

在类android.app.Activity中，Android 定义了一系列与生命周期相关的方法。例如图6-2显示了Android提供的Activity类。

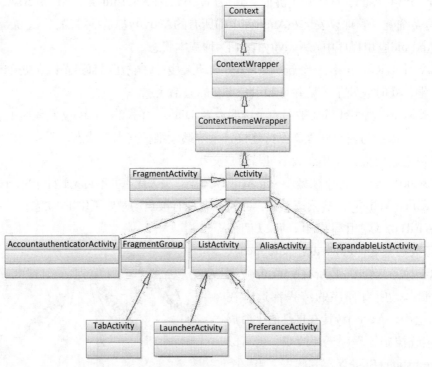

图6-2　Activity类

图6-2非常直观，类Activity间接或直接地继承了Context、ContextWrapper、ContextThemeWrapper等基类。由此可见，Activity可以直接调用它们的方法。在开发人员自己的 Activity中，只是根据需要复写需要的方法，Java的多态性会保证用户自己的方法被虚拟机调用，这一点与 Java中的MIDlet类似。例如下面自定义Activity的代码。

```
public class OurActivity extends Activity {
    protected void onCreate(Bundle savedInstanceState);
    protected void onStart();
    protected void onResume();
    protected void onPause();
    protected void onStop();
    protected void onDestroy();
}
```

对上述代码的具体说明如下所示。

（1）protected void onCreate(Bundle savedInstanceState)：这是一个 Activity实例被启动时调用的第一个方法。在一般情况下，都覆盖该方法作为应用程序的一个入口点，在这里做一些初始化数据、设置用户界面等工作。大多数情况下，我们都要在这里从 xml中加载设计好的用户界面。例如：

```
setContentView(R.layout.main);
```

当然，也可从savedInstanceState中读取保存到存储设备中的数据，但是需要判断savedInstanceState是否为 null，因为 Activity 第一次启动时并没有数据被存储在设备中：

```
if(savedInstanceState!=null){
savedInstanceState.get("Key");
}
```

（2）protected void onStart()：该方法在 onCreate()方法之后被调用，或者在Activity从Stop状态转换为Active状态时被调用。

（3）protected void onRestart()：重新启动Activity时被回调。

（4）protected void onResume()：在Activity从Active状态转换到Pause状态时被调用。

（5）protected void onStop()：在Activity从Active状态转换到Stop状态时被调用，一般在此保存Activity的状态信息。

（6）protected void onDestroy()：在Active被结束时调用，它是被结束时调用的最后一个方法，在此一般实现释放资源功能或负责清理内存等工作。

（7）protected void onPause()：暂停Activity时被回调。

另外，Android还定义如下不常用的与生命周期相关的方法。

- protected void onPostCreate(Bundle savedInstanceState)。
- protected void onRestart()。
- protected void onPostResume()。

例如在下面的实例中，使用Activity覆盖了上述7个生命周期。

实例6-1	使用Activity覆盖7个生命周期
源码路径	素材\daima\6\6-1（Java版+Kotlin版）

在本实例中使用前面的7个方法时，在每个方法中增加了一行记录日志代码。本实例的具体实现流程如下所示。

STEP 01 Activity的界面布局十分简单，一个用于启动一个对话框风格的Activity，另一个用于退出该应用。

STEP 02 第一个Activity对应的程序文件是Lifecycle.java，此Activity是入口Activity，主要实现代码如下所示。

```
   Log.d(TAG, "-------（创建发货）onCreate------");
   finish = (Button) findViewById(R.id.finish);
   startActivity = (Button) findViewById(R.id.startActivity);
   // 为startActivity按钮绑定事件监听器
   startActivity.setOnClickListener(new OnClickListener()
   {
      @Override
      public void onClick(View source)
      {
         Intent intent = new Intent(Lifecycle.this
              , SecondActivity.class);
         startActivity(intent);
      }
   });
   // 为finish按钮绑定事件监听器
   finish.setOnClickListener(new OnClickListener()
   {
      @Override
      public void onClick(View source)
      {
         // 结束该Activity
         Lifecycle.this.finish();
      }
   });
}
@Override
public void onStart()
{
   super.onStart();
   // 输出日志
   Log.d(TAG, "-------（开始发货）onStart------");
}
@Override
public void onRestart()
{
   super.onRestart();
```

```
    // 输出日志
    Log.d(TAG, "------（重新发货）onRestart------");
}
@Override
public void onResume()
{
    super.onResume();
    // 输出日志
    Log.d(TAG, "------（重启系统）onResume------");
}

@Override
public void onPause()
{
    super.onPause();
    // 输出日志
    Log.d(TAG, "------（暂停发货）onPause------");
}

@Override
public void onStop()
{
    super.onStop();
    // 输出日志
    Log.d(TAG, "------（停止发货）onStop------");
}

@Override
public void onDestroy()
{
    super.onDestroy();
    // 输出日志
    Log.d(TAG, "------（销毁发货系统）onDestroy------");
}
}
```

STEP 03 第二个Activity对应的程序文件是SecondActivity.java，只是显示一段文本而已。执行后的效果如图6-3所示。

此时在Eclipse或Android Studio的LogCat界面中会看到Activity的执行顺序，如图6-4所示。

图6-3　第一个Activity

```
05-19 08:44:03.176 15594-15594/? I/InstantRun: starting instant run server: is main process
05-19 08:44:03.232 15594-15594/? D/—发货系统—: ——（创建发货）onCreate——
05-19 08:44:03.240 15594-15594/? D/—发货系统—: ——（开始发货）onStart——
05-19 08:44:03.242 15594-15594/? D/—发货系统—: ——（重启系统）onResume——
05-19 08:44:03.349 15594-15610/? I/OpenGLRenderer: Initialized EGL, version 1.4
05-19 08:44:03.349 15594-15610/? D/OpenGLRenderer: Swap behavior 1
05-19 08:44:03.350 15594-15610/? W/OpenGLRenderer: Failed to choose config with EGL_SWAP_BEHAVIOR_PRESERVED, retrying without...
05-19 08:44:03.350 15594-15610/? D/OpenGLRenderer: Swap behavior 0
```

图6-4 启动顺序

单击"启动对话框风格的Activity"按钮后会来到第二个Activity，如图6-5所示。

此时在Eclipse或Android Studio的LogCat界面中会看到第一个Activity处于暂停状态，如图6-6所示。

图6-5 第二个Activity

```
05-19 08:44:03.350 15594-15610/? D/OpenGLRenderer: Swap behavior 0
05-19 08:47:43.232 15594-15594/org.app D/—发货系统—: ——（暂停发货）onPause——
```

图6-6 暂停状态

 注意

读者可以返回第一个Activity，尝试启动和关闭等操作，在Eclipse的LogCat界面中会看到Activity的执行顺序和生命周期。

6.2 启动Activity

对于Android应用程序来说，程序界面Activity起到了吸引用户眼球的作用。正是因为程序界面的重要性，所以接下来将详细讲解操作Activity的知识。在Android应用程序中，建立自己的Activity也需要继承Activity基类。在不同应用场景下，有时也要求继承 Activity的子类。例如应用程序界面只包括列表组件，则可以让应用程序继承ListActivity；如果应用程序界面需要实现标签页效果，则可以让应用程序继承TabActivity。在本节的内容中，将详细讲解在Android应用程序中操作Activity的知识。

6.2.1 实战演练：使用LauncherActivity启动Activity列表

与Java语言中的Servlet类似，当定义了一个Activity之后，这个Activity类何时被实例化，它所包含的方法何时被调用，这些都不是由开发者决定的，而都是由Android系统来决定的。类LauncherActivity继承于类ListActivty，其本质上也是一个开发列表界面的

Activity，但是它开发出来的列表界面与普通列表界面有所不同。LauncherActivity开发出来的列表界面中的每个列表项都对应一个Intent，因此当用户单击不同的列表项时，应用程序会自动启动对应的Activity。

使用LauncherActivity的方法十分简单，因为依然是一个ListActivity，所以同样需要为它设置Adapter（既可以使用简单的ArrayAdapter，也可使用复杂的SimpleAdapter），还可以扩展BaseAdapter来实现自己的Adapter。与使用普通ListActivity不同的是，继承LauncherActivity时通常应该重写Intent intentForPosition(int position)方法，该方法根据不同列表项返回不同的Intent(用于启动不同的Activity)。例如在下面的实例中，演示了使用LauncherActivity类启动Activity列表的方法。

实例6-2	使用LauncherActivity启动Activity列表
源码路径	素材\daima\6\6-2（Java版+Kotlin版）

STEP 01 本实例UI界面布局文件main.xml比较简单，功能是在屏幕中插入一个ListView空间。

STEP 02 编写文件OtherActivity.java，功能是创建LauncherActivity的子类OtherActivity，设置了该ListActivity所需的内容Adapter，并根据用户单击的列表项去启动对应的Activity。文件OtherActivity.java的具体实现代码如下所示。

```java
public class OtherActivity extends LauncherActivity
{
//定义两个Activity的名称
String[] names = {"系统设置" ,  "产品列表"};
//定义两个Activity对应的实现类
Class<?>[] clazzs = {PreferenceActivityTest.class
  , ExpandableListActivityTest.class};
@Override
public void onCreate(Bundle savedInstanceState)
{
  super.onCreate(savedInstanceState);
  ArrayAdapter<String> adapter = new ArrayAdapter<String>(this,
    android.R.layout.simple_list_item_1 , names);
  // 设置该窗口显示的列表所需的Adapter
  setListAdapter(adapter);
}
//根据列表项来返回指定Activity对应的Intent
@Override public Intent intentForPosition(int position)
{
  return new Intent(OtherActivity.this , clazzs[position]);
}
}
```

在上述实现代码中，还用到了如下所示的两个Activity。
- ExpandableListActivityTest：是ExpandableListActivityTest的子类，用于显示一个可展开的列表窗口。
- PreferenceActiviyTest：是PreferenceActivity的子类，用于显示一个显示设置选项参数并进行保存的窗口。

6.2.2 实战演练：使用ExpandableListActivity生成一个可展开列表窗口

在Android系统中，类ExpandableListActivityTest继承于基类ExpandableListActivty。类ExpandableListActivity的用法与前面介绍的ExpandableListView类的相似，只要在使用时为该Activity传入一个ExpandableListAdapter对象即可。例如在下面的实例中，演示了使用ExpandableListActivity生成一个可展开列表的窗口方法。

实例6-3	使用ExpandableListActivity生成一个可展开列表的窗口
源码路径	素材\daima\6\6-2（Java版+Kotlin版）

本实例的实现文件为ExpandableListActivity.java，功能是为ExpandableListActivity设置了一个ExpandableListAdpter对象，这样可以使得该Activity实现可展开列表的窗口。文件ExpandableListActivity.java的具体实现代码如下所示。

```java
public void onCreate(Bundle savedInstanceState)
{
  super.onCreate(savedInstanceState);
  ExpandableListAdapter adapter = new BaseExpandableListAdapter()
  {
    int[] logos = new int[]
    {
      R.drawable.p,
      R.drawable.z,
      R.drawable.t
    };
    private String[] armTypes = new String[]
      { "Android", "iOS", "WP"};
    private String[][] arms = new String[][]
    {
      { "ddd", "eee", "fff", "ggg" },
      { "hhh", "iii", "ggg", "hhh" },
      { "iii", "jjj" , "kkk" }
    };
    //获取指定组位置、指定子列表项处的子列表项数据
    @Override
```

```
    public Object getChild(int groupPosition, int childPosition)
    {
       return arms[groupPosition][childPosition];
    }
......
    //该方法决定每个子选项的外观
    @Override
    public View getChildView(int groupPosition, int childPosition,
          boolean isLastChild, View convertView, ViewGroup parent)
    {
       TextView textView = getTextView();
       textView.setText(getChild(groupPosition, childPosition).toString());
       return textView;
    }
```

6.2.3 实战演练：使用PreferenceActivity设置界面

在Android应用程序中，PreferenceActivity是一个非常重要的基类。在开发一个Android应用程序时经常需要设置一些选项，这些选项设置会以参数的形式保存，习惯上会用Preferences进行保存。如果Android应用程序中包含的某个Activity专门用于设置选项参数，那么Android为这种Activity提供了方便易用的基类：PreferenceActivity。一旦Activity继承了PreferenceActivity，那么该Activity完全不需自己控制Preferences的读写，PreferenceActivity可以处理一切。

实例6-4	使用PreferenceActivity设置界面
源码路径	素材\daima\6\6-2（Java版+Kotlin版）

STEP 01 编写文件preference_headers.xml，这是一个PreferenceActivity加载的选项设置列表布局文件。因为设置使用了Prefs1Fragment和Prefs2Fragment两个内部类，所以需要在类PreferenceActivityTest中定义这两个内部类。

STEP 02 编写文件PreferenceActivityTest.java，功能是内部类Prefs1Fragment和Prefs2Fragment，通过Activity重写了PreferenceActivity的public void onBuildHeaders(List<Header> target)方法，重写该方法指定加载前面定义preference_headers.xml布局文件。文件PreferenceActivityTest.java的具体实现代码如下所示。

```
public class PreferenceActivityTest extends PreferenceActivity
{
@Override
protected void onCreate(Bundle savedInstanceState)
{
    super.onCreate(savedInstanceState);
```

```
    // 该方法用于为该界面设置一个标题按钮
    if (hasHeaders())
    {
       Button button = new Button(this);
       button.setText("设置操作");
       // 将该按钮添加到该界面上
       setListFooter(button);
    }
}
// 重写该该方法,负责加载页面布局文件
@Override
public void onBuildHeaders(List<Header> target)
{
    // 加载选项设置列表的布局文件
    loadHeadersFromResource(R.xml.preference_headers, target);
}
……
public static class Prefs2Fragment extends PreferenceFragment
{
    @Override
    public void onCreate(Bundle savedInstanceState)
    {
       super.onCreate(savedInstanceState);
       addPreferencesFromResource(R.xml.display_prefs);
       // 获取传入该Fragment的参数
       String website = getArguments().getString ("website");
       Toast.makeText(getActivity()
         , "网站域名是: " + website , Toast.LENGTH_LONG).show();
    }
}
}
```

在上述Activity的实现代码中定义了两个PreferenceFragment,它们需要分别加载如下两个选项设置的布局文件。

- preferences.xml
- display_prefs.xml

STEP 03 在建立选项设置的布局文件中,需要创建根元素为PreferenceScreen的XML布局文件,此文件默认被保存在"/res/xml"路径下。其中文件preferences.xml定义了一个参数设置界面,该参数设置界面中包括两个参数设置组,而且该参数设置界面全面应用了各种元素,这样方便读者以后查询。

在PreferenceFragment程序中,使用界面布局文件preferences.xml进行参数设置和保存的方法十分简单,具体流程如下所示。

- 设置Fragment继承于PreferenceFragment。

第6章　Activity程序界面

- 在方法onCreate(Bundle saveInstanceState)中调用addPreferencesFromRsource(...)方法加载指定的界面布局文件。

STEP 04 编写选项设置布局文件display_prefs.xml。到此为止，在本实例中创建了三个Activity类，接下来需要在文件AndroidManifest.xm中进行配置后才可以使用这些Activity。

6.2.4　实战演练：通过Activity数据交换开发会员注册系统

在Android应用程序中，当一个Activity启动另一个Activity时要传递一些数据。在Activity之间进行数据交换非常简单，这是因为两个Activity之间本来就有一个"邮差"：Intent，因此我们主要将需要交换的数据放入Intent即可。在Intent提供了多个重载的方法来传递额外的数据，具体说明如下所示。

- putExtras(Bundle data)：向Intent中放入需要传递的数据包。
- Bundle getExtras()：取出Intent所传递的数据信息。
- putExtra(String name,Xxx value)：向Intent中按key-value对的形式存入数据。
- getXxxExtra(String name)：从Intent中按key取出指定类型的数据。

在上述方法中，Bundle就是一个简单的数据传递包，在这个Bundle对象中包含了如下方法来存入数据。

- putXxx(Stirng key,Xxx data)：向Bundle放入Int、Long等各种类型的数据。
- putSerializable(String key,Serializable data)：向Bundle中放入一个可序列化的对象。

为了取出Bundle数据携带包里的数据，在Bundle中提供了如下所示的方法。

- getXxx(String key)：从Bundle取出Int、Long等各种类型的数据。
- getSerializableExtra(String key)：从Bundle取出一个可序列化的对象。

在Android系统中，Intent主要通过Bundle对象来携带数据，因此Intent提供了putExtras()和getExtras()两个方法。除此之外，Intent还提供了多个重载的putExtra(String name,Xxx value)、getXxxExtra(String name)，那么这些方法存、取的数据在哪里呢？其实Intent提供的putExtra(String name,Xxx name)，getXxxExtra(String name)方法，只是一个便捷的方法，这些方法是直接存、取Intent所携带的Bundle中的数据。

例如在下面的实例中创建了两个Activity，其中第一个Activity用于收集用户的输入信息，当用户单击该Activity的"注册"按钮时会来到第二个Activity，第二个Activity将会获取第一个Activity中的数据。

实例6-5	通过Activity数据交换开发一个会员注册系统
源码路径	素材\daima\6\6-5\（Java版+Kotlin版）

107

STEP 01 第一个Activity的布局文件是main.xml，通过文本控件、文本框控件和单选按钮控件实现一个用户注册表单界面。

STEP 02 设置第一个Activity对应的程序文件是BundleTest.java，功能是根据用户输入的注册信息创建了一个Person对象，主要实现代码如下所示。

```
public void onCreate(Bundle savedInstanceState)
{
   super.onCreate(savedInstanceState);
   setContentView(R.layout.main);
   Button bn = (Button) findViewById(R.id.bn);
   bn.setOnClickListener(new OnClickListener()
   {
      public void onClick(View v)
      {
         EditText name = (EditText)findViewById(R.id.name);
         EditText passwd = (EditText)findViewById(R.id.passwd);
         RadioButton male = (RadioButton) findViewById(R.id.male);
         String gender = male.isChecked() ? "男 " : "女";
         Person p = new Person(name.getText().toString(), passwd.getText().toString(), gender);
         // 创建一个Bundle对象
         Bundle data = new Bundle();
         data.putSerializable("person", p);
         // 创建一个Intent
         Intent intent = new Intent(BundleTest.this,
ResultActivity.class);
         intent.putExtras(data);
         // 启动intent对应的Activity
         startActivity(intent);
……
```

STEP 03 编写文件Person.java，此文件实现了类Person，此类只是一个实现了java.io.Serializable接口的简单DTO对象，这个Person对象是可序列化的。文件Person.java首先创建了一个Bundle对象，然后调用putSerializable("person",p)将Person对象放入该Bundle中，再使用Intent来传递这个Bundle，这样就可以将Person对象传入到第二个Activity中。此时执行后将显示第一个Activity，如图6-7所示。

STEP 04 单击第一个Activity中的"注册"按钮时会启动第二个Activity：ResultActivity，并将用户输入的数据传入该Activity。ResultActivity的界面布局文件是result.xml，在此插入3个文本控件用于显示注册信息。ResultActivity对应的程序文件是ResultActivity.java，功能是从Bundle中取出前一个Activity传过来的数据，并将这些数据显示出来。填写注册信息，单击"注册"按钮后来到第二个Activity，如图6-8所示。

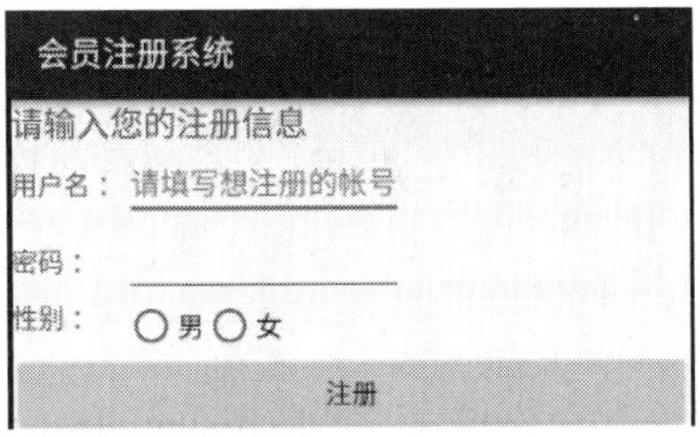

图6-7　第一个Activity 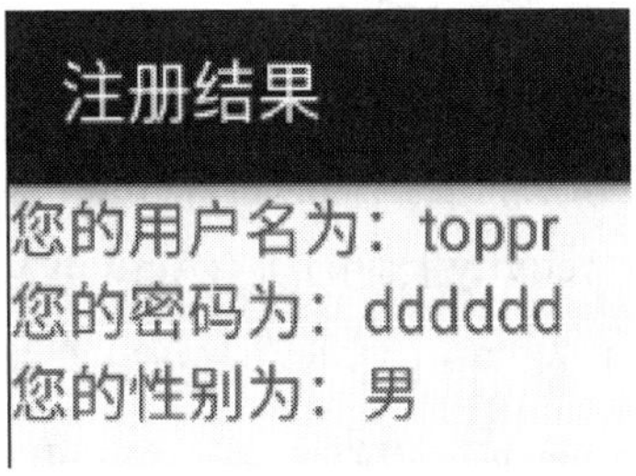　　　　图6-8　第二个Activity

6.3　Activity的加载模式

在Android应用程序中，各个Activity界面之间的显示顺序非常重要。在设计完精美的Activity界面后，需要科学合理地将各个Activity界面串联起来，做到最佳的用户体验，这时候需要Android应用程序正确地设置Activity的加载模式。

6.3.1　四种加载模式

在Android系统中，在配置Activity时可指定属性android:launchMode，该属性用于配置这个Activity的加载模式。属性android:launchMode支持如下所示的4个属性值。

（1）使用standard加载模式

在Android应用程序中，standard模式是标准模式，这是默认的加载模式。每当通过standard加载模式启动目标Activity时，Android总会为目标Activity创建一个新的实例，并将该Activity添加到当前Task栈中——这种模式不会启动新的Task，新Activity将被添加到原有的Task中。

（2）使用singleTop加载模式

在Android应用程序中，singleTop模式是Task单例模式。singleTop加载模式与standard加载模式基本相似，但有一点不同：当将要被启动的目标Activity已经位于Task栈顶时，系统不会重新创建目标Activity的实例，而是直接复用已有的Activity实例。如果将要被启动的目标Activity没有位于Task栈顶，此时系统会重新创建目标Activity的实例，并将它加载到Task的栈顶——此时与standard模式完全相同。

（3）使用singleTask加载模式

在Android应用程序中，singleTask模式是Task内单例模式。使用singleTask加载模式的Activity在同一个Task内只有一个实例，当系统采用singleTask模式启动Activity时，可分为如下三种情况进行处理。

- 如果将要启动的目标Activity不存在，系统将会创建目标Activity的实例，并将它加入Task栈顶。
- 如果将要启动的目标Activity已经位于栈顶，此时与singleTop模式的行为相同。
- 如果将要启动的目标Activity已经存在，但没有位于Task栈顶，系统将会把位于该Activity上面的所有Activity移出Task栈，从而使目标Activity转入栈顶。

（4）使用singleInstance加载模式

在Android应用程序中，singleInstance模式是全局单例模式。当使用singleInstance加载模式时，系统保证无论从哪个Task中启动目标Activity，只会创建一个目标Activity实例，并会启动一个全新的Task栈来装载该Activity实例。当系统采用singelInstance模式启动目标Activity时，可分为如下两种情况进行处理。

- 如果将要启动的目标Activity不存在，系统会先创建一个全新的Task，再创建目标Activity的实例，并将它加入新的Task的栈顶。
- 如果将要启动的目标Activity已经存在，无论它位于哪个应用程序中，无论它位于哪个Task中，系统将会把该Activity所在的Task转到前台，从而使该Activity显示出来。

注意

> 采用singleInstance模式加载的Activity总是位于Task栈顶，采用singleInstance模式加载的Activity所在Task只包含该Activity。

6.3.2 实战演练：使用singleInstance加载模式

实例6-6	使用singleInstance加载模式
源码路径	素材\daima\6\6-6\（Java版+Kotlin版）

STEP 01 第一个Activity的实现文件是SingleInstanceTest.java，只包含了一个按钮，当用户单击该按钮时，系统会启动SingleInstanceSecondTest。文件SingleInstanceTest.java的主要实现代码如下所示。

```
// 创建一个TextView来显示该Activity和它所在Task ID。
TextView tv = new TextView(this);
tv.setText("Activity为: " + this.toString()+ "\n" + ", Task ID为:" + this.getTaskId());
Button button = new Button(this);
button.setText("启动SecondActivity");
layout.addView(tv);
layout.addView(button);
// 为button添加事件监听器，当单击该按钮时启动SecondActivity
button.setOnClickListener(new OnClickListener()
```

```
{
    @Override
    public void onClick(View v)
    {
        Intent intent = new Intent(SingleInstanceTest.this,
SecondActivity.class);
        startActivity(intent);
    }
```

在上述代码中，设置当单击按钮时会启动SingleInstanceSecondTest，将该SingleInstanceSecondTest配置成 singleInstance加载模式，并且将该Activity的exported属性配置成true，这说明该Activity可以被其他应用启动。

STEP 02 在文件AndroidManifest.xml中配置第一个Activity，将其exported属性设为true，这表明允许通过其他程序来启动该Activity。另外，在配置该Activity时还配置了<intent-filter.../>子元素，这表明该Activity可通过隐式Intent启动。

```
<activity
    android:name="org.activity.SecondActivity"
    android:label="@string/second"
    android:exported="true"
    android:launchMode="singleInstance">
    <intent-filter>
        <!-- 指定该Activity能响应Action为指定字符串的Intent -->
        <action android:name="org.crazyit.intent.action.CRAZYIT_ACTION" />
        <category android:name="android.intent.category.DEFAULT" />
    </intent-filter>
</activity>
```

此时运行该实例，系统默认显示SingleInstanceTest，当用户单击该Activity界面上的按钮时，系统将会采用singleInstance模式加载SingleInstanceSecondTest：系统启动新的TaskTask，并用新的Task加载新创建的SingleInstanceSecondTest实例，SingleInstanceSecondTest总是位于该新Task的栈顶。执行效果如图6-9所示。

STEP 03 第二个Activity的实现文件是SecondActivity.java，会显示Activity的值和对应的Task ID。单击"启动SecondActivity"按钮后会启动第二个Activity：SecondActivity，执行效果如图6-10所示。

图6-9　第一个Activity

图6-10　第二个Activity

6.4 使用Fragment

谷歌自从Android 3.0开始便引入了Fragment这一概念，根据词海的翻译可以译为"碎片、片段"。推出Fragment的目的是为了解决不同屏幕分辨率下的控件显示，实现动态和灵活的UI设计。平板电脑的设计使得其有更多的空间来放更多的UI组件，而多出来的空间存放UI使其会产生更多的交互。Fragment的设计不需要亲自管理View Hierarchy的复杂变化，通过将Activity的布局分散到Fragment中，可以在运行时修改Activity的外观，并且由Activity管理的Back Stack中保存这些变化。

6.4.1 Fragment的设计理念

在设计Android应用程序时，有众多的分辨率要去适应，而Fragments可以让用户在不同分辨率的屏幕上动态管理UI。例如通信应用程序（QQ），用户列表可以在左边，消息窗口在右边的设计符合这一理念。而在手机屏幕用户列表填充屏幕中，当点击某一用户时会弹出对话窗口的设计，如图6-11所示。

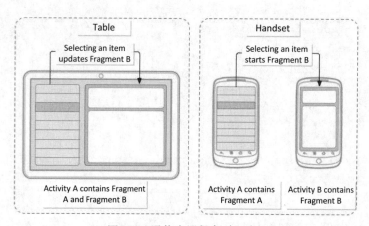

图6-11 通信应用程序（QQ）

6.4.2 创建Fragment

开发者在实现Fragment时，可以根据需要继承Fragment基类或它的任意子类。接下来实现Fragment的方法与实现Activity非常相似，它们都需要实现与Activty类似的回调方法，例如onCreate()、onCreateView()、onStart()、onResume()、onPause()、onStop()等。

1. 回调方法

通常来说，在创建FragmentFragment时通常需要实现如下3个回调方法。

- onCreate()：系统创建Fragment对象后回调该方法，实现代码中只初始化想要在Fragment中保持的必要组件，当fragment被暂停或者停止后可以恢复。

- onCreateView()：当Fragment绘制界面组件时会回调该方法。该方法必须返回一个View，该View也就是该Fragment所显示的View。
- onPause()：当用户离开该Fragment时将会回调该方法。

对于大部分Fragment而言，通常都会重写上面这三个方法。但是实际上开发者可以根据需要重写Fragment的任意回调方法，后面将会详细介绍Fragment的生命周期及其回调方法。

2. Fragments的类别

在Android系统内置了三种Fragments，这三种Fragments分别有不同的应用场景，具体说明如下所示。

- DialogFragment：对话框式的Fragments，可以将一个fragments 对话框并到activity管理的fragments back stack 中，允许用户回到一个之前曾摒弃的fragments.
- ListFragments：类似于ListActivity 的效果，并且还提供了ListActivity 类似的onListItemCLick和setListAdapter等功能。
- PreferenceFragments：类似于PreferenceActivity，可以创建类似IPAD的设置界面。

在Android应用程序中，为了控制Fragment显示的组件，通常都会重写onCreateView()方法，该方法返回的View将作为该Fragment显示的View组件。当Fragment绘制界面组件时将会回调该方法。例如下面的演示代码。

```java
//重写该方法，该方法返回的View将作为Fragment显示的组件
    @Override
    public View onCreateView(LayoutInflater inflater, ViewGroup container,Bundle savedInstanceState) {
        //加载/res/layout/目录下的fragment_book_detail.xml布局文件
        View rootView=inflater.inflate(R.layout.fragment_book_detail, container,false);
        if(book!=null)
        {
            //让book_title文本框显示book对象的title属性
            ((TextView)rootView.findViewById(R.id.book_title)).setText(book.title);
            //让book_desc文本框显示book对象的desc属性
            ((TextView)rootView.findViewById(R.id.book_desc)).setText(book.desc);
        }
        return rootView;
    }
```

在上述代码中，首先使用LayoutInflater加载了"/res/layout/"目录下的布局文件fragment_book_detail.xml，然后返回了该布局文件对应的View组件，这说明该Fragment将会显示该View组件。

6.4.3 实战演练：使用Fragment实现图书展示系统

实例6-7	图书展示系统
源码路径	素材\daima\6\6-7\（Java版+Kotlin版）

STEP 01 编写文件BookDetailFragment.java，功能是加载显示一份简单的界面布局文件，并根据传入的参数来更新界面组件。文件BookDetailFragment.java的具体实现代码如下所示。

```java
public class BookDetailFragment extends Fragment
{
public static final String ITEM_ID = "item_id";
// 保存该Fragment显示的Book对象
BookContent.Book book;
@Override
public void onCreate(Bundle savedInstanceState)
{
   super.onCreate(savedInstanceState);
   // 如果启动该Fragment时包含了ITEM_ID参数
   if (getArguments().containsKey(ITEM_ID))
   {
      book = BookContent.ITEM_MAP.get(getArguments().getInt(ITEM_ID));
   }
}
// 重写该方法，该方法返回的View将作为Fragment显示的组件
@Override
public View onCreateView(LayoutInflater inflater, ViewGroup container,
Bundle savedInstanceState)
{
   // 加载/res/layout/目录下的fragment_book_detail.xml布局文件
   View rootView = inflater.inflate(R.layout.fragment_book_detail,container, false);
   if (book != null)
   {
      // 让book_title文本框显示book对象的title属性
      ((TextView) rootView.findViewById(R.id.book_title)).setText(book.title);
      // 让book_desc文本框显示book对象的desc属性
      ((TextView) rootView.findViewById(R.id.book_desc)).setText(book.desc);
   }
```

第6章 Activity程序界面

```
    return rootView;
  }
}
```

在上述代码中，Fragment会加载并显示"res/layout/"目录下的界面布局文件fragment_book_detail.xml。通过上述代码获取启动该Fragment时传入的ITEM_ID参数，并根据该ID获取BookContent的ITEM_MAP中的图书信息。

STEP 02 类BookContent的功能是模拟系统的数据模型，模拟类BookContent的实现文件是BookContent.java。

STEP 03 类BookDetailFragment只是加载并显示一份简单的布局文件，在布局文件中通过LinearLayout包含两个文本框。

STEP 04 如果想要开发一个ListFragment的子类，则无须重写onCreateView()方法，只要调用 ListFragment中的setAdapter()方法为该Fragment设置Adapter即可。该ListFragment将会显示该 Adapter提供的列表项。在本实例中，ListFragment子类的实现文件是BookListFragment.java。在BookListFragment.java中，为了控制ListFragment显示的列表项，调用了类ListFragment中的setAdapter()方法，这样可让该ListFragment显示这个Adapter所提供的多个列表项。

STEP 05 开始实现Fragment与Activity之间的通信，为了在Activity中显示Fragment，需要将Fragment添加到Activity中。在开发Android应用程序的过程中，有如下两种将Fragment添加到Activity中的方法。

- 在布局文件中使用<fragment.../>元素添加Fragment，<fragment.../>元素的android:name属性指定Fragment的实现类。
- 在Java代码中通过FragmentTransaction对象的add()方法来添加Fragment。

在本实例中，首先通过布局文件activity_book_twopane.xml使用前面定义的BookListFragment，使用<fragment.../>元素添加了BookListFragment，在此Activity的左边将会显示一个 ListFragment，在右边只是一个FrameLayout容器，此FrameLayout容器将会动态更新其中显示的Fragment。此Activity对应的程序文件是SelectBookActivity.java，主要实现代码如下所示。

```
// 实现Callbacks接口必须实现的方法
@Override
public void onItemSelected(Integer id)
{
  // 创建Bundle，准备向Fragment传入参数
  Bundle arguments = new Bundle();
  arguments.putInt(BookDetailFragment.ITEM_ID, id);
  // 创建BookDetailFragment对象
```

```
BookDetailFragment fragment = new BookDetailFragment();
// 向Fragment传入参数
fragment.setArguments(arguments);
// 使用fragment替换book_detail_container容器当前显示的Fragment
getFragmentManager().beginTransaction()
    .replace(R.id.book_detail_container, fragment)
    .commit();
```

在上述代码中，最后一行代码调用了FragmentTransaction的replace()方法动态更新了ID为book_detail_container容器（也就是前面布局文件中的FrameLayout容器）中显示的Fragment。

STEP 06 将Fragment添加到Activity之后，Fragment必须与Activity交互信息，这就需要Fragment能获取它所在的Activity，Activity也能获取它所包含的任意的Fragment。此时可以按如下所示的两种方法实现。

- Fragment获取它所在的Activity：调用Fragment的getActivity()方法即可返回它所在的Activity。
- Activity获取它所包含的Fragment：调用Activity关联的FragmentManager的findFragmentById(int id)或findFragmentByTag(String tag)方法即可获取指定的Fragment。

另外，在Fragment与ActivityActivity之间可能还需要互相传递数据，此时可以按如下所示的两种方法实现。

- Activity向Fragment传递数据：在Activity中创建Bundle数据包，并调用Fragment的setArguments(Bundle bundle)方法即可将Bundle数据包传给Fragment。
- Fragment向Activity传递数据或Activity需要在Fragment运行中进行实时通信：在Fragment中定义一个内部回调接口，再让包含该Fragment的Activity实现该回调接口，这样Fragment即可调用该回调方法将数据传给Activity。

到此为止，本实例全部讲解完毕，在实例中一共定义了两个Fragment，并使用了一个Activity来"组合"这两个Activity。本实例执行后的界面效果如图6-12所示。单击某一个图书后将显示第二个界面，例如单击"Java大全"后的执行效果如图6-13所示。

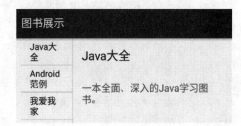

图6-12　执行效果　　　　　　　　图6-13　第二个界面

第 7 章 Intent和IntentFilter

在Android系统中，Intent类似于消息传递机制那样被使用，允许用户宣告想要执行的一个动作意图，通常和一块特定的数据一起。可以使用Intent在Android设备上的任何应用程序组件间相互作用，而不管它们是哪个应用程序的部分。Intent能够将一组相互独立的组件转化成一个单一的相互作用的系统。在本章的内容中，将详细讲解Android系统中使用Intent的基本知识，为读者步入本书后面知识的学习打下基础。

7.1 Intent和IntentFilter基础

Intent和IntentFilter的作用是传递意图和目的，通过大量的事件来体现自己的意图，这些事件可以是单击、双击和触摸等。在Android应用程序中，包含了3种重要组件：Activity、Service和BroadcastReceiver。Android应用程序都是依靠Intent来启动这3种组件的。Intent不但封装了程序想要启动程序的意图，并且还可用于与被启动组件交换信息。在Android中提供了Intent机制来协助应用之间的交互与通信，Intent负责对应用中一次操作的动作、动作涉及数据、附加数据进行描述。Android会根据此Intent的描述，负责找到对应的组件，将Intent传递给调用的组件，并完成组件的调用。Intent不仅可用于应用程序之间，也可用于应用程序内部的Activity/Service之间的交互。因此，Intent在这里起着一个媒体中介的作用，专门提供组件互相调用的相关信息，实现调用者与被调用者之间的解耦。

7.1.1 Intent启动不同组件的方法

在Android应用程序中，使用Intent启动不同组件的方法见表7-1。其中Intent对象大致包含Component、Action、Category、Data、Type、Extra和Flag这7种属性，其中Component用于明确指定需要启动的目标组件，而Extra则用于传递需要交换的数据。

表7-1 Intent启动不同组件的方法

启动组件的类型	启动方法
Activity	startActivity(Intent intent)：启动一个Activity。 startActivity(Intent intent,int requestCode)：启动一个带请求码的Activity，当该Activity结束时将回调原Activity的onActivityResult()方法，并返回一个结果码
Service	ComponentName startService(Intent service)：启动一个Service。 boolean bindService(Intent service,ServiceConnection conn,int flags)：绑定一个Service，这是开启Service的一种常见方法。参数说明如下。 service：用显示的组件名（Class<?>方式）或者逻辑描述（action等）的Service的Intent； conn：在Service开启或停止时接收信息的组件。 flags：绑定选项
BoradcastReceiver	sendBroadcast(Intent intent) sendBroadcast(Intent intent,String receiverPermission) sendOrderedBroadcast(Intent intent,String receiverPermission,BroadcastReceiver resultReceiver,Handler scheduler,int initialCode,String initialData,Bundle initialExtras) sendOrderedBroadcast(Intent intent,String receiverPermission) sendStickyBroadcast(Intent intent) sendStickyOrderedBroadcast(Intent intent,BroadcastReceiver resultReceiver,Handler scheduler,int initialCode,String initialData,Bundle initialExtras)

7.1.2 Intent的构成

在Android系统中，要想在不同的Activity之间传递数据，需要在Intent中包含相应的内容。一般来说，在数据中应该包括如下两点最基本的内容。

- Action：指明要实施的动作是什么，比如说ACTION_VIEW，ACTION_EDIT等。具体信息读者可以查阅Android.content.intent类，在里面定义了所有的Action。
- Data：要使用的具体的数据，一般用一个Uri变量来表示。

在Android系统中，除了Action和Data这两个最基本的元素外，在Intent中还包括如下所示的元素。

- Category（类别）：此选项指定了将要执行的这个Action的其他一些额外的信息，例如LAUNCHER_CATEGORY表示Intent接受者应该在Launcher中作为顶级应用出现；而ALTERNATIVE_CATEGORY表示当前的Intent是一系列的可选动作中的一个，这些动作可以在同一块数据上执行。
- Type（数据类型）：显式指定Intent的数据类型（MIME）。一般Intent的数据类型能够根据数据本身进行判定，但是通过设置此属性可以强制采用显式指定的类型而不再需要进行推导。
- Component（组件）：指定Intent的目标组件的类名称。通常Android会根据Intent中包含的其他属性的信息，比如action、data/type、category进行查找，最终找到一个与之匹配的目标组件。但是，如果 component这个属性有指定的话，将直接使用它指定的组件，而不再执行上述查找过程。指定了这个属性以后，Intent的其他所有属性都是可选的。
- extras（附加信息）：是其他所有附加信息的集合，可以为组件提供扩展信息，假如要执行"发送电子邮件"这个动作，可以将电子邮件的标题、正文等保存在extras里，传给电子邮件发送组件。

综上可以看出，Action、Data/type、Category和extras一起形成了一种语言，这种语言可以使Android表达出常见的短语组合，例如"给张三打电话"短语组合。

7.1.3 实战演练：在一个Activity中调用另一个Activity

在Android系统中，除了可以通过切换Layout的方式实现屏幕界面的切换工作外，还可以使用Intent对Activity界面进行切换。通过本实例的实现过程，将详细讲解一个Activity调用另一个Activity的方法。

实例7-1	在一个Activity中调用另一个Activity
源码路径	光盘\daima\7\7-1\（Java版+Kotlin版）

STEP 01 编写主程序文件zihuan1.java，在此文件中单击按钮时调用另一个Activity

（zihuan_1），单击按钮时会调用Intent意图，设置要启动的Activity，将主Activity关闭finish()，接着将主控权交给即Activity2。主程序文件zihuan1.java的主要实现代码如下所示。

```java
public class zihuan1 extends Activity
{
  @Override
  public void onCreate(Bundle savedInstanceState)
  {
    super.onCreate(savedInstanceState);
    /* 载入mylayout.xml Layout */
    setContentView(R.layout.main);
    /* 以findViewById()取得Button对象，并添加onClickListener */
    Button b1 = (Button) findViewById(R.id.button1);
    b1.setOnClickListener(new Button.OnClickListener()
    {
      public void onClick(View v)
      {
        /*新建一个Intent对象，并指定要启动的class */
        Intent intent = new Intent();
        intent.setClass(zihuan1.this, zihuan1_1.class);
        /* 调用一个新的Activity */
        startActivity(intent);
        /* 关闭原本的Activity */
        zihuan1.this.finish();
      }});}}
```

STEP 02 编写文件zihuan1_1.java，此文件是第二个Activity的主程序，其加载的Layout为mylayout.xml，屏幕上所显示的是白色背景的"这是第二个Activity"，在此Activity（Activity2）界面单击Button按钮后会重新调用Activity1，单击按钮时将调用Intent意图，设置要启动的Activity。使用finish()方法关闭Activity2。

STEP 03 编写修饰文件，本实例的布局文件是main.xml和mylayout.xml。其中文件main.xml是为了突出显示Layout间切换的效果，特意有区别地输出两个Layout的背景和文字。

STEP 04 编写配置文件，因为在该实例中添加了一个Activity，所以必须在文件AndroidManifest.xml中定义一个新的Activity，并给予名称name，否则程序将无法编译运行。

运行后的效果如图7-1所示。当单击屏幕中的按钮后，屏幕上的文本将会发生变化，如图7-2所示。

在系统中新添加Activity时，必须在AndroidManifest.xml里定义一个新的Activity，否则系统将会因为找不到Activity而发生编译错误。定义代码如下所示。

```xml
<activity android:name="zihuan_1"></activity>
```

图7-1 运行效果

图7-2 转换后效果

7.2 使用IntentFilter

在Android系统中，IntentFilter实际上相当于Intent的过滤器，一个应用程序开发完成后，需要告诉Android系统自己能够处理哪些隐形的Intent请求，这就需要声明IntentFilter。IntentFilter的使用方法实际上非常简单，仅声明该应用程序接收什么样的Intent请求即可。

7.2.1 IntentFilter基础

在Android应用程序中，IntentFilter对象负责过滤掉组件无法响应和处理的Intent，只将自己关心的Intent接收进来进行处理。IntentFilter实行"白名单"管理，即只列出组件乐意接受的Intent，但IntentFilter只会过滤隐式Intent，显式的Intent会直接传送到目标组件。Android组件可以有一个或多个IntentFilter，每个IntentFilter之间相互独立，只需要其中一个验证通过则可。除了用于过滤广播的IntentFilter可以在代码中创建外，其他的IntentFilter必须在文件AndroidManifest.xml中进行声明。

究竟IntentFilter如何实现对组件的过滤功能呢？在IntentFilter中具有和Intent对应的用于过滤Action、Data和Category的字段，一个隐式Intent要想被一个组件处理，必须通过上述三个环节的检查。具体说明如下所示。

（1）检查 Action（动作）

尽管一个Intent只可以设置一个Action，但是一个Intentfilter可以持有一个或多个Action用于过滤，到达的Intent只需要匹配其中一个Action即可。深入思考：如果一个Intentfilter没有设置Action的值，那么，任何一个Intent都不会被通过；反之，如果一个Intent对象没有设置Action值，那么它能通过所有的Intentfilter的Action检查。

（2）检查 Data（数据）

同Action一样，Intentfilter中的Data部分也可以是一个或者多个，而且可以没有。每个Data包含的内容为URL和数据类型，进行Data检查时主要也是对这两点进行比较，具体比较规则是：

如果一个Intent对象没有设置Data，只有Intentfilter也没有设置Data时才可通过检查。

如果一个Intent对象包含URI，但不包含数据类型，具体比较规则是：

仅当Intentfilter也不指定数据类型，同时它们的URI匹配，才能通过检测。

如果一个Intent对象包含数据类型，但不包含URI，具体比较规则是：

仅当Intentfilter也没指定URL，而只包含数据类型且与Intent相同，才通过检测。

如果一个Intent对象既包含URI，也包含数据类型（或数据类型能够从URI推断出），具体比较规则是：

只有当其数据类型匹配Intentfilter中的数据类型，并且通过了URL检查时，该Intent对象才能通过检查。

其中URL由四部分组成：它有四个属性scheme、host、port、path对应于URI的每个部分。例如：

content://com.wjr.example1:121/files

具体说明如下所示。
- scheme部分：content。
- host部分：com.wjr.example1。
- port部分：端口，例如121。
- path部分：files。

其中host和port部分一起构成URI的凭据(authority)，如果没有指定host，那么也会忽略port。属性scheme、host、port、path是可选的，但它们之间并不是完全独立的。要想让Authority（验证）有意义，必须要指定scheme。要让path有意思，必须指定scheme和authority。Intentfilter中的path可以使用通配符来匹配path字段，Intent和Intentfilter都可以用通配符来指定MIME类型。

（3）检查 Category

在Intentfilter中可以设置多个Category，在Intent中也可以含有多个Category，只有Intent中的所有Category都能匹配到Intentfilter中的Category，Intent才能通过检查。也就是说，如果Intent中的Category集合是Intentfilter中Category的集合的子集时，Intent才能通过检查。如果Intent中没有设置Category，则它能通过所有Intentfilter的Category检查。 如果一个Intent能够通过多个组件的Intentfilter处理，用户可能无法确定哪个组件被激活。如果没有目标找到，会产生一个异常。

7.2.2 IntentFilter响应隐式Intent

Intent Filter是用来注册Activity、Service和Broadcast Receiver具有能在某种数据上执行

一个动作的能力。在使用Intent Filter时，应用程序组件会告诉Android，它们能为其他程序的组件的动作请求提供服务，包括同一个程序的组件、本地的或第三方的应用程序。

为了注册一个应用程序组件为Intent处理者，在组件的manifest节点添加一个intent-filter标签。在Intent Filter节点里使用下面的标签（关联属性），就可以指定组件支持的动作、种类和数据。

action：使用android:name特性来指定对响应的动作名。动作名必须是独一无二的字符串，所以，一个好的习惯是使用基于Java包的命名方式的命名系统。

category：使用android:category属性用来指定在什么样的环境下动作才被响应。每个Intent Filter标签可以包含多个category标签。可以指定自定义的种类或使用Android提供的标准值，如下所示：

- ALTERNATIVE：一个Intent Filter的用途是使用动作来帮忙填入上下文菜单。ALTERNATIVE种类指定，在某种数据类型的项目上可以替代默认执行的动作。例如，一个联系人的默认动作是浏览它，替代的可能是去编辑或删除它。
- SELECTED_ALTERNATIVE：与ALTERNATIVE类似，但ALTERNATIVE总是使用下面所述的Intent解析来指向单一的动作。SELECTED_ALTERNATIVE在需要一个可能性列表时使用。
- BROWSABLE：指定在浏览器中的动作。当Intent在浏览器中被引发，都会被指定成BROWSABLE种类。
- DEFAULT：设置这个种类来让组件成为Intent Filter中定义的data的默认动作。这对使用显式Intent启动的Activity来说也是必要的。
- GADGET：通过设置GADGET种类，可以指定这个Activity可以嵌入到其他的Activity来允许。
- HOMEHOME Activity：是设备启动（登录屏幕）时显示的第一个Activity。通过指定Intent Filter为HOME种类而不指定动作的话，用户正在将其设为本地home画面的替代。
- LAUNCHER：使用这个种类来让一个Activity作为应用程序的启动项。
- datadata标签：允许指定组件能作用的数据的匹配；如果组件能处理多个的话，可以包含多个条件。可以使用下面属性的任意组合来指定组件支持的数据：
    - android:host：指定一个有效的主机名（例如，com.google）。
    - android:mimetype：允许设定组件能处理的数据类型。例如，<type android:value="vnd.android.cursor.dir/*"/>能匹配任何Android游标。
    - android:path：有效的URL路径值（例如，/transport/boats/）。
    - android:port：特定主机上的有效端口。
    - android:scheme：需要一个特殊的图示，例如content或http。

7.2.3 实战演练：一个拨打电话程序

下面将通过一个拨打电话程序介绍在Android中实现拨打电话功能的过程。在本实例中使用一个Intent打开电话拨号程序，Intent的行为是ACTION_DIAL，同时在Intent中传递被呼叫人的电话号码。本程序的具体实现分为如下三个阶段。

（1）第一阶段：只完成向固定电话拨号的工作，用户不能自由输入希望通话的电话号码。

（2）第二阶段：再进一步完善用户界面，让用户可以自由输入电话号码，然后再拨号。

（3）第三阶段：加入IntentFilter，使得用户可以通过硬键盘拨号键启动我们的程序。

实例7-2	一个拨打电话程序
源码路径	素材\daima\7\7-2\（Java版+Kotlin版）

STEP 01 设置用户界面风格。新创建的项目中用户界面默认为Hello Android风格（只显示问候语字符串），因此需要修改默认的用户界面，在用户界面中加入一个Button按钮。编辑res/layout/main.xml文件，删除对<TextView>标签，加入新的<Button>标签。

STEP 02 把Button的id设置为button_id，同时将Button显示在界面上的文字设置为res/string.xml下的Button，打开res/string.xml，把Button的内容设置为"拨号"。

STEP 03 创建TinyDiaPhone的Activity，编写TinyDiaPhone.java代码，主要代码如下所示。

```java
public class DiaPhone extends Activity {
    /** Called when the activity is first created. */
    @Override
    public void onCreate(Bundle savedInstanceState) {
        super.onCreate(savedInstanceState);
        setContentView(R.layout.main);
```

STEP 04 定位"拨号"按钮，实现对"拨号"按钮的响应，首先通过findViewById()方法获得该按钮对象的引用。具体代码如下所示。

```java
final Button button = (Button) findViewById(R.id.button_id);
```

STEP 05 加入对"拨号"按钮按键动作的响应。为"拨号"按钮对象调用setOnClickListener()方法，设置单击事件监听器。具体代码如下所示。

```java
final Button button = (Button) findViewById(R.id.button_id);
button.setOnClickListener(new Button.OnClickListener() {
    @Override public void onClick(View b) {
```

```
//TODO 加入对按钮按下后的操作
    }
});
```

STEP 06 创建Intent对象，用Intent启动新的Activity。此项目希望在按钮被按下后发出一个启动系统自带拨号程序的Intent，所以首先创建Intent对象。创建一个新的Intent对象的基本语法如下所示。

```
Intent <Intent_name> = new Intent(<ACTION>,<Data>)
```

在本例中，参数<ACTION>为Intent.ACTION_DIAL参数<Data>是希望传入的电话号码。

在Android中，传给Intent的数据用URI格式表示，因此需要使用Uri.parse方法将字符串格式的电话号码解析成URI格式。在上述演练中，用tel:13800138000表示我们想要呼叫的电话号码。那么最终创建Intent的代码如下所示。

```
Intent I = new Intent(Intent.ACTION_DIAL,Uri.parse("tel://13800138000"));
```

创建Intent完毕后，可以通过它告诉Android希望启动新的Activity了。

```
startActivity(i);
```

此时运行后可以看到如图7-3所示的主界面效果，这个界面的布局信息都在main.xml文件中。输入电话号码，按下"拨打电话"按钮后会调用Android内置的拨号程序实现拨打电话功能。

图7-3 执行效果

7.3 Intent的属性

属性是Intent机制的核心内容，Android系统中的Intent通过其自身的属性实现具体的功能。在本节的内容中，将详细讲解Intent机制中常用属性的基本知识。

7.3.1 实战演练：使用Component属性介绍

在Android应用程序中，Intent对象中的setComponent(ComponentNamecomp)方法用于设置Intent的Component属性。属性Component需要接受一个ComponentName对象，对象ComponentName包含如下所示的构造器。

- ComponentName(String pkg,String cls)：创建pkg所在包下的cls类所对应的组件。
- ComponentName(Context pkg,String cls)：创建pkg所对应的包下的cls类所对应的组件。

- ComponentName(Context pkg,Class<?> cls)：创建pkg所对应的包下的cls类所对应的组件。

上述构造器的本质是创建一个ComponentName需要设置包名和类名，这样就可以唯一地确定一个组件类，应用程序就可以根据给定的组件类去启动特定的组件。除此之外，在Intent中还包含了如下3个方法。

- setClass(Context packageContext,Class<?> cls)：设置该Intent将要启动的组件对应的类。
- setClassName(Context packageContext,String className)：设置该Intent将要启动的组件对应的类名。
- setClassName(String packagName,String className)：设置该Intent将要启动的组件对应的类名。

在Android应用程序中，指定了属性Component的Intent已经明确了它将要启动哪个组件，因此这种Intent也被称为显式Intent，没有指定Component属性的Intent被称为隐式Intent——隐式Intent没有明确要启动哪个组件，应用将会根据Intent指定的规划去启动符合条件的组件，但具体是哪个组件不确定。

在Android应用程序中，ComponentName包含了如下构造器。

- ComponentName(Stringpkg, String cls)。
- ComponentName(Contextpkg, String cls)。
- ComponentName(Contextpkg, Class<?> cls)。

由以上的构造器可知，创建一个ComponentName对象需要指定包名和类名——这就可以唯一确定一个组件类，这样应用程序即可根据给定的组件类去启动特定的组件。在下面的实例中，演示了通过隐式Intent（指定了Component属性）来启动另一个Activity的过程。

实例7-3	使用隐式Intent来启动另一个Activity
源码路径	素材\daima\7\7-3\（Java版+Kotlin版）

STEP 01 本实例的UI界面布局文件是main.xml，在页面中只有一个按钮，用户单击该按钮将会启动另一个Activity。

STEP 02 主Activity对应的Java程序文件是ComponentAttr.java，功能是创建ComponentName对象，并将该对象设置成Intent对象的Component属性，这样应用程序即可根据该Intent的"意图"去启动指定组件。文件ComponentAttr.java的主要实现代码如下。

```
public void onCreate(Bundle savedInstanceState)
{
```

```
   super.onCreate(savedInstanceState);
   setContentView(R.layout.main);
   Button bn = (Button) findViewById(R.id.bn);
   // 为bn按钮绑定事件监听器
   bn.setOnClickListener(new OnClickListener()
   {
      @Override
      public void onClick(View arg0)
      {
         // 创建一个ComponentName对象
         ComponentName comp = new ComponentName(ComponentAttr.this,
               SecondActivity.class);
         Intent intent = new Intent();
         // 为Intent设置Component属性
         intent.setComponent(comp);
         startActivity(intent);
}});}}
```

STEP 03 第二个Activity的界面布局文件是second.xml，在里面只包含一个简单的文本框，用于显示该Activity对应的Intent的Component属性的包名、类名。

STEP 04 第二个Activity对应的Java程序文件是SecondActivity.java，只是显示对应的组件包名和组件类名。执行后单击按钮后会显示第二个Activity界面效果，执行效果如图7-4所示。

图7-4 第二个Activity

7.3.2 实战演练：Action属性

在Android应用程序中，属性Action是一个普通的字符串，代表某一种特定的动作。Intent类预定义了一些Action常量，开发者也可以自定义Action。一般来说，自定义的Action应该以应用程序的包名作为前缀，然后附加特定的大写字符串，例如"cn.xing.upload.action.UPLOAD_COMPLETE"就是一个命名良好的Action。通过使用Intent类的setAction()方法，可以设定action.getAction()方法获取Intent中封装的Action。下面是Intent类中预定义的部分Action。

- ACTION_CALL：目标组件为Activity，代表拨号动作。
- ACTION_EDIT：目标组件为Activity，代表向用户显示数据以供其编辑的动作。
- ACTION_MAIN：目标组件为Activity，表示作为任务中的初始activity启动。
- ACTION_BATTERY_LOW：目标组件为broadcastReceiver，提醒手机电量过低。
- ACTION_SCREEN_ON：目标组件为broadcast，表示开启屏幕。

在Android应用程序中，并不是说Intent对象只能启动本应用内程序组件，Intent代表了启动某个程序组件的意图，其实Intent对象不仅可以启动本应用内程序组件，也可启动Android系统的其他应用的程序组件，只要权限允许甚至可以启动系统自带的程序组件。另外，在Android系统内部提供了大量标准Action，其中用于启动Activity的标准Action常量及对应的字符串如表7-2所示。

表7-2 启动Activity的标准Action

Action常量	对应字符串	简单说明
ACTION_MAIN	android.intent.action.MAIN	应用程序入口
ACTION_VIEW	android.intent.action.VIEW	显示指定数据
ACTION_ATTACH_DATA	android.intent.action.ATTACH_DATA	指定某块数据将被附加到其他地方
ACTION_EDIT	android.intent.action.EDIT	编辑指定数据
ACTION_PICK	android.intent.action.PICK	从列表中选择某项并返回所选的数据
ACTION_CHOOSER	android.intent.action.CHOOSER	显示一个Activity选择器
ACTION_GET_CONTENT	android.intent.action.GET_CONTENT	让用户选择数据，并返回所选数据
ACTION_DIAL	android.intent.action.DIAL	显示拨号面板
ACTION_CALL	android.intent.action.CALL	直接向指定用户打电话
ACTION_SEND	android.intent.action.SEND	向其他人发送数据
ACTION_SENDTO	android.intent.action.SENDTO	向其他人发送消息
ACTION_ANSWER	android.intent.action.ANSWER	应答电话
ACTION_INSERT	android.intent.action.INSERT	插入数据
ACTION_DELETE	android.intent.action.DELETE	删除数据
ACTION_RUN	android.intent.action.RUN	运行数据
ACTION_SYNC	android.intent.action.SYNC	执行数据同步
ACTION_PICK_ACTIVITY	android.intent.action.PICK_ACTIVITY	用于选择Activity
ACTION_SEARCH	android.intent.action.SEARCH	执行搜索
ACTION_WEB_SEARCH	android.intent.action.WEB_SEARCH	执行Web搜索
ACTION_BATTERY_LOW	android.intent.action.ACTION_BATTERY_LOW	电量低
ACTION_MEDIA_BUTTON	android.intent.action.ACTION_MEDIA_BUTTON	按下媒体按钮

续表

Action常量	对应字符串	简单说明
ACTION_PACKAGE_ADDED	android.intent.action.ACTION_PACKAGE_ADDED	添加包
ACTION_PACKAGE_REMOVED	android.intent.action.ACTION_PACKAGE_REMOVED	删除包
ACTION_FACTORY_TEST	android.intent.action.FACTORY_TEST	工厂测试的入口点
ACTION_BOOT_COMPLETED	android.intent.action.BOOT_COMPLETED	系统启动完成
ACTION_TIME_CHANGED	android.intent.action.ACTION_TIME_CHANGED	时间改变
ACITON_DATE_CHANGED	android.intent.action.ACTION_DATE_CHANGED	日期改变
ACTION_TIMEZONE_CHANGED	android.intent.action.ACTION_TIMEZONE_CHANGED	时区改变
ACTION_MEDIA_EJECT	android.intent.action.MEDIA_EJECT	插入或拔出外部媒体

例如在下面的实例中演示了使用Action属性的方法。

实例7-4	使用Action属性
源码路径	素材\daima\7\7-4\（Java版+Kotlin版）

STEP 01 本实例的UI界面布局文件是main.xml，在页面中只有一个按钮，用户单击该按钮将会启动另一个Activity。

STEP 02 主Activity的对应的Java程序文件是ActionAttr.java，功能在设置第一个Activity指定跳转的Intent时，并不以"硬编码"的方式指定要跳转的Activity，而是为Intent指定Action属性的方式实现的。文件ActionAttr.java的主要实现代码如下所示。

```
public final static String CRAZYIT_ACTION ="org.intent.action.CRAZYIT_ACTION";
public void onCreate(Bundle savedInstanceState)
{
   super.onCreate(savedInstanceState);
   setContentView(R.layout.main);
   Button bn = (Button) findViewById(R.id.bn);
   // 为bn按钮绑定事件监听器
   bn.setOnClickListener(new OnClickListener()
   {
      public void onClick(View arg0)
```

```
{
    // 创建Intent对象
    Intent intent = new Intent();
    // 为Intent设置Action属性（属性值就是一个普通字符串）
    intent.setAction(ActionAttr.guan_ACTION);
    startActivity(intent);
}});}}
```

在上述代码中，因为上面的程序指定启动Action属性ActionAttr.CRAZYIT_ACTION常量（常量值为com.example.studyintent.action.CRAZYIT_ACTION）的Activity，所以会要求被启动Activity对应的配置元素的<intent-filter.../>元素里至少包括一个下面的<action.../>子元素：

```
<action android:name="com.example.studyintent.action.CRAZYIT_ACTION"/>
```

在此需要指出的是，一个Intent对象最多只能包含一个Action属性，程序可调用Intent的setAction(String str)方法来设置Action属性值；但一个Intent对象可以包含多个Category属性，程序可调用Intent的addCategory(Stirng str)方法来为Intent添加Category属性。当程序创建Intent时，该Intent默认启动Category属性值为Intent.CATEGORY_DEFAULT常量（常量值为android.intent.category.DEFAULT）的组件。所以，虽然上面程序的粗斜体字代码并未指定目标Intent的Category属性，但该Intent已有一个值为android.intent.category.DEFAULT的Category属性值，因此被启动Activity对应的配置元素的<intent-filter.../>元素里至少还包含一个下面的<category.../>子元素：

```
<category android:name="android.intent.category.DEFAULT" />
```

下面是在文件AndroidManifest.xml中设置被启动Activity的完整配置。

```
<application android:icon="@drawable/ic_launcher" android:label="@string/app_name">
    <activity android:name="org.intent.ActionAttr"
        android:label="@string/app_name">
      <intent-filter>
        <action android:name="android.intent.action.MAIN" />
        <category android:name="android.intent.category.LAUNCHER" />
      </intent-filter>
    </activity>
    <activity android:name="org.intent.SecondActivity"
        android:label="@string/app_name">
      <intent-filter>
        <!-- 指定该Activity能响应Action为指定字符串的Intent -->
        <action android:name="org.crazyit.intent.action.guan_ACTION" />
```

```xml
        <!-- 指定该Activity能响应Action属性为helloWorld的Intent -->
        <action android:name="helloWorld" />
        <!-- 指定该Action能响应Category属性为指定字符串的Intent -->
        <category android:name="android.intent.category.DEFAULT" />
    </intent-filter>
  </activity>
</application>
```

STEP 03 第二个Activity的界面布局文件是second.xml，在里面只包含一个简单的文本框。

STEP 04 第二个Activity对应的Java程序文件是SecondActivity.java，功能是设置在启动时把启动该Activity的Intent的Action属性显示在指定文本框内。

本实例执行后的效果如图7-5所示。

图7-5 第一个Activity

7.3.3 实战演练：使用Category属性

在Android应用程序中，属性Category也是一个字符串，用于指定一些目标组件需要满足的额外条件。在Intent对象中可以包含任意多个Category属性。Intent类也预定义了一些Category常量，开发者也可以自定义Category属性。Intent类的addCategory()方法为Intent添加Category属性，getCategories()方法用于获取Intent中封装的所有category。下面是在Intent类中预定义的部分Category。

- CATEGORY_HOME：表示目标Activity必须是一个显示homescreen的Activity。
- CATEGORY_LAUNCHER：表示目标Activity可以作为任务栈中的初始Activity，常与ACTION_MAIN配合使用。
- CATEGORY_GADGET：表示目标Activity可以被作为另一个Activity的一部分嵌入。

在Android系统中，标准Category及对应的字符串如表7-3所示。

表7-3 标准Category

Category常量	对应字符串	简单说明
CATEGORY_DEFAULT	android.intent.category.DEFAULT	默认的Category
CATEGORY_BROWSABLE	android.intent.category.BROWSABLE	指定该Activity能被浏览器安全调用
CATEGORY_TAB	android.intent.category.TAB	指定该Activity作为TabActivity的Tab页
CATEGORY_LAUNCHER	android.intent.category.LAUNCHER	Activity显示顶级程序列表中

续表

Category常量	对应字符串	简单说明
CATEGORY_INFO	android.intent.category.INFO	用于提供包信息
CATEGORY_HOME	android.intent.category.HOME	设置该Activity随系统启动而运行
CATEGORY_PREFERENCE	android.intent.category.PREFERENCE	该Activity是参数面板
CATEGORY_TEST	android.intent.category.TEST	该Activity是一个测试
CATEGORY_CAR_DOCK	android.intent.category.CAR_DOCK	指定手机被插入汽车底座（硬件）时运行该Activity
CATEGORY_DESK_DOCK	android.intent.category.DESK_DOCK	指定手机被插入桌面底座（硬件）时运行该Activity
CATEGORY_CAR_MODE	android.intent.category.CAR_MODE	设置该Activity可在车载环境下使用

 注意

前面的表7-2和表7-3中列出的都只是部分较为常用的Action常量、Category常量。关于Intent所提供的全部Action常量、Category常量，应参考Android API文档中关于Intent的说明。

在下面的实例中，演示了使用Category属性的基本过程。

实例7-5	使用Category属性
源码路径	素材\daima\7\7-5\（Java版+Kotlin版）

STEP 01 本实例的UI界面布局文件是main.xml，在页面中只有一个按钮，用户单击该按钮将会启动另一个Activity。主Activity对应的Java程序文件是ActionCateAttr.java，功能是设置Action属性是字符串"org.intent.action.guan_ACTION"，并在字符串中添加了字符串为"org.intent.category.guan_CATEGORY"的Category属性。文件ActionCateAttr.java的具体实现代码如下所示。

```
// 定义一个Action常量
final static String guan_ACTION = "org.intent.action.guan_ACTION";
// 定义一个Category常量
final static String guan_CATEGORY ="org.intent.category.guan_CATEGORY";
@Override
public void onCreate(Bundle savedInstanceState)
{
  super.onCreate(savedInstanceState);
  setContentView(R.layout.main);
  Button bn = (Button) findViewById(R.id.bn);
```

第7章 Intent和IntentFilter

```
bn.setOnClickListener(new OnClickListener()
{
    @Override
    public void onClick(View arg0)
    {
        Intent intent = new Intent();
        // 设置Action属性
        intent.setAction(ActionCateAttr.guan_ACTION);
        // 添加Category属性
        intent.addCategory(ActionCateAttr.guan_CATEGORY);
        startActivity(intent);
}});}}
```

STEP 02 在文件AndroidManifest.xml中设置要启动的目标Action所对应的配置代码。

STEP 03 第二个Activity的界面布局文件是sccond.xml，在里面只包含一个简单的文本框。第二个Activity对应的Java程序文件是SecondActivity.java，功能是设置在启动时把启动该Activity的Intent的Action属性显示在指定文本框内。

本实例执行后的效果如图7-6所示。

图7-6 第一个Activity

第 8 章
Service和Broadcast Receiver

在Android系统中，除了本书前面讲解的Activity和Intent核心组件之外，还有另外两个十分重要的核心组件，分别是Service和Broadcast Receiver。在本章的内容中，将详细讲解在Android系统中使用Service和Broadcast Receiver的基本知识，为读者步入本书后面知识的学习打下基础。

8.1 后台服务Service

Service和Broadcast Receiver是一对组合，其作用像"哈维+伊涅斯塔"中场二人组一样，是Android应用程序的幕后英雄。UI界面、事件响应、Activity界面表现等在前台向用户展示自己的容颜，而Service和Broadcast Receiver在后台默默付出，为UI界面、事件和Activity界面提供看不见的处理功能。

8.1.1 Service介绍

在Android系统中，有一些与用户很少需要产生交互的应用程序，这些程序通常在后台运行，而且在运行期间我们仍然能运行其他应用程序。为了实现这种在后台运行进程，Android引入了Service这一概念。Service在Android中是一种长生命周期的组件，它不实现任何用户界面。例如最常见的媒体播放器程序，当用户正在观看欧美大片时，突然发现领导来了，可以将播放器界面最小化。这个时候，播放器仍然在后台播放影片，这种在后台播放影片的功能就是通过Service实现的。

Service是Android 系统中的重要组件之一，跟 Activity的运行级别差不多，但是不能自己独立运行，在运行时需要通过某一个Activity或者其他Context对象来调用Context.startService()和Context.bindService()。Service只能在后台运行，可以和其他组件进行交互。Service可以在很多场合的应用中使用，比如检测SD卡上文件的变化，再或者在后台记录地理信息位置的改变等服务。总之，Service服务总是藏在后台的，可以交互这样的一个东西。

在Android系统中有两种启动Service的方式，分别是context.startService()和context.bindService()。如果在Service的onCreate或者onStart做一些很耗时间的事情，最好在Service里启动一个线程来完成，因为Service是运行在主线程中，会影响到UI操作或者阻塞主线程中的其他事情。

8.1.2 实战演练：创建、启动和停止Service

因为Service是Android系统内置的一个重要组件，所以Android提供了内置的类或接口，开发者只需直接调用这些类或接口即可实现后台服务功能。

在Android系统中已经定义了一个"Service"类，所有其他的Service都继承于该类。在Service类中定义了一系列的生命周期相关的方法，例如onCreate()、onStart()和onDestroy()。要想创建一个Service，必须先从Service或是其某个子类派生子类。在实现Service子类时，需要重载一些方法以支持Service重要的几个生命周期函数，也需要支持其他应用组件绑定的方法。在下面列出了需要重载的重要方法。

- onStartCommand()：Android系统在有其他应用程序组件使用startService()请求启动Service时调用。一旦这个方法被调用，Service处于"Started"状态并可以一直运行下去。如果实现了这个方法，需要在Service任务完成时调用stopSelf()或是stopService()来终止服务。如果只支持"绑定"模式的服务，可以不实现这个方法。
- onBind()：Android系统中有其他应用程序组件使用bindService()来绑定服务时调用。在用户实现这个方法时，需要提供一个IBinder接口以支持客户端和服务之间通信。必须实现这个方法，如果不打算支持"绑定"，返回Null即可。
- onCreate()：Android系统中创建Service实例时调用，一般在这里初始化一些只需单次设置的过程（在onStartCommand和onBind()之前调用），如果Service已在运行状态，这个方法不会被调用。
- onDestroy()：Android系统中Service不再需要，需要销毁前调用。在实现过程中需要释放一些诸如线程、注册过的Listener和Receiver等，这是Service被调用的最后一个方法。

跟Android中的其他组件一样，Service也会和一系列的Intent相互关联。Service的运行入口需要在AndroidManifest.xml中进行配置，例如通过下面代码配置后，Service就可以被其他代码所使用。

```
<service class=".service.MyService">
intent-filter>
<action android:value="com.wissen.testApp.service.MY_SERVICE" />
</intent-filter>
</service>
```

在创建一个Service后，如果一个Service是由startService()启动的（这时onStartCommand()将被调用），那么这个Service将一直运行，直到调用stopSelf()或其他应用部件调用stopService()为止。如果一个部件调用bindService()创建一个Service（此时onStartCommand()不会调用），这个Service运行的时间和绑定它的组件一样长。一旦其他组件解除绑定，系统将销毁这个Service。

在Android系统中，只会在系统内存过低，并且不得不为当前活动的Activity恢复系统资源时才可能强制终止某个Service。如果将这个Service绑定到一个活动的Activity，那么这个Service基本上不会被强制清除。如果一个Service被声明成"后台运行"，就几乎没有被销毁的可能。否则的话，如果Service启动后并长期运行，系统将随着时间的增加降低其在后台任务中的优先级，其被杀死的可能性越大。如过Service被作为"Started"状态运行，那么必须在系统重启服务时退出。如果系统杀死了这个Service，那么系统将在系统资源恢复正常时重启这个Service（当然这也取决于onStartCommand()的返回值）。例如在下面的实例中，演示了启动和停止Service的基本过程。

实例8-1	启动或停止后台服务
源码路径	素材\daima\8\8-1\ （Java版+Kotlin版）

第8章 Service和Broadcast Receiver

STEP 01 本实例的UI界面文件是main.xml，功能是在布局页面中分别定义两个按钮，其中一个用于启动Service，另外一个用于停止Service。

STEP 02 文件MainActivity.java的功能是监听用户在屏幕中单击的按钮，根据操作执行对应的启动和停止Service操作。文件StartServiceTest.java的主要实现代码如下所示。

```java
public void onCreate(Bundle savedInstanceState)
{
    super.onCreate(savedInstanceState);
    setContentView(R.layout.main);
    // 获取程序界面中的start、stop两个按钮
    start = (Button) findViewById(R.id.start);
    stop = (Button) findViewById(R.id.stop);
    // 创建启动Service的Intent
    final Intent intent = new Intent(this , FirstService.class);
    start.setOnClickListener(new OnClickListener()
    {
        @Override
        public void onClick(View arg0)
        {
            // 启动指定Service
            startService(intent);
        }
    });
    stop.setOnClickListener(new OnClickListener()
    {
        @Override
        public void onClick(View arg0)
        {
            // 停止指定Service
            stopService(intent);
}});}}
```

STEP 03 文件FirstService.java的功能是显示当前Service的状态，本实例执行后的效果如图8-1所示。

图8-1 执行效果

单击"启动Service"和"关闭Service"按钮后会执行对应的操作，并且在DDMS中的LogCat界面中会看到具体启动和关闭过程，如图8-2所示。

```
05-20 07:48:10.091 1303-1339/? D/AudioFlinger: mixer(0xa8303bc0) throttle end: throttle time(39)
05-20 07:48:10.094 14969-14969/org.service I/System.out: Service is Created
05-20 07:48:10.161 14969-14969/org.service I/System.out: Service is Started
05-20 07:48:11.089 14969-14969/org.service I/System.out: Service is Destroyed
05-20 07:48:11.129 1303-1339/? D/AudioFlinger: mixer(0xa8303bc0) throttle end: throttle time(40)
```

图8-2　LogCat界面

8.1.3　设置Service的访问权限

在Android应用程序中，可以在文件AndroidManifest.xml中使用<service>标签来指定Service访问的权限：

```
<service class=".service.MyService" android:permission="com.wissen.permission.MY_SERVICE_PERMISSION">
    <intent-filter>
        <action android:value="com.wissen.testApp.service.MY_SERVICE" />
    </intent-filter>
</service>
```

在此之后，当应用程序需要访问该Service时，需要使用<user-permission>标签来指定相应的权限：

```
<uses-permission android:name="com.wissen.permission.MY_SERVICE_PERMISSION">
</uses-permission>
```

8.1.4　实战演练：绑定后台Service服务

实例8-2	在Activity中绑定本地Service服务并获取Service状态
源码路径	素材\daima\8\8-2\（Java版+Kotlin版）

STEP 01 编写文件BindService.java，在里面定义方法onBind()，返回一个可以访问Service状态数据的IBinder对象，并将这个对象传递给Service的访问者。文件BindService.java的具体实现代码如下所示。

```java
public class BindService extends Service
{
private int count;
private boolean quit;
// 定义onBinder方法所返回的对象
private MyBinder binder = new MyBinder();
// 通过继承Binder来实现IBinder类
public class MyBinder extends Binder    // ①
{
```

```java
    public int getCount()
    {
        // 获取Service的运行状态：count
        return count;
    }
}
// 必须实现的方法，绑定该Service时回调该方法
@Override
public IBinder onBind(Intent intent)
{
    System.out.println("Service is Binded");
    // 返回IBinder对象
    return binder;
}
// Service被创建时回调该方法
@Override
public void onCreate()
{
    super.onCreate();
    System.out.println("Service is Created");
    // 启动一条线程，动态地修改count状态值
    new Thread()
    {
        @Override
        public void run()
        {
            while (!quit)
            {
                try
                {
                    Thread.sleep(1000);
                }
                catch (InterruptedException e)
                {
                }
                count++;
            }
        }
    }.start();
}
// Service被断开连接时回调该方法
@Override
public boolean onUnbind(Intent intent)
{
    System.out.println("Service is Unbinded");
```

```
    return true;
}
// Service被关闭之前回调该方法
@Override
public void onDestroy()
{
    super.onDestroy();
    this.quit = true;
    System.out.println("Service is Destroyed");
}
}
```

STEP 02 编写程序文件MainActivity.java，通过定义的Activity来绑定Service，并在这个Activity中通过MyBinder访问Service的内部状态。在Activity界面中设置了3个按钮，单击第一个按钮后将绑定Service，单击第2个按钮后将解除绑定，单击第3个按钮后将获取Service的运行状态。

本实例执行后的效果如图8-3所示。

单击3个按钮后会在DDMS中的LogCat界面中会看到具体启动和关闭过程，如图8-4所示。

图8-3 执行效果

```
05-20 09:03:28.089 2019-2019/org.service I/System.out: Service is Created
05-20 09:03:28.091 2019-2019/org.service I/System.out: Service is Binded
05-20 09:03:28.157 2019-2019/org.service I/System.out: —Service Connected—
05-20 09:03:30.221 1303-1339/? D/AudioFlinger: mixer(0xa8303bc0) throttle end: throttle time(40)
05-20 09:03:30.243 2019-2019/org.service I/System.out: Service is Unbinded
05-20 09:03:30.243 2019-2019/org.service I/System.out: Service is Destroyed
05-20 09:03:32.318 1674-1674/com.android.systemui V/PhoneStatusBar: setLightsOn(true)
05-20 09:03:32.325 1674-1674/com.android.systemui V/PhoneStatusBar: setLightsOn(true)
05-20 09:03:32.407 1674-1674/com.android.systemui V/PhoneStatusBar: setLightsOn(true)
05-20 09:03:32.408 1297-1331/? D/gralloc_ranchu: gralloc_alloc: format 1 and usage 0x933 imply creation of host color buffer
05-20 09:03:32.432 1674-1674/com.android.systemui V/PhoneStatusBar: setLightsOn(true)
05-20 09:03:32.449 1674-1674/com.android.systemui V/PhoneStatusBar: setLightsOn(true)
05-20 09:03:32.515 1674-1674/com.android.systemui V/PhoneStatusBar: setLightsOn(true)
05-20 09:03:32.516 1297-1333/? D/gralloc_ranchu: gralloc_alloc: format 1 and usage 0x933 imply creation of host color buffer
05-20 09:03:32.987 1674-1674/com.android.systemui V/PhoneStatusBar: setLightsOn(true)
05-20 09:03:34.244 2019-2019/org.service D/gralloc_ranchu: gralloc_unregister_buffer: exiting HostConnection (is buffer-handling thread)
```

图8-4 LogCat界面

8.2 AIDL实现跨Service交互

在Android系统中，虽然每个应用程序都运行在自己的进程空间中，但是可以从应用程序UI界面中触发运行另一个服务进程，而且经常会在不同的进程间传递对象。在Android平台中，一个进程通常不能访问另一个进程的内存空间，要想实现对话交互，需要将对象分解成操作系统可以理解的基本单元，并且有序地通过进程边界，通过代码来实现这个数据传输过程是冗长乏味的。为此，Android提供了AIDL工具来处理这项工作。

8.2.1 AIDL基础

在Android系统中，要想实现两个进程间的Service的通信，需要使用AIDL技术。AIDL (Android Interface Definition Language)是一种IDL 语言，用于生成可以在Android设备上两个进程之间进行进程间通信（IPC）代码。如果在一个进程中（例如Activity）调用另一个进程中（例如Service）对象的操作，就可以使用AIDL生成可序列化的参数。AIDL IPC机制是面向接口的，使用代理类在客户端和实现端传递数据。

当两个进程间的Service进行通信时，需要把对象进行序列化处理，然后进行互相发送工作。Android提供了一个AIDL（Android接口定义语言）工具来处理序列化和通信。在这种情况下，Service需要以".aidl"格式文件的方式提供服务接口。AIDL工具将生成一个相应的Java接口，并且在生成的服务接口中包含一个调用Stub服务桩功能的类。Service的实现类需要去继承这个Stub服务桩类。Service的onBind方法会返回实现类的对象，之后就可以使用它了。

8.2.2 实战演练：在客户端访问AIDL Service

实例8-3	客户端访问AIDL Service
源码路径	素材\daima\8\8-3\（Java版+Kotlin版）

本实例首先在服务器端创建了一个AIDL文件，并将接口暴露给客户端。然后在客户端建立和远程服务器端的连接，实现交互通信功能。

1. 服务器端工程

首先在"AidlServiceEX"目录下创建服务器端工程，一个AIDL文件，并将接口暴露给客户端。

STEP 01 编写接口文件ICat.aidl，功能是创建一个AIDL接口，具体实现代码如下所示。

```
package org.service;
interface ICat
{
String getColor();
double getWeight();
}
```

STEP 02 在文件AidlService.java中定义AIDL的实现类AidlService，主要实现代码如下所示。

```
public class AidlService extends Service
{
private CatBinder catBinder;
```

```java
Timer timer = new Timer();
String[] colors = new String[]{
   "托雷斯",
   "迭戈科斯塔",
   "比利亚"
};
double[] weights = new double[]{
   343,
   442,
   3412
};
private String color;
private double weight;
// 继承Stub，也就是实现额ICat接口，并实现了IBinder接口
public class CatBinder extends Stub
{
   @Override
   public String getColor() throws RemoteException
   {
      return color;
   }
   @Override
   public double getWeight() throws RemoteException
   {
      return weight;
   }
}
@Override
public void onCreate()
{
   super.onCreate();
   catBinder = new CatBinder();
   timer.schedule(new TimerTask()
   {
      @Override
      public void run()
      {
         // 随机地改变Service组件内color、weight属性的值。
         int rand = (int)(Math.random() * 3);
         color = colors[rand];
         weight = weights[rand];
         System.out.println("--------" + rand);
      }
   } , 0 , 800);
}
```

STEP 03 在文件AndroidManifest.xml中配置创建的Service，具体实现代码如下所示。

```xml
<!-- 定义一个Service组件 -->
<service android:name="org.service.AidlService">
    <intent-filter>
        <action android:name="org.aidl.action.AIDL_SERVICE" />
    </intent-filter>
</service>
```

2. 客户端工程

在"AidlClientEX"目录下创建客户端工程，在客户端访问AIDL Service。

STEP 01 编写布局文件main.xml，在屏幕界面中插入一个按钮和两个文本框。

STEP 02 编写接口文件ICat.aidl，功能是创建一个AIDL接口，具体实现代码如下所示。

```
package org.service;
interface ICat
{
String getColor();
double getWeight();
}
```

STEP 03 文件AidlClient.java的功能是，当单击屏幕中的按钮后，在文本框中显示获取的数据。

在调试时先运行服务器端工程，服务器端没有具体的UI界面，然后再运行客户端工程，单击客户端界面中的按钮后会获取远程服务器端的信息。执行效果如图8-5所示。

图8-5　执行效果

8.3　使用Broadcast Receiver接收信息

Broadcast Receiver意为广播接收器，是Android系统内置的核心组件之一。在Android系统中存在一个个广播，这些广播及时向用户发送动态信息。而Broadcast Receive就是一个专注于接收广播通知信息，并做出对应处理的广播接收器组件。Android中的很多广播都是源自于系统代码的，比如通知用户时区已经发生改变、电池电量低等。另外，应用程序也可以进行广播操作，例如通知其他应用程序一些数据下载完成并处于可用状态。

8.3.1　BroadcastReceiver基础

在Android系统中，一个应用程序可以拥有任意数量的广播接收器，这样可以对所有它感兴趣的通知信息予以响应，所有的接收器均继承自BroadcastReceiver基类。虽然Android系统中的广播接收器没有用户界面，但是可以启动一个Activity来响应它们收到的信息，或者用NotificationManager来通知用户。通知可以用很多种方式来吸引用户的注意力，例如闪动背灯、振动、播放声音等方式。一般做法是在状态栏上放一个持久的图标，用户可以打开这个图标并获取消息。

Android系统中有两种广播事件，具体说明如下所示。

- 系统广播事件，比如：ACTION_BOOT_COMPLETED（系统启动完成后触发），ACTION_TIME_CHANGED（系统时间改变时触发），ACTION_BATTERY_LOW（电量低时触发）等。
- 开发人员自定义的广播事件：需要开发者个人编写代码实现。

在Android应用程序中，运行广播事件的基本流程如下所示。

STEP 01 注册广播事件：注册方式有如下两种：

- 静态注册，就是在文件AndroidManifest.xml中定义，注册的广播接收器必须要继承 Broadcast Receiver；
- 动态注册，是在程序中使用Context.registerReceiver注册，注册的广播接收器相当于一个匿名类。两种方式都需要IntentFIlter。

STEP 02 发送广播事件：通过Context.sendBroadcast来发送，由Intent来传递注册时用到的Action。

STEP 03 接收广播事件：当发送的广播被接收器监听到后，会调用它的onReceive()方法，并将包含消息的Intent对象传给它。onReceive中代码的执行时间不要超过5秒，否则Android会弹出超时Dialog（对话框）。

8.3.2 实战演练：发送广播信息

实例8-4	发送广播信息
源码路径	素材\daima\8\8-4\（Java版+Kotlin版）

STEP 01 编写界面布局文件main.xml，在屏幕中设置一个"单击我发送广播"按钮。

STEP 02 编写文件MainActivity.java，设置单击屏幕中的按钮后向程序发送一条指定内容的广播信息。实例文件MainActivity.java的具体实现代码如下所示。

```java
public class MainActivity extends Activity
{
Button send;
@Override
public void onCreate(Bundle savedInstanceState)
{
```

第8章 Service和Broadcast Receiver

```
  super.onCreate(savedInstanceState);
  setContentView(R.layout.main);
  // 获取程序界面中的按钮
  send = (Button) findViewById(R.id.send);
  send.setOnClickListener(new OnClickListener()
  {
    @Override
    public void onClick(View v)
    {
      // 创建Intent对象
      Intent intent = new Intent();
      // 设置Intent的Action属性
      intent.setAction("org.action.BROADCAST");
      intent.putExtra("msg", "三生三世十里桃花");
      // 发送广播
      sendBroadcast(intent);
}});}}
```

STEP 03 编写文件MyReceiver.java，功能是接收发送的广播信息。只要有符合MyReceive的广播出现，就会立即调用方法onReceive()获取发送的广播。实例文件MyReceiver.java的主要实现代码如下。

```
public void onReceive(Context context, Intent intent)
{
  Toast.makeText(context,
    "接收到的Intent的Action为: " + intent.getAction()
    + "\n消息内容是: " + intent.getStringExtra("msg")
    , Toast.LENGTH_LONG).show();
}
```

STEP 04 在配置文件AndroidManifest.xml中设置广播所用的Intent的Action是org.action.BROADCAST，此值必须和文件MainActivity.java中的值完全一致，否则程序将会出错。

执行本实例后，如果点击屏幕中的按钮则会获得广播信息，执行效果如图8-6所示。

图8-6 执行效果

8.4 短信处理

在Android系统中，通过类TelephonyManager实现拨打电话功能，通过类SmsManager实现短信收发功能。在本节的内容中，将详细讲解使用这两个类的基本知识。

8.4.1 SmsManager类介绍

在Android系统中，类SmsManager继承自java.lang.Object类，此类主要包括如下所示的成员。

1. 公有方法

（1）ArrayList<String> divideMessage(String text)：当短信超过SMS消息的最大长度时，将短信分割为几块。

参数：text：初始的消息，不能为空。

返回值：有序的ArrayList<String>，可以重新组合为初始的消息。

（2）static SmsManager getDefault()：获取SmsManager的默认实例。

返回值：SmsManager的默认实例。

（3）void SendDataMessage(String destinationAddress, String scAddress, short destinationPort, byte[] data, PendingIntent sentIntent, PendingIntent deliveryIntent)：发送一个基于SMS的数据到指定的应用程序端口。

参数说明如下所示：

- destinationAddress：消息的目标地址。
- scAddress：服务中心的地址或为空使用当前默认的SMSC 3)destinationPort——消息的目标端口号。
- data：消息的主体，即消息要发送的数据。
- sentIntent：如果不为空，当消息成功发送或失败这个PendingIntent就广播。结果代码是Activity.RESULT_OK表示成功，或RESULT_ERROR_GENERIC_FAILURE、RESULT_ERROR_RADIO_OFF、RESULT_ERROR_NULL_PDU之一表示错误。对应RESULT_ERROR_GENERIC_FAILURE，sentIntent可能包括额外的"错误代码"产生一个无线电广播技术特定的值，通常只在修复故障时有用。

每一个基于SMS的应用程序控制检测sentIntent。如果sentIntent为空，调用者将检测所有未知的应用程序，这将导致在检测的时候发送较小数量的SMS。

- deliveryIntent：如果不为空，当消息成功传送到接收者这个PendingIntent就广播。

异常：如果destinationAddress或data是空时，则抛出IllegalArgumentException异常。

（4）void sendMultipartTextMessage(String destinationAddress, String scAddress, ArrayList<String> parts, ArrayList<PendingIntent> sentIntents, ArrayList<PendingIntent> deliverIntents)：发送一个基于SMS的多部分文本，调用者应用已经通过调用divideMessage(String text)将消息分割成正确的大小。

参数说明如下所示：

- destinationAddress：消息的目标地址。
- scAddress：服务中心的地址or为空使用当前默认的SMSC。
- parts：有序的ArrayList<String>，可以重新组合为初始的消息。
- sentIntents：跟SendDataMessage方法中一样，只不过这里的是一组PendingIntent。
- deliverIntents：跟SendDataMessage方法中一样，只不过这里的是一组PendingIntent。

异常：如果destinationAddress或data是空时，抛出IllegalArgumentException异常。

（5）void sendTextMessage(String destinationAddress, String scAddress, String text, PendingIntent sentIntent, PendingIntent deliveryIntent)：发送一个基于SMS的文本，各个参数的具体意义和异常跟前面的一样。

2. 常量

（1）public static final int RESULT_ERROR_GENERIC_FAILURE

功能：表示普通错误，值为1(0x00000001)。

（2）public static final int RESULT_ERROR_NO_SERVICE

功能：表示服务当前不可用，值为4 (0x00000004)。

（3）public static final int RESULT_ERROR_NULL_PDU

功能：表示没有提供pdu，值为3 (0x00000003)。

（4）public static final int RESULT_ERROR_RADIO_OFF

功能：表示无线广播被明确地关闭，值为2 (0x00000002)。

（5）public static final int STATUS_ON_ICC_FREE

功能：表示自由空间，值为0 (0x00000000)。

（6）public static final int STATUS_ON_ICC_READ

功能：表示接收且已读，值为1 (0x00000001)。

（7）public static final int STATUS_ON_ICC_SENT

功能：表示存储且已发送，值为5 (0x00000005)。

（8）public static final int STATUS_ON_ICC_UNREAD

功能：表示接收但未读，值为3 (0x00000003)。

（9）public static final int STATUS_ON_ICC_UNSENT

功能：表示存储但为发送，值为7 (0x00000007)。

8.4.2 实战演练：实现一个发送短信系统

在本实例中设置了两个EditText编辑框控件，分别用于获取收信人电话和短信正文，并设置了判断手机号码规范化的方法，在此规定短信的字符数不能超过70个。在具体实现上，是通过SmsManage对象的方法sendTextMessage来完成的。在方法sendTextMessage()中设置要传入5个值，分别表示"收件人地址String""发送地址String""正文String""发送服务PendingIntent"和"送达服务PendingIntent"。

实例8-5	一个发送短信系统
源码路径	素材\daima\8\8-5\ （Java版+Kotlin版）

编写文件example131.java，其具体实现流程如下所示。

STEP 01 声明一个Button按钮变量用于激活发信处理程序，声明两个EditText变量用于获取输入收信人电话号码和短信内容。主要代码如下所示。

```java
/*声明变量一个Button与两个EditText*/
private Button mButton1;
private EditText mEditText1;
private EditText mEditText2;
@Override
public void onCreate(Bundle savedInstanceState)
{
  super.onCreate(savedInstanceState);
  setContentView(R.layout.main);
  /*通过findViewById构造器来建构EditText1,EditText2与Button对象*/
  mEditText1 = (EditText) findViewById(R.id.myEditText1);
  mEditText2 = (EditText) findViewById(R.id.myEditText2);
  mButton1 = (Button) findViewById(R.id.myButton1);
  /*将默认文字加载EditText中*/
  mEditText1.setText("请输入号码");
  mEditText2.setText("请输入内容!!");
  /*设置用户点击EditText时做出响应*/
  mEditText1.setOnClickListener(new EditText.OnClickListener()
  {
    public void onClick(View v)
    {
      /*点击EditText时清空正文*/
      mEditText1.setText("");
    }
  }
  );
```

第8章 Service和Broadcast Receiver

STEP 02 定义方法onClickListener来响应当用户点击EditText时的反应。主要代码如下所示。

```
/*设置onClickListener 让用户点击EditText时做出反应*/
mEditText2.setOnClickListener(new EditText.OnClickListener()
{
  public void onClick(View v)
  {
    /*点击EditText时清空正文*/
    mEditText2.setText("");
  }
}
);
```

STEP 03 定义方法onClickListener作为用户点击Button的反应，主要代码如下所示。

```
/*设置onClickListener 让用户点击Button时做出反应*/
mButton1.setOnClickListener(new Button.OnClickListener()
{
  @Override
  public void onClick(View v)
  {
    /*由EditText1取得短信收件人电话*/
    String strDestAddress = mEditText1.getText().toString();
    /*由EditText2取得短信文字内容*/
    String strMessage = mEditText2.getText().toString();
    /*建构一取得default instance的 SmsManager对象 */
    SmsManager smsManager = SmsManager.getDefault();

    // TODO Auto-generated method stub
```

STEP 04 检查收件人电话格式是否正确，短信字数是否超过70字符，然后通过smsManager.sendTextMessage实现发送短信处理。使用方法PendingIntent.getBroadcast()自定义了PendingIntent并进行Broadcast广播，然后使用SmsManager.getDefault()预先构建的SmsManager，使用方法sendTextMessage将有关的数据以参数形式带入，这样即可完成发短信的任务。

执行后的效果如图8-7所示，输入手机号码，编写短信内容后，单击"发送"按钮后即可完成短信发送功能，系统会显示发送成功的广播信息，如图8-8所示。如果短信内容和收信人号码格式不规范，会输出对应的错误提示。

图8-7 初始效果

图8-8 发送成功

8.5 拨打电话处理

在Android系统中，通过TelephonyManager类实现拨打电话功能。在本节的内容中，将详细讲解使用类TelephonyManager拨打电话的基本知识。

8.5.1 TelephonyManager类介绍

在Android系统中，TelephonyManager类主要提供了一系列用于访问与手机通讯相关的状态和信息，主要包括手机SIM的状态和信息、电信网络的状态及手机用户的信息，在应用程序中可以使用这些方法获取相关数据。TelephonyManager类的对象可以通过方法Context.getSystemService(Context.TELEPHONY_SERVICE)来获得。在此需要注意的是，有些通信信息的获取对应用程序的权限有一定的限制，在开发的时候需要为其添加如下相应的权限。

```
<uses-permission android:name="android.permission.READ_PHONE_STATE" />
```

例如在如下所示的代码中，列出了TelephonyManager类中的常用方法及具体说明。

```
tDeviceSoftwareVersion()
    //得到设备的ID，IMEI或者MEID
    getDeviceId()
    //得到位置信息，主要是当前注册小区的位置码
    getCellLocation()
    //得到附近小区信息
    getNeighboringCellInfo()
    //得到当前Phone的类型，GSM/CDMA
    getCurrentPhoneType()
```

```
        //得到/proc/cmdline文件当前的内容
        getProcCmdLine()
        //得到运营商名字
        getNetworkOperatorName()
        //得到MCC+MNC
        getNetworkOperator()
        //得到是否漫游的状态
        isNetworkRoaming()
         //得到网络状态,NETWORK_TYPE_GPRS、NETWORK_TYPE_EDGE、NETWORK_
TYPE_CDMA等等
        getNetworkType()
        //得到SIM卡状态
        getSimState()
        //得到SIM卡MCC+MNC
        getSimOperator()
        //得到SIM卡SPN
        getSimOperatorName()
        //得到SIM卡串号
        getSimSerialNumber()
        //得到MSISDN
        getMsisdn()
        //得到语音信箱号码
        getVoiceMailNumber()
        //得到语音信箱短信条数
        getVoiceMessageCount()
        //得到语音信箱名称
        getVoiceMailAlphaTag()
        //得到数据连接状态:DATA_DISCONNECTED、DATA_CONNECTING、DATA_
CONNECTED、DATA_SUSPENDED等
        getDataState()
        //注册监听器监听Phone状态
        listen()
        //得到所有Phone的信息
        getAllCellInfo()
```

8.5.2 实战演练：来电后自动发送邮件通知

实例8-6	来电后自动发送邮件通知
源码路径	素材\daima\8\8-6\ （Java版+Kotlin版）

在本实例中，通过TelephoneManage来判断来电状态，并通过E-mail来通知来电记

录。在实例中对PhoneCallListener进行来电判断处理，并根据来电状态来发送E-mail邮件。编写文件example135.java，具体实现流程如下。

STEP 01 定义TelephonyManager对象telMgr来获取TELEPHONY_SERVICE系统信息。主要代码如下。

```
public void onCreate(Bundle savedInstanceState)
{
  super.onCreate(savedInstanceState);
  setContentView(R.layout.main);

  mPhoneCallListener phoneListener=new mPhoneCallListener();
  /*对象telMgr,用于获取TELEPHONY_SERVICE系统*/
  TelephonyManager telMgr = (TelephonyManager)getSystemService
            (TELEPHONY_SERVICE);
    telMgr.listen(phoneListener, mPhoneCallListener.LISTEN_CALL_
STATE);
  mTextView1 = (TextView)findViewById(R.id.myTextView1);
}
```

STEP 02 使用PhoneCallListener来聆听电话状态更改事件。方法onCallStateChanged的具体实现流程如下：

- 分别获取电话待机状态、通话状态和来电状态。
- 显示号码。
- 有电话时发送邮件。
- 设置收信人邮箱地址。
- 设置邮件标题。
- 设置邮件内容。
- 实现发信处理。

执行本实例后，如果有电话进来则会显示提示信息，有短信时也会显示对应的提示，执行效果如图8-9所示。

图8-9　来电时的执行效果

第 9 章
资源管理机制

在Android应用程序中,通常将"res"目录和"assets"目录作为资源目录,在里面保存本工程项目需要的资源的文件,例如图片、XML、视频、音频和Web文件。在本部分将详细讲解在Android系统应用资源管理机制的基本知识,为步入本书后面知识的学习打下基础。

9.1 Android的资源类型

Android资源类型就是可以在Android项目中使用的外部资源，例如图片、音频和视频等。在Android系统中，项目工程的各种外部资源被保存在"res"目录下。在现实应用中，通常将Android应用程序中的资源分为如下两类。
- 无法通过R清单类访问的原生资源，通常被保存在"assets"目录下。
- 可以通过R清单类访问的资源，通常被保存在"res"目录下。在编应用程序时，Android SDK会在R类中为它们创建对应的索引项。

Android规定在"res"目录下使用不同的子目录保存不同的应用资源，在表9-1中列出了主要Android资源类型在"res"目录下的存储方式。

表9-1 Android应用资源类型的存储约定

目录	存放的资源类型
/res/animator/	存放定义属性动画的XML文件
/res/anim/	存放定义补间动画的XML文件
/res/color/	存放定义不同状态下颜色列表的XML文件
/res/drawable/	该目录下存放各种位图文件（如*.png、*.9.png、*.jpg、*.gif等），也可能是能编辑成如下各种Drawable对象的XML文件。 ● BitmapDrawable ● NinePatchDrawable对象 ● StateListDrawable对象 ● ShapeDrawable对象 ● AnimationDrawable对象 ● Drawable的其他各种子类的对象
/res/layout/	存放各种用户界面的布局文件
/res/menu/	存放为应用程序定义各种菜单的资源，包括选项菜单、子菜单、上下文菜单资源
/res/raw/	该目录下存放任意类型的原生资源（比如音频文件、视频文件等）。在Java代码中可通过调用Resources对象的openRawResources(int id)方法来获取该资源的二进制输入流。实际上，如果应用程序需要使用原生资源，推荐把这些原生资源保存到/assets目录下，然后在应用程序中使用AssetManager来访问这些资源。
/res/values/	存放各种简单的XML文件。这些简单值包括字符串值、整数值、颜色值、数组等。字符串值、整数值、颜色值、数组等各种值都存放在该目录下，而且这些资源文件的根元素都是<resources.../>元素，当我们为该<resources.../>元素添加不同的子元素则代表不同的资源，例如最通常的做法是： ● string/integer/bool子元素：代表添加一个字符串值、整数值或boolean值。 ● color子元素：代表添加一个颜色值。 ● array子元素或string-array子元素、int-array子元素：代表添加一个数组。 ● style子元素：代表添加一个样式。 ● dimen：代表添加一个尺寸。 ...

续表

目录	存放的资源类型
/res/values/	由于各种简单值都可定义在"/res/values"目录下的资源文件中，如果在同一份资源文件中定义各种值，势必增加程序维护的难度。为此，Android建议使用不同的文件来存放不同类型的值，例如最通常的做法是： ● arrays.xml：定义数组资源。 ● colors.xml：定义颜色值资源。 ● dimens.xml：定义尺寸值资源。 ● strings.xml：定义字符串资源。 ● styles.xml：定义样式资源。
/res/xml/	任意的原生XML文件，可以在Java代码中使用Rsources.getXML()方法访问这些XML文件。

9.2 使用资源的3种方式

在软件程序的工程项目中，通常会用独立的目录将不同类型的文件分类保存，Android项目也是如此。在Eclipse和Android Studio的工程面板中，分类组织并显示Android程序文件。例如在Android应用程序中，各种资源被分别保存在"/res"目录中，这样就可以在Java程序中使用这些资源，也可以在其他XML资源中使用这些资源。在Android程序中有两种使用资源文件的方法，分别是在Java代码中的使用资源和XML文件中的使用资源。其中Java代码用于为Android应用定义四大组件，而XML文件则用于为Android应用定义各种资源。

9.2.1 在Java代码中使用资源清单项

因为在编译Android应用程序时，会在类R中为"/res"目录下的所有资源创建索引项，所以在Java代码中主要通过R类来访问资源，其具体的语法格式如下所示。

```
[<package_name>.]R.<resource_type>.<resource_name>
```

- <package_name>：规定R类所在包，实际上就是使用全限定类名。当然，如果在Java程序中导入R类所在包，就可以省略包名。
- <resources_type>：表示R类中不同资源类型的子类，例如string代表字符串资源。
- <resources_name>：指定资源的名称。该资源名称可能是无后缀的文件名（如图片资源），也可能是XML资源元素中由android:name属性所指定的名称。

9.2.2 在XML代码中使用资源

当在Android应用程序中定义XML资源文件时，里面的XML元素可能需要指定不同的值，可以将这些值设置为已定义的资源项。在XML代码中使用资源的具体语法格式如下所示。

```
@[<package_name>:]<resource_type>/<resource_name>
```

- <package_name>：设置资源类所在应用的包。如果所引用的资源和当前资源位于同一个包下，则<package_name>可以省略。
- <resource_type>：代表R类中不同资源类型的子类。
- <resource_name>：指定资源的名称。该资源名称可能是无后缀的文件名（如图片资源），也可能是XML资源元素中由android:name属性所指定的名称。

例如在如下所示的演示代码中，演示了在一份文件中定义了两种资源的方法。

```
<? version="1.0" encodig="utf-8">
<resources>
<color name="red">#ff00</color>
<string name="hello">Hello! </string>
</resources>
```

这样与上述文件位于同一包中的XML资源文件就可通过如下方式来使用资源。

```
<EditText xmlns:android="http://schemas.android.com/apk/res/android"
    android:textColor="@color/red"
android:text="@string/hello"
    android:layout_width="fill_parent"
    android:layout_height="fill_parent"
    />
```

9.2.3 实战演练：联合使用字符串、颜色和尺寸资源

在Android应用程序项目中，通常在"/res/values"目录中保存和字符串、颜色、尺寸、数组有关的资源。这里的"values"就是"值"的意思，例如想在Android程序中设置某行文本的颜色为红色，可以像Dreamweave那样，在"values"文件中使用"#FF0000"之类的格式来实现。

实例9-1	联合使用字符串、颜色和尺寸资源
源码路径	素材\daima\9\9-1\（Java版+Kotlin版）

STEP 01 分别定义颜色资源文件colors.xml、字符串资源文件strings.xml和尺寸资源文件dimens.xml。

STEP 02 编写布局文件main.xml，通过如下所示的格式使用上面定义的资源文件。

```
@[<package_name>:]<resource_type>/<reource_name>
```

STEP 03 编写文件ValuesEX.java，功能是通过如下所示的格式使用定义的资源文件。

```
[<package_name>.]R.<resource_type>.<resource_name>
```

STEP 04 编写文件ValuesEX.java，分别使用前面定义的字符串资源、数组资源和颜色资源。

本实例运行后将会看到如图9-1所示的界面效果。

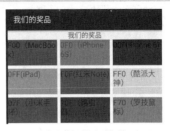

图9-1　执行效果

9.3　使用Drawable（图片）资源

在Android应用程序中，图片资源是最简单的Drawable资源。在创建Android工程时，通常将*.png、*.jpg、*.gif等格式的图片保存到"/res/drawble-xxx"目录中，这样Android SDK会在编译应用程序时自动加载这些图片，并在R资源清单类中自动生成这些图片资源的索引。当在R资源清单类中生成了对应资源的索引后，就可以在Java类中使用如下语法格式来访问这些图片资源。

```
[<package_name>.]R.drawable.<file_name>
```

可以在XML代码中则通过如下语法格式来访问这些图片资源。

```
@[<pacakage_name>:]drawable/file_name
```

为了Android应用程序中获得实际的Drawable对象，通过使用Resource中的Drawable getDrawable(int id)方法，可以根据Drawable资源在R清单类中的ID来获取实际的Drawable对象。

9.3.1　使用StateListDrawable资源

在Android应用程序中，StateListDrawable能够组织多个Drawable对象。当将StateListDrawable作为目标组件的背景或前景图像时，通过StateListDrawable对象显示的Drawable对象会随目标组件状态的改变而自动切换。在Android应用程序中，定义StateListDrawable对象的XML文件的根元素是<selector.../>，在该元素中可以包含多个<item.../>元素，可以指定如下所示的属性。

- android:color或android:drawable：指定颜色或Drawable对象。
- android:state_xxx：指定一个特定状态。

在Android应用程序中，使用StateListDrawable资源的具体语法格式如下所示。

```
<?xml version="1.0" encoding="utf-8"?>
<selector xmlns:android="http://schemas.android.com/apk/res/android" >
```

```
    <!-- 指定特定状态下的颜色 -->
    <item android:state_pressed=["true"|"false"] android:color="hex_color"
></item>
</selector>
```

在Android系统中，StateListDrawable支持的状态信息的具体说明如表9-3所示。

表9-3　StateListDrawable支持的状态

属性值	含义
android:state_active	代表是否处于激活状态
android:state_checkable	代表是否处于可选中状态
android:state_checked	代表是否处于已选中状态
android:state_endabled	代表是否处于可用状态
android:state_first	代表是否处于开始状态
android:state_focused	代表是否处于已得到焦点状态
android:state_last	代表是否处于结束状态
android:state_middle	代表是否处于中间状态
android:state_pressed	代表是否处于已被按下状态
android:state_selected	代表是否处于已被选中状态
android:state_window_focused	代表是否窗口已得到焦点状态

9.3.2　使用LayerDrawable资源

在Android应用程序中，与StateListDrawable相似，LayerDrawable也可以包含一个Drawable数组，因此系统将会按这些Drawable对象的数组顺序来绘制它们，索引最大的Drawable对象将会被绘制在最上面。在Android系统中，定义LayerDrawable对象的XML文件的根元素为<layer-list.../>，在该元素可以包含多个<item.../>元素，可以指定如下所示的属性。

- android:drawable：指定作为LayerDrawable元素之一的Drawable对象。
- android:id：为该Drawable对象指定一个标识。
- android:buttom|top|left|button：用于指定一个长度值，用于指定将该Drawable对象绘制到目标组件的指定位置。

在Android系统中，使用LayerDrawable资源的具体语法格式如下所示。

```
<?xml version="1.0" encoding="utf-8"?>
<layer-list xmlns:android="http://schemas.android.com/apk/res/android" >
    <!-- 定义轨道的背景 -->
```

```
    <item android:id="@android:id/background"
        android:drawable="@drawable/grow"></item>
    <!-- 定义轨道上已完成的部分外观 -->
    <item android:id="@android:id/progress"
        android:drawable="@drawable/ok"></item>
</layer-list>
```

9.3.3 使用ShapeDrawable资源

在Android应用程序中，ShapeDrawable的功能是定义一个基本的几何图形（如矩形、圆形、线条等）。定义ShapeDrawable的XML文件的根元素是<shape.../>元素，通过该元素可指定如下所示的属性。

- android:shape=["rectangel"|"oval"|"line"|"ring"]：指定定义哪种类型的集合图形。

在Android系统中，定义ShapeDrawable对象的语法格式如下所示。

```
<shape xmlns:android="http://schemas.android.com/apk/res/android"
android:shape=["rectangle" | "oval" | "line" | "ring"]>
    <!-- 定义几何图形的四个角的弧度-->
    <corners
        android:radius="integer"
……
    <!--定义使用渐变色填充   -->
    <gradient
        android:angle="integer"
……
    <!-- 定义几何形状的内边框 -->
    <padding
        android:left="integer"
……
    <!-- 定义几何图形的大小 -->
    <size
        android:width="integer"
……
    <!-- 定义使用单种颜色填充 -->
    <solid
        android:color="color"/>
    <!-- 定义为几何图形绘制边框 -->
    <stroke
        android:width="integer"
……
</shape>
```

9.3.4 使用ClipDrawable资源

在Android应用程序中，ClipDrawable能够从其他位图上截取一个图片片段。在XML文件中使用<clip.../>元素定义ClipDrawable对象，该元素的语法格式如下所示。

```
<?xml version="1.0" encoding="utf-8"?>
<clip
    xmlns:android="http://schemas.android.com/apk/res/android"
    android:drawable="@drawable/drawable_resource"
    android:clipOrientation=["horizontal" | "vertical"]
    android:gravity=["top" | "bottom" | "left" | "right" | "center_vertical" |
        "fill_vertical" | "center_horizontal" | "fill_horizontal" |
        "center" | "fill" | "clip_vertical" | "clip_horizontal"] />
```

在上述语法格式中，可指定如下所示的3个属性。
- android:drawable：功能是指定截取的源Drawable对象。
- android:clipOrientation：功能是指定截取方向，可设置水平截取或垂直截取。
- android:gravity：功能是指定截取时的对齐方式。

在Android应用程序中，当使用ClipDrawable对象时可以调用setLevel(int level)方法来设置截取的区域大小，具体说明如下所示。
- 当level为0时，截取的图片片段为空。
- 当level为10000时，截取整张图片。

9.3.5 使用AnimationDrawable资源

在Android系统中，AnimationDrawable代表一个动画，能够通过加载Drawable资源的方式实现帧动画。在Android应用程序中，定义补间动画的XML资源文件以<set.../>元素作为根元素，该元素可以指定如下所示的4个子元素：
- alpha：设置透明度的改变。
- scale：设置图片进行缩放改变。
- translate：设置图片进行位移变换。
- roate：设置图片进行旋转。

在Android应用程序中，需要将定义动画的XML资源应该放在"/res/anmi/"目录下。当使用ADT创建一个Android应用时默认不会包含该路径，这需要开发者自行创建这个目录。在Android应用程序中，定义补间动画的思路如下所示。

（1）设置一张图片的开始状态，包括透明度、位置、缩放比、旋转度。
（2）设置该图片的结束状态，包括透明度、位置、缩放比、旋转度。

（3）设置动画的持续时间，Android系统会使用动画效果把这张图片从开始状态变换到结束状态。

在Android系统中，设置补间动画的语法格式如下所示。

```
<?xml version="1.0" encoding="utf-8"?>
<set xmlns:android="http://schemas.android.com/apk/res/android"
    android:interpolator="@[package:]anim/interpolator_resource"
android:shareInterpolator=["true"|"false"]
    android:duration="持续时间">
    <alpha android:fromAlpha="float"
        android:toAlpha="float"/>
    <!-- 定义缩放变换 -->
    <scale android:fromXScale="flaot"
        android:toXScale="flaot"
……
    />
    <!-- 定义为移变换 -->
    <translate android:fromXDelta="flaot"
        android:toXDelta="flaot"
……
    />
    <rotate android:fromDegrees="float"
        android:toDegrees="float"
……
</set>
```

在上述语法格式中包含了大量的fromXxx、toXxx属性，这些属性分别用于定义图片的开始状态、结束状态。另外，在进行缩放变换（scale）、旋转（roate）变换时需要指定pivotX和pivotY这两个属性，功能是指定变换的"中心点"。例如进行旋转变换操作时需要指定"旋轴点"，进行缩放变换操作时需要指定"中心点"。另外，<set.../>、<alpha.../>、<scale.../>、<translate.../>、<rotate.../>都可指定一个android:interpolator属性，该属性指定动画的变化速度，可实现匀速、正加速、负加速、无规则变加速等。在Android系统的类R.anim中包含了大致常量，它们定义了不同的动画速度，具体说明如下所示。

- linear_interpolator：匀速变换。
- accelerate_interpolator：加速变换。
- decelerate_interpolator：减速变换。

如果程序想让<set.../>元素下所有的变换效果使用相同的动画加速，则可以设置如下所示的属性值。

```
android:shareInterpolator="true"
```

9.4 使用XML资源

在Android应用程序中，通常将原始的XML资源保存在"/res/xml"目录下。当开发者使用ADT创建Android应用程序时，在"/res/"目录下并没有包含这个目录，需要开发者自行手动创建XML目录。

9.4.1 Android操作XML文件

Android应用程序对原始XML资源没有任何特殊的要求，只要它是一份格式良好的XML文档即可。一旦成功定义了原始XML资源，在XML文件中可以通过如下格式来访问它。

```
@[<package_name>:]xml/file_name
```

接下来在Android程序中，可以按照如下格式来访问原始XML资源。

```
[<package_name>.]R.xml.<file_name>
```

访问XML文件的方式很简单，为了在Android程序中获取实际的XML文档，可以通过Resources中的如下两个方法来获取。

- XmlResourceParser getXml(int id)：获取XML文档，并使用一个XmlPullParser来解析该XML文档。该方法返回一个解析器对象（XmlResourceParser是XmlPullParser的子类）。
- InputStream openRawResource(int id)：获取XML文档对应的输入流。

在大多数情况下，可以直接调用方法getXml(int id)来获取XML文档，并对该文档进行解析。在Android系统中，默认使用内置的Pull解析器解析XML文件。除了Pull解析之外，开发者还可使用SAX对XML文档进行解析。一般的Android程序会使用JAXP API来解析XML文档。

在Android应用程序中，可以使用Pull方式或SAX方式来解析XML文件。Pull解析方式有点类似于SAX解析，它们都采用事件驱动方式来进行解析。当Pull解析器开始解析之后，开发者可不断地调用Pull解析器的next()方法获取下一个解析事件（开始文档、结束文档、开始便签、结束便签等），当处于某个元素处时，可调用XmlPullParser的nextText()方法获取文本节点的值。最后需要说明一点，还有另外一种解析XML文件的方式，那就是DOM方式，不过这种方式不是很常用。如果开发者希望使用DOM、SAX或者其他解析器来解析XML资源，那么可以调用方法openRawResource(int id)来获取XML资源对应的输入流，这样即可自行选择解析器来解析指定XML资源了。

9.4.2 实战演练：解析原始XML文件

在接下来的实例中，演示了在Android系统中解析原始XML文件的方法。

实例9-2	解析原始的XML文件
源码路径	素材\daima\9\9-2\（Java版+Kotlin版）

STEP 01 编写XML资源文件books.xml，具体实现代码如下所示。

```
<?xml version="1.0" encoding="utf-8"?>
<books>
<book price="59.0" 发行日期="2010年">Java开发从入门到精通</book>
<book price="59.0" 发行日期="2011年">Android开发从入门到精通</book>
<book price="59.0" 发行日期="2012年">Python开发从入门到精通</book>
</books>
```

STEP 02 在Java程序文件XmlEX.java中获取上述XML资源，并解析该XML资源中的信息。其中"xrp.next()"用于不断地获取Pull解析的解析事件，只要解析事件不等于XmlResourceParser.END_DOCUMNET（也就是还没有解析结束），程序将一直解析下去，通过这种方式即可把整份XML文档的内容解析出来。

STEP 03 在布局文件main.xml中设置一个按钮和一个文本框，当用户单击该按钮时会解析指定XML文档，并把文档中的内容显示出来。

运行本实例程序，单击"解析XML资源"按钮后的执行效果如图9-2所示。

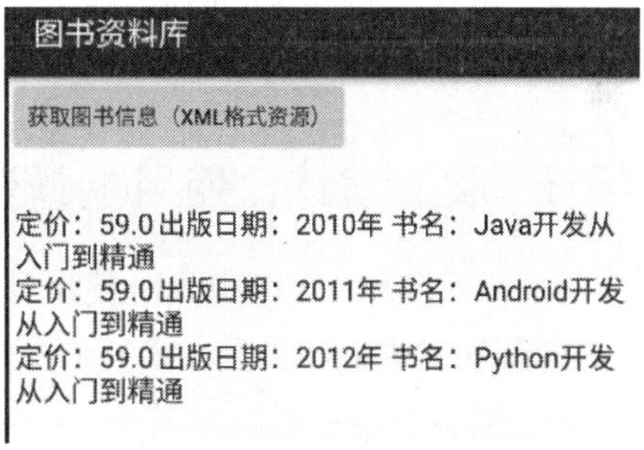

图9-2 执行效果

9.5 使用样式资源和主题资源

在Android程序中，可以使用XML文件格式的样式和主题资源美化程序，开发者可以开发出各种风格的Android应用程序。

9.5.1 使用样式资源

在Android应用程序中，如果经常需要对某个类型的组件指定大致相似的格式（比如字体、颜色、背景色等），最"通俗"的做法是每次都要为View组件重复指定这些属性。但是这样不但会耗费巨大的工作量，而且不利于项目后期的维护。此时便可以考虑使用样式资源来解决这个问题。

在Android应用程序中，样式资源文件被保存在"/res/values"目录下，样式资源文件的根元素是<resources.../>元素，在该元素内中可以包含多个<style.../>子元素，每个<style.../>元素定义一个样式。元素<style.../>指定了如下所示的两个属性。

- name：指定样式的名称。

- parent：指定该样式所继承的父样式。当继承某个父样式时，该样式将会获得父样式中定义的全部样式。当然，当前样式也可覆盖父样式中指定的格式。

在\<style.../>元素中包含了多个\<item.../>子元素，每个\<item.../>子元素定义一个格式项。

9.5.2 使用主题资源

在Android应用程序中，使用主题资源文件的方法与使用样式资源的方法相似。主题资源的XML文件通常被保存在"/res/values"目录下，主题资源的XML文档以\<resources.../>元素作为根元素，同样使用\<style.../>元素来定义主题。在Android应用程序中，主题与样式的区别如下所示。
- 主题不能作用于单个的View组件，主体应该对整个应用的所有Activity起作用，或对指定的Activity起作用。
- 主题定义的格式应该是改变窗口外观的格式，例如窗口标题、窗口边框等。

9.5.3 实战演练：使用主题资源

例如在下面的实例中同时使用了样式资源和主题资源，其中使用主题资源文件为所有窗口添加了边框和背景样式。

实例9-3	同时使用样式资源和主题资源
源码路径	素材\daima\9\9-3\（Java版+Kotlin版）

1. 使用样式资源

STEP 01 编写样式资源文件my_style.xml，具体实现代码如下所示。

```xml
<?xml version="1.0" encoding="UTF-8"?>
<resources>
<!-- 定义一个样式，指定字体大小、字体颜色 -->
<style name="style1">
  <item name="android:textSize">20sp</item>
  <item name="android:textColor">#00d</item>
</style>
<!-- 定义一个样式，继承前一个颜色 -->
<style name="style2" parent="@style/style1">
  <item name="android:background">#ee6</item>
  <item name="android:padding">8dp</item>
  <!-- 覆盖父样式中指定的属性 -->
  <item name="android:textColor">#000</item>
```

```
</style>
</resources>
```

在上述样式资源中定义了两个样式,其中第二个样式继承了第一个样式,而且第二个样式中的textColor属性覆盖了父样式中的textColor属性。

STEP 02 在定义上述样式资源之后,接下来就可以在XML资源中按照如下语法格式来使用。

```
@[<package_name>:]style/file_name
```

STEP 03 编写界面布局文件main.xml,该布局文件中包含两个文本框,这两个文本框分别使用两个样式。在文件main.xml中并没有对两个文本框指定任何样式,只是为它们分别指定了使用style1、style2的样式,这两个样式包含的格式就会应用到这两个文本框。执行后的效果如图9-3所示。

图9-3　执行效果

2. 使用主题资源

STEP 01 在文件 "/res/values/my_new_style.xml" 中增加一个主题,具体实现代码如下所示。

```
<!-- 指定使用style2的样式 -->
<EditText
android:layout_width="fill_parent"
android:layout_height="wrap_content"
android:text="@string/style2"
style="@style/style2"
/>
```

在上述代码中使用了如下所示的两个Drawable资源:

- @drawable/star:是一张图片;
- @drawable/window_border:是一个ShapeDrawable资源,该资源和文件window_border.xml相对应。

STEP 02 在程序文件StyleEX.java中使用上面定义的主题资源。

STEP 03 在文件AndroidManifest.xml为<application.../>元素增加android:theme属性,功能是指定Activity应用的主题更加简单。

此时便通过主题样式为窗口添加了边框和背景图片样式,执行后的效果如图9-4所示。

图9-4　执行效果

9.6 使用其他类型的资源

除了本章前面介绍的图片和文字等资源类型外，在Android中还有其他可用的资源类型，例如属性资源和声音资源等。

9.6.1 实战演练：使用属性资源

在Android应用程序中，当在XML布局文件中使用Android系统提供的View组件时，开发者可以指定多个属性，通过使用这些属性可以控制View组件的外观行为。如果用户开发的自定义View组件也需要指定属性，此时需要借助属性资源来实现。Android的属性资源文件被保存在"/res/values"目录下，属性资源的根元素是<resources.../>，在该元素中包含了如下所示的两个子元素。

- attr子元素：定义一个属性。
- declare-styleable子元素：定义一个styleable对象，每个styleable对象就是一组attr属性的集合。

在Android应用程序中，当使用属性文件定义了属性之后，接下来就可以在自定义组件的构造器中通过AttributeSet对象获取这些属性了。

例如在下面的实例中，演示了在Android中使用属性资源的基本过程。本实例的功能是实现一个淡入淡出的动画效果，当显示图片时会自动从透明变成完全不透明。首先需要定义了一个自定义组件，但这个自定义组件需要指定一个额外的duration属性，该属性控制动画的持续时间。

实例9-4	使用属性资源
源码路径	光盘\daima\9\9-4\（Java版+Kotlin版）

STEP 01 为了在自定义组件中使用duration属性，需要先定义属性资源文件attrs.xml，具体实现代码如下所示。

```xml
<?xml version="1.0" encoding="utf-8"?>
<resources>
<!-- 定义一个属性 -->
<attr name="duration">
</attr>
<!-- 定义一个styleable对象来组合多个属性 -->
<declare-styleable name="AlphaImageView">
   <attr name="duration"/>
</declare-styleable>
</resources>
```

通过上述代码定义了属性资源文件的属性后，以后在哪个View组件中使用该属性？该属性到底能发挥什么作用？这就不是属性资源文件的职责了。属性资源所定义的属性的作用取决于自定义组件的代码实现。

STEP 02 编写程序文件AlphaImageView.java，功能是获取定义该组件所指定的duration属性之后，根据该属性来控制图片透明度的改变。文件AlphaImageView.java的具体实现代码如下所示。

```java
public class AlphaImageView extends ImageView
{
// 图像透明度每次改变的大小
private int alphaDelta = 0;
// 记录图片当前的透明度。
private int curAlpha = 0;
// 每隔多少毫秒透明度改变一次
private final int SPEED = 300;
Handler handler = new Handler()
{
   @Override
   public void handleMessage(Message msg)
   {
      if (msg.what == 0x123)
      {
         // 每次增加curAlpha的值
         curAlpha += alphaDelta;
         if (curAlpha > 255) curAlpha = 255;
         // 修改该ImageView的透明度
         AlphaImageView.this.setImageAlpha (curAlpha);
      }
   }
};
public AlphaImageView(Context context, AttributeSet attrs)
{
   super(context, attrs);
   TypedArray typedArray = context.obtainStyledAttributes(attrs,
       R.styleable.AlphaImageView);
   // 获取duration参数
   int duration = typedArray
       .getInt(R.styleable.AlphaImageView_duration, 0);
   // 计算图像透明度每次改变的大小
   alphaDelta = 255 * SPEED / duration;
}

@Override
protected void onDraw(Canvas canvas)
```

```
{
    this.setImageAlpha (curAlpha);
    super.onDraw(canvas);
    final Timer timer = new Timer();
    // 按固定间隔发送消息, 通知系统改变图片的透明度
    timer.schedule(new TimerTask()
    {
        @Override
        public void run()
        {
            Message msg = new Message();
            msg.what = 0x123;
            if (curAlpha >= 255)
            {
                timer.cancel();
            }
            else
            {
                handler.sendMessage(msg);
            }
        }
    }, 0, SPEED);
}
}
```

在上述实现代码中，R.styeable.AlphaImageView、R.styeable.AlphaImageView_duration都是Android SDK根据属性资源文件自动生成的。通过上述代码首先获取了定义AlphaImageView时指定的duration属性，并根据该属性计算图片的透明度和变化幅度。然后重写了ImageView的onDraw(Canvas canvas)方法，该方法启动了一个任务调度来控制图片透明度的改变。

STEP 03 编写界面布局文件main.xml中，设置在使用AlphaImageView时为它指定一个duration属性，注意该属性位于"http://schemas.android.com/apk/res/+项目子包"命名空间下，例如本应用的包名为com.example.studyresources，那么duration属性就位于"http://schemas.android.com/apk/res/com.example.studyresources"命名空间下。文件main.xml的具体实现代码如下所示。

```
<!-- 定义自定义组件, 并指定属性资源中定义的属性 -->
 <com.example.studyresources.AlphaImageView
    android:layout_width="fill_parent"
    android:layout_height="wrap_content"
    android:src="@drawable/ee"
    studyresources:duration="60000"
    />
```

在上述代码中，设置用于导入http://schemas.android.com/apk/res/com.example.studyresources命名空间，并指定该命名空间对应的前缀为studyresources。为AlphaImageView组件指定自定义属性duration的属性值为60000。

执行后的效果如图9-5所示。

图9-5　执行效果

9.6.2　实战演练：使用声音资源

在Android应用程序中可以使用声音资源，包括类似于声音文件及其他各种类型的文件，这种资源都被称为原始资源。Android的原始资源可以放在如下所示的两个位置。

- 在Android应用程序中，声音等原始资源被保存在"/res/raw"目录下，Android SDK会在R清单类中为这个目录下的资源生成一个索引项。
- 在Android应用程序中，位于"/assets/"目录中的资源是更为彻底的原始资源。Android应用程序需要通过AssetManager来管理该目录下的原始资源。Android SDK会为被保存在"/res/raw/"目录中的资源在R类中生成一个索引项，然后就可以在XML文件中通过如下语法格式进行访问。

```
@[<package_name>:]raw/file_name
```

也可以在Java代码中通过如下语法格式进行访问。

```
[<package_name>.]R.raw.<file_name>
```

通过上述所示的索引项，Android应用程序可以非常方便地访问"/res/raw"目录中的原始资源，接下来可以根据实际项目的需要来处理获取的资源。

在Android应用程序中，AssetManager是一个专门用于管理"/assets/"目录中原始资源的类，此类提供了如下所示的两种方法来访问Assets资源。

- InputStream open(String fileName)：根据文件名来获取原始资源对应的输入流。
- AssetFileDescriptor openFd(Stirng fileName)：根据文件名来获取原始资源对应的AssetFileDescriptor。AssetFileDescriptor代表了一项原始资源的描述，应用程序可通过AssetFileDescriptor来获取原始资源。

例如在下面的演示实例中，讲解了在Android系统中使用声音资源的方法。

实例9-5	在Android系统中使用声音资源
源码路径	光盘\daima\9\9-5\ （Java版+Kotlin版）

STEP 01 在应用程序的"/res/raw/"目录下放入一个音频文件：bomp.mp3文件。这样

Android SDK会自动处理该目录下的资源，并在R清单类中为它生成一个索引项：R.raw.bomp。

STEP 02 在"/assets/"目录中保存一个shot.mp3文件，这个需要通过AssetManager进行管理。

STEP 03 编写布局文件main.xml，功能是定义了两个按钮，一个按钮用于播放/res/raw/目录下的声音文件，另一个用于播放/assets/目录下的声音文件。

STEP 04 编写对应的Java程序文件RawResTest.java，功能是首先获取"/res/raw/"目录下的原始资源文件，然后通过AssetManager来获取"/assets/"目录下的原始资源文件。文件RawResTest.java的主要实现代码如下所示。

```java
public void onCreate(Bundle savedInstanceState)
{
  super.onCreate(savedInstanceState);
  setContentView(R.layout.main);
  // 直接根据声音文件的ID来创建MediaPlayer。
  mediaPlayer1 = MediaPlayer.create(this, R.raw.bomb);
  // 获取该应用的AssetManager
  AssetManager am = getAssets();
  try
  {
    // 获取指定文件对应的AssetFileDescriptor。
    AssetFileDescriptor afd = am.openFd("shot.mp3");
    mediaPlayer2 = new MediaPlayer();
    // 使用MediaPlayer加载指定的声音文件。
    mediaPlayer2.setDataSource(afd.getFileDescriptor());
    mediaPlayer2.prepare();
  }
  catch (IOException e)
  {
    e.printStackTrace();
  }
}
```

本实例执行后的效果如图9-6所示。

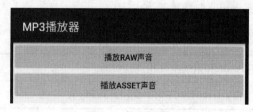

图9-6　执行效果

第 10 章
Android数据存储

数据存储就是数据保存，是指像数据库那样将数据保存起来，等用到的时候只需调用数据库里面的数据即可。Android是一款移动智能操作系统，需要使用数据存储技术实现动态交互功能。在本章的内容中，将详细讲解在Android系统中实现数据存储的方法，为读者步入后面知识的学习打下基础。

10.1 使用SharedPreferences存储

SharedPreferences存储是Android系统中最简单的数据存储方式，主要用来存储一些简单的配置信息，例如欢迎语、登录用户名和密码等信息。在Android系统中，SharedPreferences以键值对的方式保存数据，这样开发人员可以很方便地实现读取和存入。

10.1.1 SharedPreferences简介

SharedPreferences是Android平台上一个轻量级的存储类，主要用来保存一些常用的配置信息。SharedPreferences提供了保存Android中常规的Long长整形、Int整形、String字符串型等类型的数据。SharedPreferences类似Windows系统上的ini配置文件，但是它可以分为多种权限，可以全局共享访问，最终是以XML方式来保存，但是整体效率不是特别高。在XML保存数据时Dalvik会通过自带底层的本地XML Parser解析，比如XMLpull方式，这样对于内存资源占用比较好。

在Android系统中，SharedPreferences的核心原理是：保存基于XML文件存储的 "key-value"键值对数据，通常用来存储一些简单的配置信息。通过DDMS的File Explorer面板，展开文件浏览树可以明显看到，SharedPreferences数据总是存储在 "/data/data//shared_prefs"目录下。SharedPreferences对象本身只能获取数据而不支持存储和修改，存储修改工作是通过SharedPreferences.edit()获取的内部接口对象Editor实现的。SharedPreferences本身是一个接口，程序无法直接创建SharedPreferences实例，只能通过Context提供的getSharedPreferences(String name, int mode)方法来获取SharedPreferences实例，该方法中的参数name表示要操作的XML文件名，第二个参数的具体说明如下。

- Context.MODE_PRIVATE：指定该SharedPreferences数据只能被本应用程序读、写。
- Context.MODE_WORLD_READABLE：指定该SharedPreferences数据能被其他应用程序读，但不能写。
- Context.MODE_WORLD_WRITEABLE：指定该SharedPreferences数据能被其他应用程序读/写。

10.1.2 实战演练：使用SharedPreferences存储联系人信息

实例10-1	使用SharedPreferences存储数据
源码路径	素材\daima\10\10-1\ （Java版+Kotlin版）

STEP 01 编写文件SharedPreferencesHelper.java，定义存储数据的putValue()方法和getValue()方法。

STEP 02 编写文件SharedPreferencesUsage.java，使用文件SharedPreferencesHelper.java中定义的putValue()方法和getValue()方法存储数据。文件SharedPreferencesUsage.java的主要实现代码如下所示。

```java
public void onCreate(Bundle savedInstanceState) {
    super.onCreate(savedInstanceState);
    sp = new SharedPreferencesHelper(this, "contacts");
    sp.putValue(COLUMN_NAME, "王同学");
    sp.putValue(COLUMN_MOBILE, "150XXXXXXXX");
    String name = sp.getValue(COLUMN_NAME);
    String mobile = sp.getValue(COLUMN_MOBILE);

    TextView tv = new TextView(this);
    tv.setText("NAME:"+ name + "\n" + "MOBILE:" + mobile);

    setContentView(tv);
  }
}
```

执行后的效果如图10-1所示。

其中"NAME"和"MOBILE"两个值就是在SharedPreferences中存储的，因为上面例子的pack_name为：

图10-1　执行效果

```
package com.android.SharedPreferences;
```

所以存放数据的路径为：data/data/com.android.SharedPreferences/share_prefs/contacts.xml。其中文件contacts.xml的内容如下所示。

```xml
<?xml version='1.0' encoding='utf-8' standalone='yes' ?>
<map>
<string name="mobile">150XXXXXXX</string>
<string name="name">王同学</string>
</map>
```

无论是访问SharedPreferences中保存的数据，还是调用里面的数据，都使用getSharedPreferences方法实现。可以传入要访问的SharedPreferences的名字，然后使用类型安全的get<type>方法来提取保存的值，其中每一个get<type>方法要带一个键值和默认值（当键/值没有可获得的值时使用）。

10.2 文件存储

本章前面10.1节中介绍的Shared Preferences存储方式非常方便，但是有一个缺点，即只适合于存储比较简单的数据，如果需要存储更多的数据就不合适了。在Android系统中，可以将一些比较复杂的数据保存在"txt"等格式的文件中。

10.2.1 文件存储介绍

和传统的Java中实现I/O的程序类似，在Android中提供了方法openFileInput()和openFileOuput()来读取设备上的文件，具体说明如下所示：

- 写文件：调用Context.openFileOutput()方法根据指定的路径和文件名来创建文件，这个方法会返回一个FileOutputStream对象。
- 读取文件：调用Context.openFileInput()方法通过制定的路径和文件名来返回一个标准的Java FileInputStream对象。

通过上述两个方法只能够读取该应用目录下的文件，如果读取非其自身目录下的文件将会抛出异常。如果在调用FileOutputStream()时指定的文件不存在，Android系统会自动创建它。在默认情况下，写入的时候会覆盖原文件内容，如果想把新写入的内容附加到原文件内容后，则可以指定其模式为Context.MODE_APPEND。在默认情况下，使用openFileOutput()方法创建的文件只能被其调用的应用使用，其他应用无法读取这个文件，如果需要在不同的应用中共享数据，可以使用Content Provider实现。

10.2.2 实战演练：实现一个掌上日记本系统

实例10-2	开发一个掌上日记本
源码路径	素材\daima\10\10-2\（Java版+Kotlin版）

本实例的功能是使用文件方式存储数据，具体实现流程如下所示。

STEP 01 编写文件MainActivity.java，定义保存文件和读取文件内容的方法。主要实现代码如下所示。

```
// 保存文件内容
private void writeFiles(String content) {
    try {
        // 打开文件获取输出流，文件不存在则自动创建
        FileOutputStream fos = openFileOutput(FILENAME,Context.MODE_PRIVATE);
        fos.write(content.getBytes());
        fos.close();
```

```java
    } catch (Exception e) {
        e.printStackTrace();
    }
}
// 读取文件内容
private String readFiles() {
    String content = null;
    try {
        FileInputStream fis = openFileInput(FILENAME);
        ByteArrayOutputStream baos = new ByteArrayOutputStream();
        byte[] buffer = new byte[1024];
        int len = 0;
        while ((len = fis.read(buffer)) != -1) {
            baos.write(buffer, 0, len);
        }
        content = baos.toString();
        fis.close();
        baos.close();
    } catch (Exception e) {
        e.printStackTrace();
    }
    return content;
}
```

STEP 02 编写文件FilesUtil.java，分别实现文件保存和文件内容读取的功能。

执行后的效果如图10-2所示，在文本框中输入信息并单击【Write】按钮后将信息写入并保存到文件，并在按钮下方显示输入的信息，如图10-3所示。

图10-2 执行效果

图10-3 保存输入的信息

由此可见，在Android系统中的文件存储功能是利用Java I/O技术实现的，其中通过方法openFileOutput()可以将数据输出到文件中，具体的实现过程与在Java环境中保存数据到文件中是一样的。

10.3 使用SQLite技术

在Android系统中最为常用的数据存储方式是SQLite存储,这是一个轻量级的嵌入式数据库。SQLite是Android系统自带的一个标准的数据库,支持SQL统一数据库查询语句。

10.3.1 SQLite基础

SQLite是D.Richard Hipp用C语言编写的开源嵌入式数据库引擎,支持大多数的SQL92标准,并且可以在所有主要的操作系统上运行。SQLite通过利用虚拟机和虚拟数据库引擎(VDBE),使调试、修改和扩展SQLite的内核变得更加方便。所有SQL语句都被编译成易读的、可以在SQLite虚拟机中执行的程序集。

在移动设备中,SQLite是最经典的、最常用的轻量级数据库。SQLite是一款轻型的数据库,是遵守ACID的关联式数据库管理系统,它的设计目标是嵌入式的,而且目前已经在很多嵌入式产品中得以广泛应用。它占用资源非常低,在嵌入式设备中,可能只需要几百KB的内存就够了。它能够支持 Windows/Linux/Unix等主流的操作系统,同时能够跟很多程序语言相结合,比如Tcl、PHP、Java、C++、.Net等,还有ODBC接口,同样比起 Mysql、PostgreSQL这两款开源世界著名的数据库管理系统来讲,它的处理速度比它们都快。SQLite由以下几个部分组成:SQL编译器、内核、后端和附件。

10.3.2 SQLiteOpenHelper辅助类

类SQLiteOpenHelper是SQLiteDatabase一个辅助类,主要功能是生成一个数据库,并对数据库的版本进行管理。当在程序当中调用这个类的方法getWritableDatabase()或者getReadableDatabase()方法的时候,如果当时没有数据,那么Android系统就会自动生成一个数据库。SQLiteOpenHelper 是一个抽象类,我们通常需要继承它,并且包含如下3个函数。

(1) onCreate(SQLiteDatabase)

在数据库第一次生成的时候会调用这个方法,也就是说,只有在创建数据库的时候才会调用,当然也有一些其他的情况,一般我们在这个方法里边生成数据库表。

(2) onUpgrade(SQLiteDatabase,int,int)

当数据库需要升级的时候,Android系统会主动地调用这个方法。一般我们在这个方法里边删除数据表,并建立新的数据表,当然是否还需要做其他的操作,完全取决于应用的需求。

(3) onOpen(SQLiteDatabase)

这是当打开数据库时的回调函数,一般在程序中不被常用。

10.3.3 实战演练：使用SQLite存储并操作数据

实例10-3	使用SQLite存储并操作数据
源码路径	素材\daima\10\10-3\（Java版+Kotlin版）

本实例的主程序文件是UserSQLite.java，具体实现流程如下所示。

STEP 01 定义一个继承于SQLiteOpenHelper的类DatabaseHelper类，并且重写了onCreate()和onUpgrade()方法。在onCreate()方法里边首先构造一条SQL语句，然后调用db.execSQL(sql)执行SQL语句。这条SQL语句能够生成一张数据库表。具体代码如下所示。

```
private static class DatabaseHelper extends SQLiteOpenHelper {
    DatabaseHelper(Context context) {
        super(context, DATABASE_NAME, null, DATABASE_VERSION);
    }
    @Override
    public void onCreate(SQLiteDatabase db) {
        String sql = "CREATE TABLE " + TABLE_NAME + " (" + TITLE
            + " text not null, " + BODY + " text not null " + ");";
        Log.i("haiyang:createDB=", sql);
        db.execSQL(sql);
    }
    @Override
    public void onUpgrade(SQLiteDatabase db, int oldVersion, int newVersion) {
    }
}
```

在上述代码中，SQLiteOpenHelper是一个辅助类，此类主要用于生成一个数据库，并对数据库的版本进行管理。在程序当中调用这个类的方法getWritableDatabase()或者getReadableDatabase()方法的时候，如果当时没有数据，那么Android系统就会自动生成一个数据库。SQLiteOpenHelper是一个抽象类，我们通常需要继承它，并且实现里边的如下3个函数。

- onCreate（SQLiteDatabase）：在数据库第一次生成的时候会调用这个方法，一般我们在这个方法里边生成数据库表。
- onUpgrade（SQLiteDatabase, int, int）：当数据库需要升级的时候，Android系统会主动地调用这个方法。一般我们在这个方法里边删除数据表，并建立新的数据表，当然是否还需要做其他的操作，完全取决于应用的需求。
- onOpen（SQLiteDatabase）：是打开数据库时的回调函数，一般不会用到。

STEP 02 开始编写按钮处理事件

如果单击"添加两条数据"按钮,如果数据成功插入到数据库当中的diary表中,那么在界面的title区域就会有成功的提示,如图10-4所示。当单击"添加两条数据"按钮后程序会执行监听器里的onClick()方法,并最终执行insertItem()方法,对insertItem()方法的具体说明如下所示。

- sql1和sql2:是构造的标准的插入SQL语句,如果对SQL语句不是很熟悉,可以参考相关的书籍。鉴于本书的重点是在Android方面,所以对SQL语句的构建不进行详细的介绍。
- Log.i():会将参数内容打印到日志当中,并且打印级别是Info级别,在使用LogCat工具的时候我们会进行详细的介绍。
- db.execSQL(sql1):执行SQL语句。

Android支持5种打印输出级别,分别是Verbose、Debug、Info、Warning和Error,我们在程序当中经常用到的是Info级别,即将一些自己需要知道的信息打印出来,如图10-5所示。

图10-4 插入成功　　　　　　　图10-5 打印输出级别

STEP 03 单击"查询数据库"按钮,会在界面的title区域显示当前数据表当中数据的条数。因为刚才我们插入了两条,所以现在单击此按钮后会显示有两条记录,如图10-6所示。单击"查询数据库"按钮后程序执行监听器里的onClick()方法,并最终执行程序中的showItems()方法。在showItems()方法中,代码语句"Cursor cur = db.query(TABLE_NAME, col, null, null, null, null, null)"比较难以理解,此语句用于查询到的数据放到一个Cursor当中。这个Cursor里边封装了这个数据表TABLE_NAME当中的所有条列。query()方法非常重要,包含了如下7个参数。

- 第1个参数是数据库里边表的名字,比如在这个例子,表的名字就是TABLE_NAME,也就是"diary"。
- 第2个字段是想要返回数据包含的列的信息。在这个例子当中想要得到的列有title、body。把这两个列的名字放到字符串数组里边来。
- 第3个参数为selection,相当于SQL语句的where部分,如果想返回所有的数据,那么就直接置为null。

- 第4个参数为selectionArgs。在selection部分，有可能用到"?"，那么在selectionArgs定义的字符串会代替selection中的"?"。
- 第5个参数为groupBy。定义查询出来的数据是否分组，如果为null则说明不用分组。
- 第6个参数为having，相当于SQL语句当中的having部分。
- 第7个参数为orderBy，来描述我们期望的返回值是否需要排序，如果设置为null则说明不需要排序。

注意

> Cursor在Android当中是一个非常有用的接口，通过Cursor我们可以对从数据库查询出来的结果集进行随机的读写访问。

STEP 04 单击"删除一条数据"按钮后，如果成功删除会在屏幕的标题（title）区域看到文字提示，如图10-7所示。如果此时再单击"查询数据库"按钮，会发现数据库里边的记录少了一条，如图10-8所示。

图10-6　删除一条数据　　　图10-7　查询数据　　　图10-8　查询数据

当单击"删除一条记录"按钮后程序执行监听器里的onClick()方法，并最终执行程序中的deleteItem()方法。在deleteItem()方法的实现代码中，通过"db.delete(TABLE_NAME, " title = 'haiyang'", null)"语句删除了一条title='haiyang'的数据。当然如果有很多条数据title为'haiyang'的数据，那么将一并删除。Delete()方法中各个参数的具体说明如下所示。

- 第一个参数是数据库表名，在这里是TABLE_NAME，也就是diary。
- 第二个参数，相当于SQL语句当中的where部分，也就是描述了删除的条件。

如果在第二个参数当中有"?"符号，那么第三个参数中的字符串会依次替换在第二个参数当中出现的"?"符号。

STEP 05 单击"删除数据表"按钮后可以删除数据表diary，如图10-9所示。本实例的删除数据表功能是通过方法dropTable()实现的,在实现时首先构造了一个标准的删除数据表的SQL语句,然后执行这条语句db.execSQL(sql)。

STEP 06 此时如果单击其他的按钮,程序运行后有可能会出现异常,在此单击重新建立数据表按钮,如图10-10所示。此时单击"查询数据库"按钮可查看里边是否有数据,如图10-11所示。

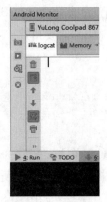

图10-9 删除表　　　　图10-10 新建表　　　　图10-11 显示0条记录

通过方法CreateTable()可以建立一张新表,其中变量sql表示的语句为标准的SQL语句,负责按要求建立一张新表;"db.execSQL("DROP TABLE IF EXISTS diary")"语句表示,如果存在diary表,则需要先删除,因为在同一个数据库当中不能出现两张同样名字的表;"db.execSQL(sql)"语句用于执行SQL语句,建立一个新表。

10.4　ContentProvider存储

在Android系统中的数据是私有的,也就是说在不同应用程序之间是保密的。但是也有一些数据是允许共享的,不是保密的,例如音频、视频、图片和通讯录等,这些共享数据一般使用ContentProvider方式进行存储。每个ContentProvider都会对外提供一个公共的URI(包装成Uri对象),如果应用程序有数据需要共享时,就需要使用ContentProvider为这些数据定义一个URI,然后其他的应用程序就通过Content Provider传入这个URI来对数据进行操作。也就是说,如果想在两个不同的Android程序之间进行相互通信和数据交换,就需要通过ContentProvider存储技术实现。

10.4.1　ContentProvider介绍

在Android系统中,接口类ContentProvider实现了一组标准的方法接口,从而能够让其他的应用保存或读取此Content Provider的各种数据类型。在程序中可以通过实现Content Provider的抽象接口将自己的数据显示出来。而外界根本不用看到这个显示的数据在应用当中是如何存储的,究竟是用数据库存储还是用文件存储,这一切都不重要,重要的是外界可以通过这套标准、统一的接口和程序里的数据实现交互。既可以读取程序里的数据,也可以删除程序里的数据。现实中比较常见的接口如下:

(1) ContentResolver接口

外部程序可以通过ContentResolver接口访问ContentProvider提供的数据。在Activity当中,可以通过getContentResolver()得到当前应用的ContentResolver实例。ContentResolver提供的接口需要和ContentProvider中需要实现的接口相对应,常用的接口方法主要有以下几个。

- query(Uri uri, String[] projection, String selection, String[] selectionArgs,String sortOrder):通过Uri进行查询,返回一个Cursor;
- insert(Uri uri, ContentValues values):将一组数据插入到Uri 指定的地方;
- update(Uri uri, ContentValues values, String where, String[] selectionArgs):更新Uri指定位置的数据;
- delete(Uri uri, String where, String[] selectionArgs):删除指定Uri并且符合一定条件的数据;

(2) ContentProvider和ContentResolver中的Uri

在ContentProvider和ContentResolver中,使用的Uri的形式通常有2种,一种是指定所有的数据,另一种是只指定某个ID的数据。我们看下面的代码:

```
content://contacts/people/         //此Uri指定的就是全部的联系人数据
content://contacts/people/1        //此Uri指定的是ID为1的联系人的数据
```

在上边用到的Uri一般由如下3部分组成。

- 第一部分是:"content://"。
- 第二部分是要获得数据的一个字符串片段。
- 第三部分是ID(如果没有指定ID,那么表示返回全部)。

因为Uri通常比较长,而且有时候容易出错,所以在Android中定义了一些辅助类和常量来代替这些长字符串的使用。例如下边的代码。

```
Contacts.People.CONTENT_URI    (联系人的URI)
```

10.4.2 实战演练:获取通讯录中的联系人信息

实例10-4	获取通讯录中的联系人信息
源码路径	素材\daima\10\10-4\(Java版+Kotlin版)

编写主程序文件MainActivity.java,具体实现流程如下所示。

STEP 01 设置两个按钮分别实现查询联系人信息和添加联系人功能，在下方设置添加联系人信息和文本框。主要实现代码如下所示。

```java
public void onCreate(Bundle savedInstanceState)
{
        super.onCreate(savedInstanceState);
        setContentView(R.layout.main);
        // 获取系统界面中查找、添加两个按钮
        search = (Button) findViewById(R.id.search);
        add = (Button) findViewById(R.id.add);
        search.setOnClickListener(new OnClickListener()
        {
            public void onClick(View source)
            {
// 定义两个List来封装系统的联系人信息、指定联系人的电话号码、E-mail等详情
final ArrayList<String> names = new ArrayList <String>();
final ArrayList<ArrayList<String>> details = new ArrayList<ArrayList<String>>();
        // 使用ContentResolver查找联系人数据
        Cursor cursor = getContentResolver().query(
            ContactsContract.Contacts.CONTENT_URI, null, null,
            null, null);
        // 遍历查询结果，获取系统中所有联系人
        while (cursor.moveToNext())
        {
            // 获取联系人ID
            String contactId = cursor.getString(cursor
            .getColumnIndex(ContactsContract.Contacts._ID));
            // 获取联系人的名字
            String name = cursor.getString(cursor.getColumnIndex(
            ContactsContract.Contacts.DISPLAY_NAME));
            names.add(name);
            // 使用ContentResolver查找联系人的电话号码
            Cursor phones = getContentResolver().query(
    ContactsContract.CommonDataKinds.Phone.CONTENT_URI,
    null, ContactsContract.CommonDataKinds.Phone.CONTACT_ID
    + " = " + contactId, null, null);
    ArrayList<String> detail = new ArrayList <String>();
        // 遍历查询结果，获取该联系人的多个电话号码
        while (phones.moveToNext())
        {
```

```
            // 获取查询结果中电话号码列中数据
            String phoneNumber = phones.getString(phones
            .getColumnIndex(ContactsContract.CommonDataKinds.Phone.
NUMBER));
            detail.add("电话号码: " + phoneNumber);
        }
        phones.close();
        // 使用ContentResolver查找联系人的E-mail地址
        Cursor emails = getContentResolver().query(
        ContactsContract.CommonDataKinds.Email.CONTENT_URI,
        null, ContactsContract.CommonDataKinds.Email
        .CONTACT_ID + " = " + contactId, null, null);
        // 遍历查询结果，获取该联系人的多个E-mail地址
        while (emails.moveToNext())
        {
            // 获取查询结果中E-mail地址列中数据
            String emailAddress = emails.getString(emails
            .getColumnIndex(ContactsContract.CommonDataKinds.Email.DATA));
            detail.add("邮件地址: " + emailAddress);
        }
        emails.close();
        details.add(detail);
    }
```

STEP 02 为"添加"按钮设置单击事件处理程序，单击按钮后获取文本框中的数据，并将文本框中的联系人信息添加到通讯录中。

STEP 03 在文件AndroidManifest.xml中设置联系人权限，主要实现代码如下所示。

```
<!-- 授予读联系人ContentProvider的权限 -->
<uses-permission android:name="android.permission.READ_CONTACTS"/>
<!-- 授予写联系人ContentProvider的权限 -->
<uses-permission android:name="android.permission.WRITE_CONTACTS"/>
```

单击"查询"按钮之前必须确保手机中有联系人信息，单击"查询"按钮后会显示手机中的联系人信息。在文本框中可以输入新的联系人信息，单击"添加"按钮后会将输入的信息添加到手机联系人中。执行效果如图10-12所示。

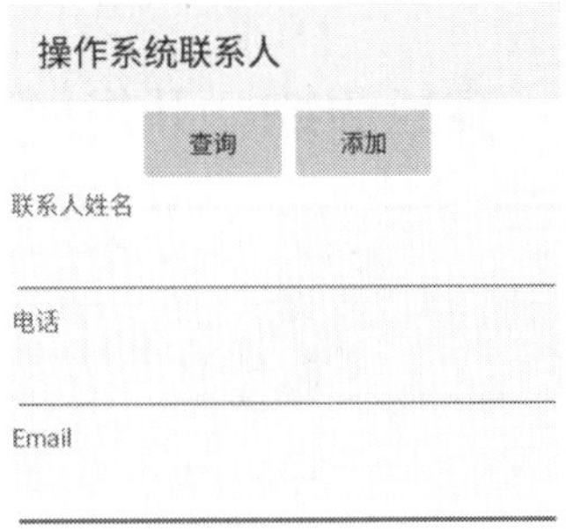

图10-12 执行效果

10.5 网络存储

在Android系统的早期版本中，曾经支持过进行XMPP Service和Web Service的远程访问功能。Android SDK 1.0以后的版本对它以前的API作了许多的变更。后续版本不再支持XMPP Service，而只能访问Web Service的API。

10.5.1 Web Service介绍

Google为Android平台开发Web Service客户端提供了"ksoap2-android"项目，这是一个开源项目，下载地址是：http://code.google.com/p/ksoap2-android/。使用ksoap2-android调用Web Service的基本流程如下所示：

STEP 01 创建HttpTransportSE对象，该对象用于调用Webservice操作。

STEP 02 创建SoapSerializationEnvelope对象，使用SoapSerializationEnvelope对象的bodyOut属性传给服务器，服务器响应生成的SOAP消息也通过SoapSerializationEnvelope对象的bodyin属性来获取。

STEP 03 创建SoapObject对象，创建该对象时需要传入所要调用Web Service的命名空间。

STEP 04 如果用参数需要传给Web Servcie服务端，调用SoapObject对象的addProperty(String name,Object value)方法来设置参数，该方法的name参数指定参数名，value参数指定参数值。

STEP 05 调用SoapSerializationEnvelope的setOutputSoapObject()方法，或者直接对bodyOut属性赋值，将前两步创建的SoapObject对象设为SoapSerializationEnvelpe的传出SOAP消息体。

STEP 06 调用对象的call()方法，并以SoapSerializationEnvelpe作为参数调用远程Web Servcie。

STEP 07 调用完成后访问SoapSerializationEnvelope对象的bodyIn属性，该属性返回一个SoapObjectd对象，该对象就代表了Web Service的返回消息。解析这个SoapObject对象，即可获取调用Web Service的返回值。

10.5.2 实战演练：开发一个天气预报系统

实例10-5	开发一个天气预报系统
源码路径	素材\daima\10\10-5\ （Java版+Kotlin版）

本实例的功能是调用Web Service实现天气预报，具体实现流程如下所示。

STEP 01 下载KSOAP包：ksoap2-android-assembly-2.5.2-jar-with-dependencies.jar，并

将这个包添加到Android工程中。

STEP 02 从网站http://www.webxml.com.cn/webservices/weatherwebservice.asmx获取天气预报数据，这就是网络存储的数据。

STEP 03 编写文件MainActivity.java实现系统主界面，在此界面可以选择查看某个省份的某个城市的天气信息。通过函数getSupportProvince获取当前系统支持的省份信息，通过函数getSupportCity获取当前系统支持的城市信息，通过函数getWeatherbyCityName获取指定城市的天气信息。文件MainActivity.java的主要实现代码如下所示。

```java
protected String doInBackground(Object... params) {
    // 根据命名空间和方法得到SoapObject对象
    SoapObject soapObject = new SoapObject(targetNameSpace,
        getSupportProvince);
    // 通过SOAP1.1协议得到envelop对象
    SoapSerializationEnvelope envelop = new SoapSerializationEnvelope(
        SoapEnvelope.VER11);
    // 将soapObject对象设置为envelop对象，传出消息

    envelop.dotNet = true;
    envelop.setOutputSoapObject(soapObject);
    // 或者envelop.bodyOut = soapObject;
    HttpTransportSE httpSE = new HttpTransportSE(WSDL);
    // 开始调用远程方法
    try {
      httpSE.call(targetNameSpace + getSupportProvince, envelop);
        // 得到远程方法返回的SOAP对象
        SoapObject resultObj = (SoapObject) envelop.getResponse();
        // 得到服务器传回的数据
        int count = resultObj.getPropertyCount();
        for (int i = 0; i < count; i++) {
            Map<String,String> listItem = new HashMap<String, String>();
            listItem.put("province", resultObj.getProperty(i).toString());
            listItems.add(listItem);
        }
    } catch (IOException e) {
      e.printStackTrace();
      return "IOException";
    } catch (XmlPullParserException e) {
      e.printStackTrace();
      return "XmlPullParserException";
    }
    return "success";
```

```
    }
}
```

此时执行后的效果如图10-13所示。

STEP 04 编写文件WeatherActivity.java，功能是根据选择的城市或地区名称获得天气情况。具体城市天气预报界面的执行效果如图10-14所示。

图10-13　执行效果

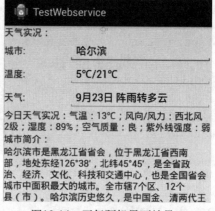
图10-14　天气预报界面效果

第11章
绘制二维图形

　　在Android多媒体应用开发领域中,图形图像处理是永远的话题之一,这是因为绚丽的生活离不开精美的图片元素进行点缀修饰。无论是二维图像还是三维图像,都给手机用户带来了绚丽的色彩和视觉冲击力。本章将详细讲解在Android系统中使用Graphics类处理二维图像的知识,详细剖析在Android系统中渲染二维图像系统的方法,为读者步入本书后面知识的学习打下基础。

11.1　Skia渲染引擎介绍

在Android系统中，将绘图渲染技术分为二维和三维两种，其中二维图形的渲染功能是由Skia实现的。Android系统使用Skia作为其核心图形引擎，并且Skia也是 Google Chrome 的图形引擎。Skia 图形渲染引擎最初由 Skia 公司开发，该公司于2005年被Google收购。Skia与Openwave's（现在叫Purple Labs）V7 Vector Graphics Engine非常类似，它们都来自于Mike Reed的公司。

在Android系统中，不使用OpenGL或者DirectX来加速渲染的原因有两点：

（1）数据从Video Card读出后，然后在另一个进程中再复制回Video Card，这种情况下不值得用硬件加速渲染。

（2）相对而言，Skia实现图形绘制只占很少时间，大部分时间是计算页面元素的位置、风格、输出文本，即使用了3D加速也不会有明显改善。

在当前市面中有很多可用的第三方图形库，例如：

- Windows GDI：Microsoft Windows的底层图形API，相对而言只具备基本的绘制功能，像<canvas>和SVG需要单独实现。
- GDI+：Windows上更高级的 API，GDI+ 使用的是设备独立的 metrics，这会使Chrome中的 text and letter spacing 看上去与别的 Windows 应用不同。而且微软当时也推荐开发人员使用新的图形 API，GDI+ 的技术支持和维护可能有限。
- Cairo：一个开源 2D 图形库，已经在 Firefox 3中开始使用。

在Android系统中，之所以不使用上述第三方图形库而选择Skia渲染的原因有如下3点。

- Skia是一个跨平台的应用程序和UI框架。
- Skia拥有优质的WebKit接口，使用它可以为Android浏览器提供高质量的效果。
- Skia拥有机构内部的专门技术，这些技术都是该领域中的尖端技术。

11.2　使用画布绘制图形

这里所说的画布和现实中的黑板和纸张是一个意思。当利用计算机绘制图形图像时需要先准备一张画布，也就是一张白纸，我们的图像将在这张白纸上绘制出来。

11.2.1　Canvas画布

当在Android系统中绘制二维图形时，类Canvas起了这张画布（也就是白纸）的作用。在绘制过程中，所有产生的界面类都需要继承于类Canvas。为了便于读者的理解，可以将画布类Canvas看作是一种处理过程，能够使用各种方法来管理Bitmap、GL或者Path路径。同时Canvas可以配合Matrix矩阵类给图像实现旋转、缩放等操作，并且也提供了裁剪、选取等操作。在类Canvas中提供了以下常用的方法。

- Canvas()：功能是创建一个空的画布，可以使用setBitmap()方法来设置绘制的具体画布。
- Canvas(Bitmap bitmap)：功能是以bitmap对象创建一个画布，并将内容都绘制在bitmap上，bitmap不能为null。
- Canvas(GL gl)：在绘制3D效果时使用，此方法与OpenGL有关。
- drawColor：功能是设置画布的背景色。
- setBitmap：功能是设置具体的画布。
- clipRect：功能是设置显示区域，即设置裁剪区。
- isOpaque：检测是否支持透明。
- rotate：功能是旋转画布。
- canvas.drawRect(RectF,Paint)：功能是绘制矩形，其中第一个参数是图形显示区域，第二个参数是画笔，设置好图形显示区域Rect和画笔Paint后就可以画图。
- canvas.drawRoundRect(RectF, float, float, Paint)：功能是绘制圆角矩形，第一个参数表示图形显示区域，第二个参数和第三个参数分别表示水平圆角半径和垂直圆角半径。
- canvas.drawLine(startX, startY, stopX, stopY, paint)：前四个参数的类型均为float，最后一个参数类型为Paint。表示用画笔paint从点（startX, startY）到点（stopX, stopY）画一条直线。
- canvas.drawArc(oval, startAngle, sweepAngle, useCenter, paint)：第一个参数oval为RectF类型，即圆弧显示区域，startAngle和sweepAngle均为float类型，分别表示圆弧起始角度和圆弧度数，3点钟方向为0度，useCenter设置是否显示圆心，boolean类型，paint表示画笔。
- canvas.drawCircle(float,float, float, Paint)：用于绘制圆，前两个参数代表圆心坐标，第三个参数为圆半径，第四个参数是画笔。

在Android系统中，画布类Canvas的功能十分强大，特别是在游戏开发应用中的作用更是极大。例如当需要对某个精灵（游戏中的角色）执行旋转、缩放等操作时，需要通过旋转画布的方式实现。但是在旋转画布时会旋转画布上的所有对象，而人们只是需要旋转其中的一个，这时就需要用到save方法来锁定需要操作的对象，在操作之后通过restore方法来解除锁定。

11.2.2 实战演练：使用画布绘制二维图形

实例11-1	使用画布绘制二维图形
源码路径	素材\daima\11\11-1\（Java版+Kotlin版）

实例文件CanvasL.java的主要实现代码如下所示：

```java
/* 声明Paint对象 */
private Paint mPaint = null;
public CanvasL(Context context)
{
   super(context);
   /* 构建对象 */
   mPaint = new Paint();
   /* 开启线程 */
   new Thread(this).start();
}
public void onDraw(Canvas canvas)
{
   super.onDraw(canvas);
   /* 设置画布的颜色 */
   canvas.drawColor(Color.BLACK);
   /* 设置取消锯齿效果 */
   mPaint.setAntiAlias(true);
   /* 设置裁剪区域 */
   canvas.clipRect(10, 10, 280, 260);
   /* 线锁定画布 */
   canvas.save();
   /* 旋转画布 */
   canvas.rotate(45.0f);
   /* 设置颜色及绘制矩形 */
   mPaint.setColor(Color.RED);
   canvas.drawRect(new Rect(15,15,140,70), mPaint);
   /* 解除画布的锁定 */
   canvas.restore();
   /* 设置颜色及绘制另一个矩形 */
   mPaint.setColor(Color.GREEN);
   canvas.drawRect(new Rect(150,75,260,120), mPaint);
}
```

执行后的效果如图11-1所示。

图11-1　执行效果

11.3 使用画笔绘制图形

有了画布Canvas之后，还需要用一支画笔来绘制图形图像。在Android系统中，绘制二维图形图像的画笔是类Paint。

11.3.1 Paint类基础

类Paint的完整写法是Android.Graphics.Paint，在里面定义了画笔和画刷的属性。在类Paint中的常用方法如下所示。

（1）void reset()：实现重置功能。

（2）void setARGB(int a, int r, int g, int b)或void setColor(int color)：功能是设置Paint对象的颜色。

（3）void setAntiAlias(boolean aa)：功能是设置是否抗锯齿，此方法需要配合void setFlags (Paint.ANTI_ALIAS_FLAG)方法一起使用，来帮助消除锯齿使其边缘更平滑。

（4）Shader setShader(Shader shader)：功能是设置阴影效果，Shader类是一个矩阵对象，如果为null则清除阴影。

（5）void setStyle(Paint.Style style)：功能是设置样式，一般为Fill填充，或者STROKE凹陷效果。

（6）void setTextSize(float textSize)：功能是设置字体的大小。

（7）void setTextAlign(Paint.Align align)：功能是设置文本的对齐方式。

（8）Typeface setTypeface(Typeface typeface)：功能是设置具体的字体，通过Typeface可以加载Android内部的字体，对于中文来说一般为宋体，我们可以根据需要来自己添加部分字体，例如雅黑等。

（9）void setUnderlineText(boolean underlineText)：功能是设置是否需要下划线。

11.3.2 实战演练：使用类Color和类Paint绘制图形

实例11-2	使用类Color和类Paint绘制图形
源码路径	素材:\daima\11\11-2\（Java版+Kotlin版）

STEP 01 编写文件Activity.java，通过代码语句"mGameView = new GameView(this)"，调用Activity类的setContentView方法来设置要显示的具体View类。文件Activity.java的主要代码如下所示：

```
public class Activity01 extends Activity
{
@Override
```

```
public void onCreate(Bundle savedInstanceState)
{
    super.onCreate(savedInstanceState);

    mGameView = new GameView(this);

    setContentView(mGameView);
}
```

STEP 02 编写文件draw.java来绘制出指定的图形,具体实现流程如下所示:
- 首先声明Paint对象mPaint,定义draw分别用于构建对象和开启线程。
- 然后定义方法onDraw实现具体的绘制操作,先设置Paint格式和颜色,并根据提取的颜色、尺寸、风格、字体和属性实现绘制处理。
- 最后定义触笔事件onTouchEvent,定义按键按下事件onKeyDown,定义按键弹起事件onKeyUp。

图11-2 执行效果

执行后的效果如图11-2所示。

11.4 使用位图操作类绘制图形

在Android应用程序中,当准备好画布和指定颜色的画笔后,接下来就可以在画布上创造自己的作品了。此时需要注意,有的时候可能需要更加细致的操作,例如像Photoshop那样可以在画布中复制图像,或者可以精确地设置某一个像素的颜色。为了实现上述功能,在Android系统中推出了类Bitmap。

11.4.1 类Bitmap基础

类Bitmap的完整写法是Android.Graphics.Bitmap,这是一个位图操作类,能够实现对位图的基本操作。在类Bitmap中提供了很多实用的方法,其中最为常用的几种方法如下所示。

(1) boolean compress(Bitmap.CompressFormat format, int quality, OutputStream stream):功能是压缩一个Bitmap对象,并根据相关的编码和画质保存到一个OutputStream中。目前的压缩格式有JPG和PNG两种。

(2) void copyPixelsFromBuffer(Buffer src):功能是从一个Buffer缓冲区复制位图像素。

(3) void copyPixelsToBuffer(Buffer dst):将当前位图像素内容复制到一个Buffer缓冲区。

(4) final int getHeight()：功能是获取对象的高度。

(5) final int getWidth()：功能是获取对象的宽度。

(6) final boolean hasAlpha()：功能是设置是否有透明通道。

(7) void setPixel(int x, int y, int color)：功能是设置某像素的颜色。

(8) int getPixel(int x, int y)：功能是获取某像素的颜色。

11.4.2 实战演练：使用类Bitmap实现模拟水纹效果

实例11-3	使用类Bitmap实现模拟水纹效果
源码路径	素材:\daima\11\11-3\（Java版+Kotlin版）

实例文件BitmapL1.java的主要实现代码如下所示。

```
public class BitmapL1 extends View implements Runnable
{
    int BACKWIDTH;
    int BACKHEIGHT;
    short[] buf2;
    short[] buf1;
    int[] Bitmap2;
    int[] Bitmap1;
public BitmapL1(Context context)
{
super(context);
/* 装载图片 */
    Bitmap image = BitmapFactory.decodeResource(this.getResources(),R.drawable.qq);
    BACKWIDTH = image.getWidth();
    BACKHEIGHT = image.getHeight();
        buf2 = new short[BACKWIDTH * BACKHEIGHT];
        buf1 = new short[BACKWIDTH * BACKHEIGHT];
        Bitmap2 = new int[BACKWIDTH * BACKHEIGHT];
        Bitmap1 = new int[BACKWIDTH * BACKHEIGHT];
        /* 加载图片的像素到数组中 */
            image.getPixels(Bitmap1, 0, BACKWIDTH, 0, 0, BACKWIDTH, BACKHEIGHT);
   new Thread(this).start();
}
    void DropStone(int x,// x坐标
         int y,// y坐标
         int stonesize,// 波源半径
         int stoneweight)// 波源能量
```

```
{
    for (int posx = x - stonesize; posx < x + stonesize; posx++)
        for (int posy = y - stonesize; posy < y + stonesize; posy++)
            if ((posx - x) * (posx - x) + (posy - y) * (posy - y) < stonesize * stonesize)
                buf1[BACKWIDTH * posy + posx] = (short) -stoneweight;
}
    void RippleSpread()
{
    for (int i = BACKWIDTH; i < BACKWIDTH * BACKHEIGHT - BACKWIDTH; i++)
    {
        // 波能扩散
        buf2[i] = (short) (((buf1[i - 1] + buf1[i + 1] + buf1[i - BACKWIDTH]
+ buf1[i + BACKWIDTH]) >> 1) - buf2[i]);
        // 波能衰减
        buf2[i] -= buf2[i] >> 5;
    }
    // 交换波能数据缓冲区
    short[] ptmp = buf1;
    buf1 = buf2;
    buf2 = ptmp;
}
    /* 渲染水纹效果 */
void render()
{
    int xoff, yoff;
    int k = BACKWIDTH;
    for (int i = 1; i < BACKHEIGHT - 1; i++)
    {
        for (int j = 0; j < BACKWIDTH; j++)
        {
            // 计算偏移量
            xoff = buf1[k - 1] - buf1[k + 1];
            yoff = buf1[k - BACKWIDTH] - buf1[k + BACKWIDTH];
            // 判断坐标是否在窗口范围内
            if ((i + yoff) < 0)
            {
                k++;
                continue;
            }
            if ((i + yoff) > BACKHEIGHT)
            {
                k++;
```

```
        continue;
    }
    if ((j + xoff) < 0)
    {
        k++;
        continue;
    }
    if ((j + xoff) > BACKWIDTH)
    {
        k++;
        continue;
    }
    // 计算出偏移像素和原始像素的内存地址偏移量
    int pos1, pos2;
    pos1 = BACKWIDTH * (i + yoff) + (j + xoff);
    pos2 = BACKWIDTH * i + j;
    Bitmap2[pos2++] = Bitmap1[pos1++];
    k++;
}}}
```

执行后将通过对图像像素的操作数来模拟水纹效果，如图11-3所示。

图11-3　执行效果

11.5　设置文本颜色

经过前面内容的学习，已经了解了Android画布类、画图类和位图操作类的基本知识，根据这三种技术可以在手机屏幕中绘制出二维图形图像。除此之外，在Android应用程序中还可以使用其他的绘图类来绘制二维图形图，例如本节将要讲解的设置文本颜色类Color。

11.5.1　类Color基础

在Android系统中，类Color的完整写法是Android.Graphics.Color，通过此类可以很方便地绘制2D图像，并为这些图像填充不同的颜色。在Android平台上有很多种表示颜色的方法，在里面包含了如下12种最常用的颜色。
- Color.BLACK
- Color.BLUE
- Color.CYAN
- Color.DKGRAY
- Color.GRAY
- Color.GREEN
- Color.LTGRAY
- Color.MAGENTA
- Color.RED
- Color.TRANSPARENT
- Color.WHITE
- Color.YELLOW

类Color和前面的绘图类一样，需要使用内置的方法实现具体的绘制功能，在类Color中包含了如下3个常用的静态绘制方法。

（1）static int argb(int alpha, int red, int green, int blue)：功能是构造一个包含透明对象的颜色。

（2）static int rgb(int red, int green, int blue)：功能是构造一个标准的颜色对象。

（3）static int parseColor(String colorString)：功能是解析一种颜色字符串的值，比如传入Color.BLACK。

类Color中的上述静态方法都会返回一个整形结果，例如返回0xff00ff00表示绿色，返回0xffff0000表示红色。我们可以将这个DWORD型看做AARRGGBB，AA代表Aphla透明色，后面的RRGGBB是具体颜色值，用0～255之间的数字表示。

11.5.2 实战演练：使用类Color更改文字的颜色

实例11-4	使用类Color更改文字的颜色
源码路径	素材:\daima\11\11-4\ （Java版+Kotlin版）

1. 设计理念

在本实例中，预先在Layout中插入两个TextView控件，并通过两种程序的描述方法来实时更改原来Layout里TextView的背景色以及文字颜色，最后使用类Android.Graphics.Color来更改文字的前景色。

2. 具体实现

STEP 01 编写主文件yanse.java，分别新建了两个类成员变量mTextView01和

mTextView02,这两个变量在onCreate之初,以findViewById方法使之初始化为layout
(main.xml)里的TextView对象。在此使用了Resource类以及Drawable类,分别创建了
resources对象以及HippoDrawable对象,并调用了setBackgroundResource()方法来更改
mTextView01的文字底纹。使用setText()方法更改了TextView中的文字。在mTextView02
中,使用了类Android.Graphics.Color中的颜色常数,并使用setTextColor来更改文字的前景
色。文件yanse.java的主要实现代码如下所示。

```
public class yanse extends Activity
{
  private TextView mTextView01;
  private TextView mTextView02;
  @Override
  public void onCreate(Bundle savedInstanceState)
  {
    super.onCreate(savedInstanceState);
    setContentView(R.layout.main);
    mTextView01 = (TextView) findViewById(R.id.myTextView01);
    mTextView01.setText("使用的是Drawable背景色文本。");
    mTextView01.setBackgroundResource(R.drawable.white);
    mTextView02 = (TextView) findViewById(R.id.myTextView02);
    mTextView02.setTextColor(Color.MAGENTA);
  }
}
```

STEP 02 编写布局文件main.xml,在里面使用了两个TextView控件来显示文本。

经过上述操作设置,此实例的主要文件编程完毕。调试运行后的效果如图11-4所示。

图11-4 运行效果

11.6 使用矩形类Rect和RectF

在Android系统中,可以使用类Rect和类RectF来绘制矩形。在本节的内容中,将详细
讲解使用类Rect和类RectF绘制矩形的知识。

11.6.1 类Rect基础

在Android系统中,类Rect的完整形式是Android.Graphics.Rect,表示矩形区域。类
Rect除了能够表示一个矩形区域位置描述外,还可以帮助计算图形之间是否碰撞(包含)关

系,这一点对于Android游戏开发比较有用。在类Rect中的方法成员中,主要通过如下3种重载方法来判断包含关系。

```
boolean contains(int left, int top, int right, int bottom)
boolean contains(int x, int y)
boolean contains(Rect r)
```

在上述构造方法中包含了四个参数left、top、right、bottom,分别代表左、上、右、下四个方向,具体说明如下所示。

- left:矩形区域中左边的X坐标。
- top:矩形区域中顶部的Y坐标。
- right:矩形区域中右边的X坐标。
- bottom:矩形区域中底部的Y坐标。

例如下面代码的含义是,左上角的坐标是(150,75),右下角的坐标是(260,120)。

```
Rect(150, 75, 260, 120)
```

11.6.2 类RectF基础

在Android系统中,另外一个矩形类是RectF,此类和类Rect的用法几乎完全相同。两者的区别是精度不一样,Rect是使用int类型作为数值,RectF是使用float类型作为数值。在类RectF中包含了一个矩形的四个单精度浮点坐标,通过上下左右4个边的坐标来表示一个矩形。这些坐标值属性可以被直接访问,使用width和height方法可以获取矩形的宽和高。

类Rect和类RectF提供的方法也不是完全一致,类RectF提供了如下所示的构造方法。

- RectF():功能是构造一个无参矩形。
- RectF(float left,float top,float right,float bottom):功能是构造一个指定了4个参数的矩形。
- RectF(Rect F r):功能是根据指定的RectF对象来构造一个RectF对象(对象的左边坐标不变)。
- RectF(Rect r):功能是根据给定的Rect对象来构造一个RectF对象。

另外在类RectF中还提供了很多功能强大的方法,具体说明如下所示。

- Public Boolean contain(RectF r):功能是判断一个矩形是否在此矩形内,如果在这个矩形内或者和这个矩形等价则返回true,同样类似的方法还有public Boolean contain(float left,float top,float right,float bottom)和public Boolean contain(float x,float y)。
- Public void union(float x,float y):功能是更新这个矩形,使它包含矩形自己和(x, y)这个点。

11.6.3 实战演练：使用类Rect和类RectF绘制矩形

实例11-5	使用类Rect和类RectF绘制矩形
源码路径	素材:\daima\11\11-5\（Java版+Kotlin版）

实例文件RectL.java的主要实现代码如下所示。

```java
/* 声明Paint对象 */
private Paint mPaint = null;
   private RectL_1 mGameView2 = null;
public RectL(Context context)
{
   super(context);
   /* 构建对象 */
   mPaint = new Paint();
   mGameView2 = new RectL_1(context);
   /* 开启线程 */
   new Thread(this).start();
}
public void onDraw(Canvas canvas)
{
   super.onDraw(canvas);
   /* 设置画布为黑色背景 */
   canvas.drawColor(Color.BLACK);
   /* 取消锯齿 */
   mPaint.setAntiAlias(true);
   mPaint.setStyle(Paint.Style.STROKE);

   {
      /* 定义矩形对象 */
      Rect rect1 = new Rect();
      /* 设置矩形大小 */
      rect1.left = 5;
      rect1.top = 5;
      rect1.bottom = 25;
      rect1.right = 45;
      mPaint.setColor(Color.BLUE);
      /* 绘制矩形 */
      canvas.drawRect(rect1, mPaint);
      mPaint.setColor(Color.RED);
      /* 绘制矩形 */
      canvas.drawRect(50, 5, 90, 25, mPaint);
      mPaint.setColor(Color.YELLOW);
```

```java
    /* 绘制圆形(圆心x,圆心y,半径r,p) */
    canvas.drawCircle(40, 70, 30, mPaint);
    /* 定义椭圆对象 */
    RectF rectf1 = new RectF();
    /* 设置椭圆大小 */
    rectf1.left = 80;
    rectf1.top = 30;
    rectf1.right = 120;
    rectf1.bottom = 70;
    mPaint.setColor(Color.LTGRAY);
    /* 绘制椭圆 */
    canvas.drawOval(rectf1, mPaint);
    /* 绘制多边形 */
    Path path1 = new Path();
    /*设置多边形的点*/
    path1.moveTo(150+5, 80-50);
    path1.lineTo(150+45, 80-50);
    path1.lineTo(150+30, 120-50);
    path1.lineTo(150+20, 120-50);
    /* 使这些点构成封闭的多边形 */
    path1.close();
    mPaint.setColor(Color.GRAY);
    /* 绘制这个多边形 */
    canvas.drawPath(path1, mPaint);
    mPaint.setColor(Color.RED);
    mPaint.setStrokeWidth(3);
    /* 绘制直线 */
    canvas.drawLine(5, 110, 315, 110, mPaint);
}
//下面省略绘制实心几何体图形的代码
……
```

执行后的效果如图11-5所示。

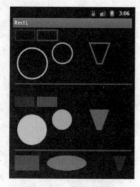

图11-5 执行效果

11.7 使用变换处理类Matrix

在Android系统中，类Matrix的完整形式是Android.Graphics.Matrix，功能是实现图形图像的变换操作，例如常见的缩放和旋转处理。

11.7.1 类Matrix基础

在类Matrix中提供了如下几种常用的方法。

（1）void reset()：功能是重置一个matrix对象。

（2）void set(Matrix src)：功能是复制一个源矩阵，和本类的构造方法Matrix(Matrix src)一样。

（3）boolean isIdentity()：功能是返回这个矩阵是否定义(已经有意义)。

（4）void setRotate(float degrees)：功能是指定一个角度以0,0为坐标进行旋转。

（5）void setRotate(float degrees, float px, float py)：功能是指定一个角度以px,py为坐标进行旋转。

（6）void setScale(float sx, float sy)：功能是实现缩放处理。

（7）void setScale(float sx, float sy, float px, float py)：功能是以坐标px,py进行缩放。

（8）void setTranslate(float dx, float dy)：功能是实现平移处理。

（9）void setSkew (float kx, float ky, float px, float py：功能是以坐标(px，py)进行倾斜。

（10）void setSkew (float kx, float ky)：功能是实现倾斜处理。

11.7.2 实战演练：使用类Matrix实现图片缩放功能

实例11-6	使用类Matrix实现图片缩放功能
源码路径	素材:\daima\11\11-6\ （Java版+Kotlin版）

本实例的核心程序文件是MatrixL.java，功能是实现图片的缩放处理，分别定义缩小按钮的响应mButton01.setOnClickListener，放大按钮响应mButton02.setOnClickListener。文件MatrixL.java的主要实现代码如下所示。

```
/* 缩小按钮onClickListener */
mButton01.setOnClickListener(new Button.OnClickListener()
{
    @Override
    public void onClick(View v)
    {
```

```java
      small();
    }
});
/* 放大按钮onClickListener */
mButton02.setOnClickListener(new Button.OnClickListener()
{
  @Override
  public void onClick(View v)
  {
    big();
  }
});
}
/* 图片缩小的method */
private void small()
{
  int bmpWidth=bmp.getWidth();
  int bmpHeight=bmp.getHeight();
  /* 设置图片缩小的比例 */
  double scale=0.8;
  /* 计算出这次要缩小的比例 */
  scaleWidth=(float) (scaleWidth*scale);
  scaleHeight=(float) (scaleHeight*scale);
  /* 产生reSize后的Bitmap对象 */
  Matrix matrix = new Matrix();
  matrix.postScale(scaleWidth, scaleHeight);
  Bitmap resizeBmp = Bitmap.createBitmap(bmp,0,0,bmpWidth,bmpHeight,matrix,true);
……
  /* 图片放大的method */
  private void big()
  {
    /* 产生reSize后的Bitmap对象 */
    Matrix matrix = new Matrix();
    matrix.postScale(scaleWidth, scaleHeight);
    Bitmap resizeBmp = Bitmap.createBitmap(bmp,0,0,bmpWidth,bmpHeight, matrix,true);
……
```

执行后将显示一幅图片和两个按钮，分别单击【缩小】和【放大】按钮后会实现对图片的缩小、放大处理，如图11-6所示。

图11-6 执行效果

11.8 使用BitmapFactory类

在Android系统中，类BitmapFactory的完整形式是Android.Graphics.BitmapFactory。类BitmapFactory是Bitmap对象的I/O类，在里面提供了丰富的构造Bitmap对象的方法，比如从一个字节数组、文件系统、资源ID以及输入流中来创建一个Bitmap对象。

11.8.1 类BitmapFactory基础

在类BitmapFactory中主要包含了如下所示的成员方法。

（1）从字节数组中的创建方法

- static Bitmap decodeByteArray(byte[] data, int offset, int length)
- static Bitmap decodeByteArray(byte[] data, int offset, int length, BitmapFactory.Options opts)

（2）从文件创建方法，在使用时要写全路径

- static Bitmap decodeFile(String pathName, BitmapFactory.Options opts)
- static Bitmap decodeFile(String pathName)

（3）从输入流句柄中的创建方法

- static Bitmap decodeFileDescriptor(FileDescriptor fd, Rect outPadding, BitmapFactory.Options opts)
- static Bitmap decodeFileDescriptor(FileDescriptor fd)

（4）从Android的APK文件资源中的创建方法

- static Bitmap decodeResource(Resources res, int id)
- static Bitmap decodeResource(Resources res, int id, BitmapFactory.Options opts)
- static Bitmap decodeResourceStream(Resources res, TypedValue value, InputStream is,

Rect pad, BitmapFactory.Options opts)

（5）从一个输入流中的创建方法
- static Bitmap decodeStream(InputStream is)
- static Bitmap decodeStream(InputStream is, Rect outPadding, BitmapFactory.Options opts)

11.8.2 实战演练：获取指定图片的宽度和高度

实例11-7	获取指定图片的宽度和高度
源码路径	素材:\daima\11\11-7\（Java版+Kotlin版）

在本实例中，通过ListView控件实现了一个操作选项效果，当用户单击一个选项后能够分别获取图片的宽和高。在具体实现上，通过Bitmap对象的BitmapFactory.decodeResource方法来获取预先设定的图片"m123.png"，然后再通过Bitmap对象的getHeight和getWidth来获取图片的宽和高。本实例的主程序文件是BitmapFactoryL.java，具体实现流程如下所示。

STEP 01 通过findViewById构造器来创建TextView和ImageView对象，然后将Drawable中的图片m123.png放入自定义的ImageView中。主要实现代码如下所示。

```
public void onCreate(Bundle savedInstanceState)
{
    super.onCreate(savedInstanceState);
    setContentView(R.layout.main);

    /*通过findViewById构造器创建TextView与ImageView对象*/
    mTextView01 = (TextView)findViewById(R.id.myTextView1);
    mImageView01= (ImageView)findViewById(R.id.myImageView1);
    /*将Drawable中的图片baby.png放入自定义的ImageView中*/
      mImageView01.setImageDrawable(getResources().getDrawable(R.drawable.m123,null));
```

STEP 02 设置OnCreateContextMenuListener监听给TextView，这样图片上可以使用ContextMenu，然后覆盖OnCreateContextMenu来创建ContextMenu的选项。

STEP 03 覆盖OnContextItemSelected来定义用户点击MENU键后的动作，然后通过自定义Bitmap对象BitmapFactory.decodeResource来获取预设的图片资源。

STEP 04 根据用户选择的选项，分别通过方法getHeight()和getWidth()获取对应图片的宽度和高度。

执行后的效果如图11-7所示，当长时间选中图片后会弹出用户选项，如图11-8所示。当选择一个选项后，会弹出对应的获取数值，如图11-9所示。

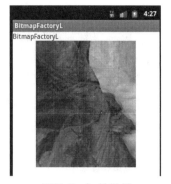
图11-7 初始效果

图11-8 弹出选项

图11-9 初始效果

11.9 使用Tween Animation创建二维动画

在多媒体领域中，动画也是永远的话题之一。动画和简单的图像相比，具有更好的视觉冲击力。Android系统为开发者提供了一套完整的动画框架，使得开发者可以用它来开发各种动画效果。具体来说，在Android SDK中提供了如下两种Animation（动画）。

- Tween Animation：通过对场景里的对象不断做图像变换(平移、缩放、旋转)产生动画效果。
- Frame Animation：顺序播放事先做好的图像，跟电影类似。

由此可见，在Android平台中提供了如下两类动画。

- Tween动画：用于对场景里的对象不断进行图像变换来产生动画效果，Tween可以把对象进行缩小、放大、旋转和渐变等操作。
- Frame动画：用于顺序播放事先做好的图像。

在使用Animation创建二维动画之前，需要先学习如何定义Animation，这对我们使用Animation会有很大的帮助。

11.9.1 Tween动画基础

在Android系统中，通过对View的内容进行一系列图形变换操作的方式实现Tween动画效果，例如通过平移、缩放、旋转、改变透明度来实现动画效果。因为在XML文件中，Tween动画主要包括以下4种动画效果。

- Alpha：渐变透明度动画效果。
- Scale：渐变尺寸伸缩动画效果。
- Translate：画面转移位置移动动画效果。
- Rotate：画面转移旋转动画效果。

所以在Android程序中，Tween动画对应以下4种动画效果。

- AlphaAnimation：渐变透明度动画效果。

- ScaleAnimation：渐变尺寸伸缩动画效果。
- TranslateAnimation：画面转换位置移动动画效果。
- RotateAnimation：画面转移旋转动画效果。

在Android系统中，实现Tween动画的编程思路非常简单：先通过预先定义一组指令来实现Tween动画，这些指令指定了图形变换的类型、触发时间、持续时间。程序沿着时间线执行这些指令就可以实现动画效果。我们可以首先定义Animation动画对象，然后设置该动画的一些属性，最后通过方法startAnimation来开始实现动画效果。

11.9.2 实战演练：实现Tween动画的4种效果

实例11-8	实现Tween动画的四种效果
源码路径	素材:\daima\11\11-8\（Java版+Kotlin版）

STEP 01 编写文件my_alpha_action.xml，实现Alpha渐变透明度动画效果，主要实现代码如下所示。

```xml
<?xml version="1.0" encoding="utf-8"?>
<set xmlns:android="http://schemas.android.com/apk/res/android" >
<alpha
android:fromAlpha="0.1"
android:toAlpha="1.0"
android:duration="3000"
/>
<!-- 透明度控制动画效果 alpha
     浮点型值：
     fromAlpha 属性为动画起始时透明度
     toAlpha   属性为动画结束时透明度
     说明：
     0.0表示完全透明
     1.0表示完全不透明
     以上值取0.0-1.0之间的float数据类型的数字
     长整型值：
     duration  属性为动画持续时间
     说明：
                  时间以毫秒为单位
-->
</set>
```

STEP 02 编写文件my_rotate_action.xml，实现Rotate画面转移旋转动画效果。

STEP 03 编写文件my_scale_action.xml，实现Scale渐变尺寸伸缩动画效果。

STEP 04 编写文件my_translate_action.xml，实现Translate画面转移位置移动动画效果。

STEP 05 编写文件myActionAnimation.java，使用case语句根据用户的选择来显示对应的动画效果。

本实例执行后的效果如图11-10所示，单击屏幕中的按钮后会显示对应的动画效果。

图11-10　执行效果

11.10　实现Frame Animation（帧动画）效果

在我们日常生活中，最为常见的动画是Frame帧动画。帧动画也被称为逐帧动画，是一种常见的动画形式，其原理是在"连续的关键帧"中分解动画动作，也就是在时间轴的每帧上逐帧绘制不同的内容，使其连续播放而成动画。

11.10.1　Frame动画基础

在Android应用程序中，可以通过类AnimationDrawable来定义并使用Frame Animation，AnimationDrawable的功能是获取、设置动画的属性，其中最为常用的方法如下所示。

- int getDuration()：功能是获取动画的时长。
- int getNumberOfFrames()：功能是获取动画的帧数。
- boolean isOneShot()：功能是获取oneshot的属性。
- Void setOneShot(boolean oneshot)：功能是设置oneshot的属性。
- void inflate(Resurce r,XmlPullParser p,AttributeSet attrs)：功能是增加、获取帧动画。
- Drawable getFrame(int index)：功能是获取某帧的Drawable资源。
- void addFrame(Drawable frame,int duration)：功能是为当前动画增加帧（资源、持续时长）。
- void start()：表示开始动画。
- void run()：表示外界不能直接调用，使用start()替代。
- boolean isRunning()：表示当前动画是否在运行。
- void stop()：表示停止当前动画。

在Android应用程序中，可以在"res"目录下保存帧动画素材，通常在XML Resource中定义Frame Animation，此时动画素材便被保存放到"res\anim"目录下。另外，也可以使用AnimationDrawable中的API来定义Frame Animation。

在Android应用程序中，因为Tween Animation与Frame Animation有着很大的不同，所以定义XML的格式也完全不一样。定义Frame Animation的格式是：首先是animation-list根节点，animation-list根节点中包含多个item子节点，每个item节点定义一帧动画，定义当前帧的drawable资源和当前帧持续的时间。在表11-1中对节点中的元素进行了详细说明。

表11-1 XML属性元素说明

XML属性	说明
drawable	当前帧引用的drawable资源
duration	当前帧显示的时间（以毫秒为单位）
oneshot	如果为true，表示动画只播放一次停止在最后一帧上，如果设置为false表示动画循环播放
variablePadding	如果为真，允许drawable's根据被选择的现状而变动
visible	规定drawable的初始可见性，默认为flase

11.10.2 实战演练：实现Frame动画效果

实例11-9	实现Frame动画效果
源码路径	素材:\daima\11\11-9\（Java版+Kotlin版）

实例文件FrameL.java的主要代码如下。

```
/* 定义AnimationDrawable动画 */
private AnimationDrawable  frameAnimation  = null;
Context                    mContext        = null;
/* 定义一个Drawable对象 */
Drawable                   mBitAnimation   = null;
public FrameL(Context context)
{
  super(context);
  mContext = context;
  /* 实例化AnimationDrawable对象 */
  frameAnimation = new AnimationDrawable();
  /* 装载资源 */
  //这里用一个循环了装载所有名字类似的资源
  //如"a1.......12.png"的图片
  //这个方法用处非常大
  for (int i = 1; i <= 15; i++)
  {
     int id = getResources().getIdentifier("a" + i, "drawable",
mContext.getPackageName());
     mBitAnimation = getResources().getDrawable(id);
     /* 为动画添加一帧 */
     //参数mBitAnimation是该帧的图片
     //参数500是该帧显示的时间,按毫秒计算
     frameAnimation.addFrame(mBitAnimation, 500);
  }
```

```
/* 设置播放模式是否循环，false表示循环而true表示不循环 */
frameAnimation.setOneShot( false );
/* 设置本类将要显示这个动画 */
this.setBackgroundDrawable(frameAnimation);
}
```

执行后可以通过按下键盘中的上、下方位键的方式实现动画效果，执行效果如图11-11所示。

图11-11 执行效果

11.11 使用Property Animation（属性动画）

Android推出了一种全新的动画系统：属性动画Property Animation，这是一个全新的可伸缩的动画框架。Property Animation允许人们将动画效果应用到任何对象的任意属性上，例如View、Drawable、Fragment、Object等。通常人们可以为对象的int、float和16进制的颜色值定义很多动画因素，例如持续时间、重复次数、插入器等。当一个对象有属性使用了这些类型后，就可以随时改变这些值以影响动画效果。

11.11.1 Property Animation（属性）动画基础

属性动画系统是一个功能强大的框架，无论是否将它绘制到屏幕上，我们都可以定义一个可以改变任何对象的属性的方法，以随着时间的推移而形成动画效果。通过属性动画，可以设置一个对象在屏幕中的位置，动画晕多久，动画之间的距值等。在Android系统中，通过属性动画框架可以定义如下特点的动画。

- Duration（时间）：可以指定动画的持续时间，默认长度是300ms。
- Time interpolation（时间插值）：定义了动画变化的频率。
- Repeat count and behavior（重复计数和行为）：可以指定是否有一个动画的重复，还可以指定是否要反向播放动画，也可以设置重复播放的次数。
- Animator Sets（动画设置）：可以按照一定的逻辑设置来组织动画，例如同时播放或按顺序播放或指定延迟播放。
- Frame refresh delay（帧刷新延迟）：可以指定如何经常刷新动画帧。默认设置每10ms刷新，但在应用程序中可以指定刷新帧的速度，这最终取决于系统整体的状态、提供多快服务的速度以及底层的定时器。

11.11.2 实战演练：实现属性动画效果

实例11-10	实现属性动画效果
源码路径	素材:\daima\11\11-10\（Java版+Kotlin版）

本实例的功能比较简单，通过调用ValueAnimator中的方法ofFloat()来实现动画效果。具体实现流程如下所示。

STEP 01 编写布局文件activity_main.xml，在界面中插入一幅指定的图片。

STEP 02 编写文件MainActivity.java，主要实现代码如下所示。

```java
public class MainActivity extends Activity {
private Bitmap bm;
private ValueAnimator animator;
@Override
protected void onCreate(Bundle savedInstanceState) {
    super.onCreate(savedInstanceState);
    setContentView(R.layout.activity_main);

    BitmapDrawable m=(BitmapDrawable)getResources().getDrawable(R.drawable.cool);
    bm=m.getBitmap();
    animator= ValueAnimator.ofFloat(0f, 1f);
    animator.setDuration(1000);
    animator.setTarget(bm);
    animator.addUpdateListener(new ValueAnimator.AnimatorUpdateListener() {
        public void onAnimationUpdate(ValueAnimator animation) {

        }
    });
    animator.start();
}
```

执行后将在屏幕中实现简易的动画效果，如图11-12所示。

图11-12 执行效果

第12章
多媒体音频

在多媒体领域中,音频永远是最主流的应用之一。在Android系统中,为开发者提供了专用的音频API来开发常见的音频应用程序。在本章的内容中,将详细讲解开发Android音频应用程序的知识,为读者步入后面知识的学习打下基础。

12.1 核心功能类AudioManager

Android音频开发的核心主题是类AudioManager，此类是Android系统中最常用的音量和铃声控制接口类。Android系统中的大多数音频功能，几乎都可以通过类AudioManager来实现。

12.1.1 AudioManager基础

在类AudioManager中是通过方法实现音频功能的，其中最为常用的方法如下。
- 方法adjustVolume(int direction, int flags)：这个方法用来控制手机音量大小，当传入的第一个参数为 AudioManager.ADJUST_LOWER 时，可将音量调小一个单位，传入 AudioManager.ADJUST_RAISE 时，则可以将音量调大一个单位。
- 方法getMode()：返回当前音频模式。
- 方法getRingerMode()：返回当前的铃声模式。
- 方法getStreamVolume(int streamType)：取得当前手机的音量，最大值为7，最小值为0，当为0时，手机自动将模式调整为"振动模式"。
- 方法setRingerMode(int ringerMode)：改变铃声模式。

12.1.2 实战演练：设置短信提示铃声

实例12-1	设置短信提示铃声
源码路径	光盘\daima\12\12-1\（Java版+Kotlin版）

STEP 01 编写布局文件main.xml，在程序界面上放置3个按钮，分别用于启用、停止和设置间隔时间。

STEP 02 编写文件BellService.java，开启一个Service监听短信的事件，在短信到达后进行声音播放的处理，牵涉到的主要是Service、Broadcast和MediaPlayer，还有为了设置间隔时间采用了最简单的Preference。在此包含了存放铃声的Map和播放铃声等逻辑处理，通过AudioManager来暂时打开多媒体声音，播放完再关闭。文件BellService.java的主要实现代码如下。

```
public void onCreate() {
    super.onCreate();
    IntentFilter filter = new IntentFilter();
    filter.addAction(SMS_RECEIVED_ACTION);
    Log.e("COOKIE", "Service start");
    //注册监听
    registerReceiver(messageReceiver, filter);
```

```java
    // 初始化Map 根据之后改进可以替换其中的铃声
    bellMap = new HashMap<Integer,Integer>();
    bellMap.put(ONE_SMS, R.raw.holyshit);
    bellMap.put(TWO_SMS, R.raw.holydouble);
    bellMap.put(THREE_SMS, R.raw.holytriple);
    bellMap.put(FOUR_SMS, R.raw.holyultra);
    bellMap.put(FIVE_SMS, R.raw.holyrampage);
    //当前时间
    lastSMSTime=new Date(System.currentTimeMillis());
    //当前应当播放的铃声 初始为1
    //之后根据间隔判断 若为5分钟之内 则+1
    //若举例上一次超过5分钟 则重新置为1
    currentBell=1;
}
//播放音效
private void playBell(Context context, int num) {
    //为防止用户当前模式关闭了media音效 先将media打开
    am=(AudioManager)getSystemService(Context.AUDIO_SERVICE);//获取音量控制
    currentMediaStatus=am.getStreamVolume(AudioManager.STREAM_MUSIC);
    currentMediaMax=am.getStreamMaxVolume(AudioManager.STREAM_MUSIC);
    am.setStreamVolume(AudioManager.STREAM_MUSIC, currentMediaMax, 0);
    //创建MediaPlayer 进行播放
    MediaPlayer mp = MediaPlayer.create(context, getBellResource());
    mp.setOnCompletionListener(new musicCompletionListener());
    mp.start();
}

private class musicCompletionListener implements OnCompletionListener {
    @Override
    public void onCompletion(MediaPlayer mp) {
        //播放结束释放mp资源
        mp.release();
        //恢复用户之前的media模式
        am.setStreamVolume(AudioManager.STREAM_MUSIC, currentMediaStatus, 0);
    }
}
//获取当前应该播放的铃声
private int getBellResource() {
    //判断时间间隔（ms）
    int preferenceInterval;
    long interval;
    Date curTime = new Date(System.currentTimeMillis());
```

```
interval=curTime.getTime()-lastSMSTime.getTime();
lastSMSTime=curTime;
preferenceInterval=getPreferenceInterval();
if(interval<preferenceInterval*60*1000&&!justStart){
   currentBell++;
   if(currentBell>5){
      currentBell=5;
   }
}else{
   currentBell=1;
}
justStart=false;
return bellMap.get(currentBell);
}
```

STEP 03 编写文件DotaBellActivity.java，在此为屏幕中的3个Button按钮设置了相应的处理事件。

执行之后的效果如图12-1所示，单击屏幕中的按钮可以实现对应的铃声设置功能。

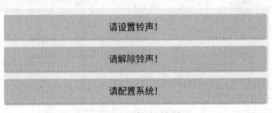

图12-1　执行效果

12.2　实现录音功能

在当今的智能手机设备中，几乎每一款手机都具备录音功能。在Android系统中，同样也可以实现录音处理。在本节的内容中，将详细讲解在Android系统中实现录音处理的功能。

12.2.1　MediaRecorder接口基础

在Android系统中，通常采用MediaRecorder接口实现录制音频和视频功能。在录制音频文件之前，需要设置音频源、输出格式、录制时间和编码格式等。在AudioRecord接口中也有很多方法来实现录制功能。具体来说，主要包含了表12-1中列出的常用方法。

其实远不止如此，在AudioRecord中还有一个受保护的方法protected void finalize()，用于通知虚拟机回收此对象内存。方法finalize()只能用在运行的应用程序没有任何线程再使用此对象，来告诉垃圾回收器回收此对象。方法finalize()用于释放系统资源，由垃圾回收器清除此对象。在执行期间，调用方法finalize ()可能会立即抛出未定义异常，但是可以忽略。

表12-1 类MediaRecorder中的常用方法

方法名称	描述
public void setAudioEncoder (int audio_encoder)	设置刻录的音频编码，其值可以通过MediaRecoder内部类的MediaRecorder.AudioEncoder的几个常量：AAC、AMR_NB、AMR_WB、DEFAULT
public void setAudioEncoding BitRate (int bitRate)	设置音频编码比特率
public void setAudioSource (int audio_source)	设置音频的来源，其值可以通过MediaRecoder内部类的MediaRecorder.AudioSource的几个常量来设置，通常设置的值MIC：来源于麦克风
public void setCamera (Camera c)	设置摄像头用于刻录
public void setOutputFormat (int output_format)	设置输出文件的格式，其值可以通过MediaRecoder内部类MediaRecorder.OutputFormat的一些常量字段来设置。比如一些3gp(THREE_GPP)、mp4(MPEG4)等
setOutputFile(String path)	设置输出文件的路径
setVideoEncoder(int video_encoder)	设置视频的编码格式。其值可以通过MediaRecoder内部类的MediaRecorder.VideoEncoder的几个常量：H263、H264、MPEG_4_SP
setVideoSource(int video_source)	设置刻录视频来源，其值可以通过MediaRecorder的内部类MediaRecorder.VideoSource来设置。比如可以设置刻录视频来源为摄像头：CAMERA
setVideoEncodingBitRate(int bitRate)	设置编码的比特率
setVideoSize(int width, int height)	设置视频的大尺寸
public void start()	开始刻录
public void prepare()	预期做准备
public void stop()	停止
public void release()	释放该对象资源

> **注意**
>
> VM保证对象可以一次或多次调用finalize()，但并不保证finalize()会马上执行。例如，对象B的finalize()可能延迟执行，等待对象A的finalize()延迟回收A的内存。为了安全起见，请看ReferenceQueue，它能够更多地控制VM的垃圾回收。

12.2.2 实战演练：录制并播放录制的音频

在下面的实例中插入了4个按钮，分别实现录音、停止录音、播放录音和删除录音4种操作。为了能够不限制录音的长度，现将录音暂时保存到存储卡，当录音完毕后，再将录音文件显示在ListView列表中。单击文件后，可以播放或删除录音文件。

实例12-2	录制并播放录制的音频
源码路径	素材\daima\12\12-2\（Java版+Kotlin版）

STEP 01 分别构造4个按钮对象和两个文本对象，然后设置按钮状态为不可选。

STEP 02 通过方法sdCardExit判断是否插入SD卡，然后将获取的SD卡路径作为录音文件的保存位置，并取得SD开目录里的所有".amr"格式的文件，最后将ArrayAdapter添加到ListView对象中以列表显示录音文件。

STEP 03 编写单击录音按钮后的录音处理事件，先创建录音频文件，然后设置录音来源为麦克风，最后通过myTextView1.setText("录音中")设置录音过程显示的提示文本。其具体实现代码如下。

```
/* 单击录音按钮的处理事件 */
myButton1.setOnClickListener(new ImageButton.OnClickListener()
{
  @Override
  public void onClick(View arg0)
  {
    try
    {
      if (!sdCardExit)
      {
        Toast.makeText(example.this, "请插入SD Card",
            Toast.LENGTH_LONG).show();
        return;
      }
      /* 创建录音频文件 */
      myRecAudioFile = File.createTempFile(strTempFile, ".amr",
          myRecAudioDir);
      mMediaRecorder01 = new MediaRecorder();
      /* 设置录音来源为麦克风 */
      mMediaRecorder01.setAudioSource(MediaRecorder.AudioSource.MIC);
      mMediaRecorder01.setOutputFormat(MediaRecorder.OutputFormat.DEFAULT);
      mMediaRecorder01.setAudioEncoder(MediaRecorder.AudioEncoder.DEFAULT);
      mMediaRecorder01.setOutputFile(myRecAudioFile.getAbsolutePath());
      mMediaRecorder01.prepare();
      mMediaRecorder01.start();
      myTextView1.setText("录音中");
      myButton2.setEnabled(true);
      myButton3.setEnabled(false);
      myButton4.setEnabled(false);
      isStopRecord = false;
    }
    catch (IOException e)
    {
```

```
        e.printStackTrace();
    }
  }
});
```

STEP 04 编写单击停止按钮的处理事件，首先使用方法mMediaRecorder01.stop()停止录音，然后将录音文件名传递给Adapter。

STEP 05 编写单击播放按钮的处理事件，单击后将打开播放的程序。

STEP 06 编写单击删除按钮的处理事件，首先在Adapter删除录音文件名，然后删除录制的文件。

STEP 07 编写单击Adapter列表中某个录制文件的处理事件，如果有文件，单击后将删除及播放按钮设置为Enable不可用，然后输出选择提示语句。

STEP 08 定义方法onStop()实现停止录音操作。

STEP 09 定义方法getRecordFiles()来获取文件的长度，在此设置只能获取".amr"格式的文件。

STEP 10 定义方法openFile(File f)来打开播放指定的录音文件。

STEP 11 定义方法getMIMEType(File f)设置系统可接受的文件类型，在此设置了audio类型、image类型和其他类型。

STEP 12 在文件AndroidManifest.xml中声明录音权限，具体实现代码如下所示。

```
<uses-permission android:name="android.permission.RECORD_AUDIO">
```

至此，整个实例介绍完毕，执行后的效果如图12-2所示。当单击【录音】按钮时开始录音处理，如图12-3所示。当单击【停止】按钮后停止录音处理，并在列表中显示录制的音频文件，如图12-4所示。当选中音频文件并单击【删除】按钮后会删除选中音频文件，单击【播放】按钮后会播放选中的音频文件，如图12-5所示。

图12-2 初始效果

图12-3 正在录音

图12-4 录制的音频文件

图12-5 播放录制的音频

12.3 使用MediaPlayer播放音频

在当今的智能手机中，几乎每一款手机都具备音频播放功能，例如最常见的播放MP3音乐文件。在Android系统中提供了多种播放音频文件的方法，在本节将详细讲解这些方法的具体用法。

12.3.1 MediaPlayer基础

MediaPlayer的功能比较强大，既可以播放音频，也可以播放视频，另外也可以通过VideoView来播放视频。虽然VideoView比MediaPlayer简单易用，但是定制性不如用MediaPlayer，读者需要视具体情况来选择处理方式。MediaPlayer播放音频比较简单，但是要播放视频就需要SurfaceView。SurfaceView比普通的自定义View更有绘图上的优势，它支持完全的OpenGL ES库。MediaPlayer 能被用来控制音频/视频文件或流媒体的回放，可以在VideoView里找到关于如何使用该类中的这个方法的例子。

使用MediaPlayer实现视音频播放功能的基本步骤如下所示。

STEP 01 生成MediaPlayer对象，根据播放文件从不同的地方使用不同的生成方式（具体过程可以参考MediaPlayer API）。

STEP 02 得到MediaPlayer对象后，根据你的实际需要调用不同的方法，如start()、storp()、pause()、release()等。

12.3.2 实战演练：使用MediaPlayer播放音频

为了节约手机的存储空间，在听音乐时可以从网络中下载的方式播放MP3。接下来将通过一个具体实例的实现过程，来讲解使用MediaPlayer播放网络中MP3音频的方法。

实例12-3	播放网络中的MP3音频
源码路径	素材\daima\12\12-3\（Java版+Kotlin版）

首先在本实例中插入4个按钮，分别用于播放、暂停、重新播放和停止处理。执行后，通过Runnable发起运行线程，在线程中远程下载指定的MP3文件，是通过网络传输方式下载的。下载完毕后，临时保存到SD卡中，这样可以通过4个按钮对其进行控制。当程序关闭后，删除SD卡中的临时性文件。本实例程序文件example.java的具体实现流程如下所示。

STEP 01 定义currentFilePath用于记录当前正在播放MP3的URL地址，定义currentTempFilePath表示当前播放MP3的路径。

STEP 02 使用strVideoURL设置要播放mp3文件的网址，并设置透明度。

STEP 03 编写单击【播放】按钮所触发的处理事件，具体实现代码如下所示。

```
/* 播放按钮 */
mPlay.setOnClickListener(new ImageButton.OnClickListener()
{
  public void onClick(View view)
  {
    /* 调用播放影片Function */
    playVideo(strVideoURL);
    mTextView01.setText
    (
      getResources().getText(R.string.str_play).toString()+
      "\n"+ strVideoURL
    );
  }
});
```

STEP 04 编写单击【重播】按钮所触发的处理事件mReset.setOnClickListener(new ImageButton.OnClickListener()。

STEP 05 编写单击【暂停】按钮所触发的处理事件mPause.setOnClickListener(new ImageButton.OnClickListener()。

STEP 06 编写单击【停止】按钮所触发的处理事件mStop.setOnClickListener(new ImageButton.OnClickListener()。

STEP 07 定义方法playVideo(final String strPath)来播放指定的MP3,其播放的是存储卡中暂时保存的MP3文件。

STEP 08 编写监听错误处理事件mMediaPlayer01.setOnErrorListener(new MediaPlayer.OnErrorListener()。

STEP 09 编写setOnBufferingUpdateListener来监听MediaPlayer缓冲区的更新。

STEP 10 编写setOnCompletionListener来监听播放完毕所触发的事件。

STEP 11 编写setOnPreparedListener来监听开始阶段的事件。

STEP 12 将文件存到SD卡后,通过方法mMediaPlayer01.start()播放MP3。

STEP 13 定义函数setDataSource用于存储URL的MP3文件到存储卡。首先判断传入的地址是否为URL,然后创建URL对象和临时文件。

STEP 14 定义方法getFileExtension(String strFileName)来获取音乐文件的扩展名,如果无法顺利获取扩展名则默认为".dat"。

STEP 15 定义方法delFile(String strFileName)来设置当离开程序时删除临时音乐文件。

执行后可以通过播放、暂停、重新播放和停止4个按钮来控制播放的MP3音乐,执行效果如图12-6所示。

图12-6 执行效果

12.4 使用SoundPool播放音频

在Android系统中，可以使用SoundPool来播放一些短的反应速度要求高的声音，比如游戏中的爆破声，而MediaPlayer适合播放长点的音频。

12.4.1 SoundPool基础

在Android系统中，SoundPool的主要特点如下。

（1）SoundPool使用了独立的线程来载入音乐文件，不会阻塞UI主线程的操作。但是这里如果音效文件过大没有载入完成，调用play方法时可能产生严重的后果，这里Android SDK提供了一个SoundPool.OnLoadCompleteListener类来帮助我们了解媒体文件是否载入完成，重载onLoadComplete(SoundPool soundPool, int sampleId, int status) 方法即可获得。

（2）从上面的onLoadComplete方法可以看出该类有很多参数，比如类似id，使得SoundPool在load时可以处理多个媒体一次初始化并放入内存中，这里效率比MediaPlayer高了很多。

（3）类SoundPool可以同时播放多个音效，这对于游戏来说是十分必要的，而MediaPlayer类是同步执行的，只能一个文件一个文件地播放。

类SoundPool中也是通过内置方法实现播放功能的，在SoundPool中包含了如下4个常用的载入音效的方法。

- int load(Context context, int resId, int priority)：从APK资源载入。
- int load(FileDescriptor fd, long offset, long length, int priority)：从FileDescriptor对象载入。
- int load(AssetFileDescriptor afd, int priority)：从Asset对象载入。
- int load(String path, int priority)：从完整文件路径名载入。

12.4.2 实战演练：使用SoundPool播放长短不一的音效

实例12-4	播放长短不一的音效
源码路径	素材\daima\12\12-4\（Java版+Kotlin版）

STEP 01) 新建项目"SoundPool"，导入一长一短的两个音乐文件。
STEP 02) 在布局文件main.xml中设置显示两行文本。
STEP 03) 编写主程序文件MySurfaceView.java，实现界面元素内容的显示，创建SurfaceView视图，并监听设备中的按键事件。文件MySurfaceView.java的主要实现代码如下。

```
/*SurfaceView初始化函数*/
  public MySurfaceView(Context context) {
    super(context);
    sfh = this.getHolder();
    sfh.addCallback(this);
    paint = new Paint();
    paint.setColor(Color.WHITE);
    paint.setAntiAlias(true);
    setFocusable(true);
    //实例SoundPool播放器
    sp = new SoundPool(4, AudioManager.STREAM_MUSIC, 100);
    //加载音乐文件获取其数据ID
    soundId_long = sp.load(context, R.raw.sssong, 1);
    //加载音乐文件获取其数据ID
    soundId_short = sp.load(context, R.raw.ssshort, 1);
  }
……
```

执行后会先判断用户按下的按键，根据按键播放不同的音乐文件。执行效果如图12-7所示。

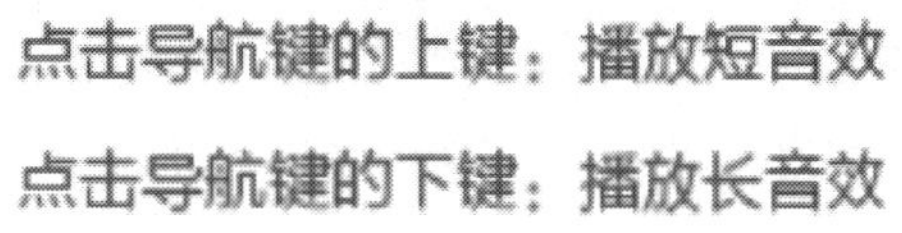

点击导航键的上键：播放短音效

点击导航键的下键：播放长音效

图12-7　执行效果

12.5　使用Ringtone播放铃声

铃声是手机中的最重要应用之一，在Android系统中，通常将Ringtone和RingtoneManager配合使用实现播放铃声、提示音。其中RingtoneManager的功能是维护铃声数据库，能够管理来电铃声(TYPE- RINGTONE)、提示音(TYPE NOTIFICATION)、闹钟铃声(TYPE—ALARM)等。在本质上，Ringtone是对MediaPlayer的再一次封装。在Android系统中，通过类RingtoneManager来专门控制并管理各种铃声。例如常见的来电铃声、闹钟铃声和一些警告、信息通知。

12.5.1　类RingtoneManager基础

在类RingtoneManager中也有一些内置的方法，通过这些方法可以实现播放音频的功能。类RingtoneManager中常用的内置方法如下所示。
- getActualDefaultRingtoneUri：获取指定类型的当前默认铃声。
- getCursor：返回所有可用铃声的游标。
- getDefaultType：获取指定URL默认的铃声类型。

- getDefaultUri：返回指定类型默认铃声的URL。
- getRingtoneUri：返回指定位置铃声的URL。
- getRingtonePosition：获取指定铃声的位置。
- getValidRingtoneUri：获取一个可用铃声的位置。
- isDefault：获取指定URL是否是默认的铃声。
- setActualDefaultRingtoneUri：设置默认的铃声。

在Android系统中，默认的铃声被存储在"system/medio/audio"目录中，下载的铃声一般被保存在SD卡中。

12.5.2 实战演练：使用RingtoneManager设置手机铃声

实例12-5	设置手机铃声
源码路径	素材\daima\12\12-5\（Java版+Kotlin版）

编写成程序文件example.java，其具体实现流程如下所示。

STEP 01 分别设置3个按钮对象、3个自定义类型和3个铃声文件夹。

STEP 02 编写单击设置来电铃声按钮mButtonRingtone后的处理事件，先打开系统铃声设置然后进行设置。具体实现代码如下所示。

```java
public void onCreate(Bundle savedInstanceState)
{
    super.onCreate(savedInstanceState);
    setContentView(R.layout.main);
    mButtonRingtone = (Button) findViewById(R.id.ButtonRingtone);
    mButtonAlarm = (Button) findViewById(R.id.ButtonAlarm);
    mButtonNotification = (Button) findViewById(R.id.ButtonNotification);
    /* 设置来电铃声 */
    mButtonRingtone.setOnClickListener(new Button.OnClickListener()
    {
        @Override
        public void onClick(View arg0)
        {
            if (bFolder(strRingtoneFolder))
            {
                //打开系统铃声设置
                Intent intent = new Intent(RingtoneManager.ACTION_RINGTONE_PICKER);
                //类型为来电RINGTONE
                intent.putExtra(RingtoneManager.EXTRA_RINGTONE_TYPE,
```

```
RingtoneManager.TYPE_RINGTONE);
            //设置显示的title
            intent.putExtra(RingtoneManager.EXTRA_RINGTONE_TITLE, "设置
来电铃声");
            //当设置完成之后返回到当前的Activity
            startActivityForResult(intent, ButtonRingtone);
        }
    }
});
```

STEP 03 编写单击设置闹钟铃声按钮mButtonAlarm后的处理事件mButtonAlarm.setOnClickListener。

STEP 04 编写单击通知铃声按钮mButtonNotification的处理事件mButtonNotification.setOnClickListener。

STEP 05 定义方法boolean bFolder()来检测是否存在指定的文件夹，如果不存在则创建一个。

执行后的可以分别设置三种类型的铃声，效果如图12-8所示。

在本实例中，会根据音乐文件的位置不同有如下三种不同的声音。

图12-8 执行效果

```
/sdcard/ringtones/
/sdcard/media/ringtones/
/sdcard/music/ringtones/
```

12.6 实现手机振动功能

现实中的手机都具有振动功能，在Android系统中可以通过编程的方式实现振动功能。

12.6.1 Vibrator类基础

Android系统中的振动功能是通过Vibrator类实现的，读者可以在SDK中的android.os.Vibrator找到相关的描述。之后Android改进了一些声明方式，在实例化的同时去除了构造方法new Vibrator()这个构造方法，调用时必需获取振动服务的实例句柄。我们定一个Vibrator对象mVibrator变量，获取的方法很简单，具体代码如下所示。

```
mVibrator = (Vibrator) getSystemService(Context.VIBRATOR_SERVICE);
```

然后直接调用下面的方法：

```
vibrate(long[] pattern, int repeat)
```

- 第一个参数long[] pattern：是一个节奏数组，比如{1, 200}；
- 第二个参数repeat：是重复次数，-1为不重复，而数字直接表示的是具体的数字，和一般-1表示无限不同。

12.6.2 实战演练：使用Vibrator实现手机振动

实例12-6	使用Vibrator实现手机振动
源码路径	光盘\daima\12\12-6\（Java版+Kotlin版）

STEP 01 实例文件MainActivity.java的具体实现代码如下所示。

```java
public class MainActivity extends Activity
{
Vibrator vibrator;
@Override
public void onCreate(Bundle savedInstanceState)
{
  super.onCreate(savedInstanceState);
  setContentView(R.layout.main);
  // 获取系统的Vibrator服务
  vibrator = (Vibrator) getSystemService(
      Service.VIBRATOR_SERVICE);
}
// 重写onTouchEvent方法，当用户触碰触摸屏时触发该方法
@Override
public boolean onTouchEvent(MotionEvent event)
{
  Toast.makeText(this, "手机振动"
      , Toast.LENGTH_SHORT).show();
  // 控制手机振动2秒
  vibrator.vibrate(2000);
  return super.onTouchEvent(event);
}
}
```

STEP 02 编写文件AndroidManifest.xml，在此声明Android.permission.VIBRATE权限，主要代码如下所示。

```xml
<uses-permission android:name="android.permission.VIBRATE"></uses-permission>
```

执行后的效果如图12-9所示，如果将手机反转则会自动进入振动模式。

图12-9　执行效果

12.7　设置闹钟

现实中的手机设备都具备闹钟功能，在Android系统中可以使用AlarmManage实现闹钟功能。在本节的内容中，将详细讲解使用AlarmManage开发闹钟应用程序的知识。

12.7.1　AlarmManage基础

在Android系统中，对应AlarmManage有一个AlarmManagerServie服务程序，该服务程序才是真正提供闹钟服务的，主要功能如下所示：

（1）维护应用程序注册下来的各类闹钟。

（2）适时设置即将触发的闹钟给闹钟设备。

在Android系统中，AlarmManagerServie会一直监听闹钟设备，一旦有闹钟触发或者是闹钟事件发生，AlarmManagerServie服务程序就会遍历闹钟列表找到相应的注册闹钟并发出广播。该服务程序在系统启动时被系统服务程序System_service启动并初始化闹钟设备(/dev/alarm)。

Android系统中的AlarmManage提供了4个接口5种类型的闹钟服务，其中4个接口的具体说明如下所示。

- void cancel(PendingIntent operation)：取消已经注册的与参数匹配的闹钟。
- void set(int type, long triggerAtTime, PendingIntent operation)：注册一个新的闹钟。
- void setRepeating(int type, long triggerAtTime, long interval, PendingIntent operation)：注册一个重复类型的闹钟。

- void setTimeZone(String timeZone)：设置时区。

在Android系统中，5个闹钟类型的具体说明如下。

- public static final int ELAPSED_REALTIME：当系统进入睡眠状态时，这种类型的闹钟不会唤醒系统。直到系统下次被唤醒才传递它，该闹钟所用的时间是相对时间，是从系统启动后开始计时的,包括睡眠时间，可以通过调用SystemClock.elapsedRealtime()获得。系统值是3 (0x00000003)。
- public static final int ELAPSED_REALTIME_WAKEUP：功能是唤醒系统，用法同ELAPSED_REALTIME，系统值是2 (0x00000002)。
- public static final int RTC：当系统进入睡眠状态时，这种类型的闹钟不会唤醒系统。直到系统下次被唤醒才传递它，该闹钟所用的时间是绝对时间，所用时间是UTC时间，可以通过调用System.currentTimeMillis()获得，系统值是1 (0x00000001)。
- public static final int RTC_WAKEUP：功能是唤醒系统，用法同RTC类型，系统值为 0 (0x00000000)。
- public static final int POWER_OFF_WAKEUP：功能是唤醒系统，它是一种关机闹钟，就是说设备在关机状态下也可以唤醒系统，所以我们把它称之为关机闹钟。使用方法同RTC类型，系统值为4(0x00000004)。

12.7.2 实战演练：开发一个闹钟简单的闹钟程序

实例12-7	开发一个闹钟简单的闹钟程序
源码路径	素材\daima\12\12-7\（Java版+Kotlin版）

STEP 01 编写文件example.java。其具体实现流程如下。

- 载入主布局文件main.xml，单击Button1按钮后实现只响一次闹钟，通过setTime1对象实现只响一次的闹钟的设置。
- 通过新建的TimePickerDialog弹出一个对话框供用户来设置时间。
- 单击mButton2按钮来删除只响一次的闹钟。
- 设置重复响起的闹钟，首先以create重复响起的闹钟的设置画面，并引用timeset.xml为布局文件。
- 以create重复响起闹钟的设置Dialog对话框。
- 获取设置的间隔秒数。
- 获取设置的开始时间，秒和毫秒都设置为0。
- 指定闹钟设置时间到时要运行CallAlarm.class。
- 通过setRepeating()可让闹钟重复运行。
- 通过dmpS更新显示的设置闹钟时间。

- 通过以Toast提示设置已完成。
- 单击mButton3按钮实现重复响起的闹钟，具体实现代码如下所示。

```
/* 重复响起的闹钟的设置Button */
mButton3=(Button) findViewById(R.id.mButton3);
mButton3.setOnClickListener(new View.OnClickListener()
{
  public void onClick(View v)
  {
    /* 取得点击按钮时的时间作为tPicker的默认值 */
    c.setTimeInMillis(System.currentTimeMillis());
    tPicker.setCurrentHour(c.get(Calendar.HOUR_OF_DAY));
    tPicker.setCurrentMinute(c.get(Calendar.MINUTE));
    /* 跳出设置画面di */
    di.show();
  }
});
```

- 单击mButton4按钮后删除重复响起的闹钟。
- 使用方法format来设置使用两位数的显示格式来表示日期时间。

STEP 02 编写文件example_1.java，实现实际跳出闹钟Dialog的Activity。

STEP 03 编写文件example_2.java，实现调用闹钟Alert的Receiver。

STEP 04 编写文件AndroidManifest.xml，在里面添加对CallAlarm的receiver设置。具体实现代码如下所示。

```
<!--注册receiver CallAlarm -->
<receiver android:name=".example_2" android:process=":remote" />
<activity android:name=".example_1" ndroid:label="@string/app_name">
</activity>
```

执行后的效果如图12-10所示，单击第一个【设置】按钮后弹出设置界面，在此可以设置闹钟时间，如图12-11所示。单击第二个按钮可以设置重复响起的时间，如图12-12所示。

图12-10　初始效果

图12-11　响一次的设置界面

图12-12　重复响的设置界面

第13章
开发视频应用程序

在移动手机设备应用领域中,视频播放功能也是一个必不可少的基本配置功能,用户经常使用手机等移动设备来观看视频节目。在本章的内容中,将详细讲解在Android系统中播放视频的基本知识,为读者步入本书后面的知识的学习打下基础。

13.1 实战演练：使用MediaPlayer播放视频

在本书前面的内容中曾经讲解过MediaPlayer类的知识，其实MediaPlayer除了可以播放音频之外，还可以在Android系统中播放视频。下面将通过一个具体实例来说明使用MediaPlayer播放视频的方法，本实例的功能是使用MediaPlayer播放网络中的视频。

实例13-1	使用MediaPlayer播放指定的视频
源码路径	素材\daima\13\13-1\（Java版+Kotlin版）

实例文件example.java的具体实现流程如下所示。

STEP 01 定义bIsReleased来标识MediaPlayer是否已被释放，识别MediaPlayer是否正处于暂停，并用LogCat输出TAG filter。

STEP 02 设置播放视频的URL地址，使用mSurfaceView01来绑定Layout上的SurfaceView。然后设置SurfaceHolder为Layout SurfaceView。具体实现代码如下所示。

```
public void onCreate(Bundle savedInstanceState)
{
  super.onCreate(savedInstanceState);
  setContentView(R.layout.main);
  /* 将.3gp图像文件存放URL网址*/
  strVideoURL =
  "http://new4.sz.3gp2.com//20100205xyy/喜羊羊与灰太狼%20踩高跷(www.3gp2.com).3gp";
  //http://www.dubblogs.cc:8751/Android/Test/Media/3gp/test2.3gp

  mTextView01 = (TextView)findViewById(R.id.myTextView1);
  mEditText01 = (EditText)findViewById(R.id.myEditText1);
  mEditText01.setText(strVideoURL);

  /* 绑定Layout上的SurfaceView */
  mSurfaceView01 = (SurfaceView) findViewById(R.id.mSurfaceView1);

  /* 设置PixnelFormat */
  getWindow().setFormat(PixelFormat.TRANSPARENT);
  /* 设置SurfaceHolder为Layout SurfaceView */
  mSurfaceHolder01 = mSurfaceView01.getHolder();
  mSurfaceHolder01.addCallback(this);
```

STEP 03 为影片设置大小比例，并分别设置mPlay、mReset、mPause和mStop四个控制按钮。

STEP 04 编写点击【播放】按钮的处理事件mPlay.setOnClickListener。
STEP 05 编写点击【重播】按钮的处理事件mReset.setOnClickListener。
STEP 06 编写点击【暂停】按钮的处理事件mPause.setOnClickListener。
STEP 07 编写点击【停止】按钮的处理事件mStop.setOnClickListener。
STEP 08 定义方法playVideo()来下载指定URL地址的影片,并在下载后进行播放处理。
STEP 09 定义mMediaPlayer01.setOnBufferingUpdateListener事件来监听缓冲进度。
STEP 10 定义方法run()来接受连接并记录线程信息。先在运行线程时调用自定义函数来抓取下文,当下载完后调用prepare准备动作,当有异常发生时输出错误信息。
STEP 11 定义方法setDataSource()使用线程启动的方式来播放视频。
STEP 12 定义方法getFileExtension获取视频类型的扩展名。
STEP 13 定义方法checkSDCard()判断存储卡是否存在,具体实现代码如下所示。

```java
private boolean checkSDCard()
{
  /* 判断存储卡是否存在*/
  if(android.os.Environment.getExternalStorageState().equals
  (android.os.Environment.MEDIA_MOUNTED))
  {
    return true;
  }
  else
  {
    return false;
  }
}
@Override
public void surfaceChanged
(SurfaceHolder surfaceholder, int format, int w, int h)
{
  Log.i(TAG, "Surface Changed");
}
public void surfaceCreated(SurfaceHolder surfaceholder)
{
  Log.i(TAG, "Surface Changed");
}

@Override
public void surfaceDestroyed(SurfaceHolder surfaceholder)
{
  Log.i(TAG, "Surface Changed");
}
}
```

在上述代码中，通过EditText来获取远程视频的URL，然后将此网址的视频下载到手机的存储卡中，以暂存的方式保存在存储卡中。然后通过控制按钮来控制对视频的处理。在播放完毕并终止程序后，将暂存到SD中的临时视频删除。执行后在文本框中显示指定播放视频的URL，当下载完毕后能实现播放处理，如图13-1所示。

图13-1　执行效果

13.2　使用VideoView播放视频

在Android系统中有多种播放视频的技术，除了MediaPlayer技术外，还内置了VideoView Widget作为多媒体视频播放器，开发者可以直接调用VideoView来播放视频，这仅仅需要几行调用代码即可实现，整个过程非常简单。

13.2.1　VideoView基础

在Android系统中，VideoView的用法和其他Widget私有方法类似。在使用VideoView时，必须先在Layout XML中定义VideoView属性，然后在程序中通过findViewById()方法创建VideoView对象。VideoView的最大用处是播放视频文件，类VideoView可以从不同的来源（例如资源文件或内容提供器）读取图像，计算和维护视频的画面尺寸以使其适用于任何布局管理器，并提供一些诸如缩放、着色之类的显示选项。

1. 构造方法

在类VideoView中有三个构造方法，其中第一个的语法格式如下所示。

```
public VideoView (Context context)
```

通过上述方法可以创建一个默认属性的VideoView实例，参数context表示视图运行的应用程序上下文，通过它可以访问当前主题、资源等。

第二个构造方法的语法格式如下所示。

```
public VideoView (Context context, AttributeSet attrs)
```

通过上述方法可以创建一个带有attrs属性的VideoView实例，各个参数的具体说明如下所示。

- Context：表示视图运行的应用程序上下文，通过它可以访问当前主题、资源等。
- Attrs：用于视图的 XML 标签属性集合。

第二个构造方法的语法格式如下所示。

```
public VideoView (Context context, AttributeSet attrs, int defStyle)
```

通过上述方法可以创建一个带有attrs属性,并且指定其默认样式的VideoView实例。各个参数的具体说明如下所示。

- context:视图运行的应用程序上下文,通过它可以访问当前主题、资源等。
- attrs:用于视图的 XML 标签属性集合。
- defStyle:应用到视图的默认风格。如果为0则不应用(包括当前主题中的)风格。该值可以是当前主题中的属性资源,或者是明确的风格资源ID。

2. 公共方法

在类VideoView中主要包含了如下所示的公共方法。

(1) public boolean canPause ():判断是否能够暂停播放视频。

(2) public boolean canSeekBackward ():判断是否能够倒退。

(3) public boolean canSeekForward ():判断是否能够快进。

(4) public int getBufferPercentage ():获得缓冲区的百分比。

(5) public int getCurrentPosition ():获得当前的位置。

(6) public int getDuration ():获得所播放视频的总时间。

(7) public boolean isPlaying ():判断是否正在播放视频。

(8) public boolean onKeyDown (int keyCode, KeyEvent event):是KeyEvent.Callback.onKeyMultiple() 的默认实现。如果视图可用并可按,当按下 KEYCODE_DPAD_CENTER 或 KEYCODE_ENTER 时执行视图的按下事件。如果处理了事件则返回True,如果允许下一个事件接受器处理该事件则返回false。

各个参数的具体说明如下所示。

- keyCode:表示所按下的键在 KEYCODE_ENTER 中定义的键盘代码。
- event:KeyEvent 对象,定义了按钮动作。

(9) public boolean onTouchEvent (MotionEvent ev):通过该方法来处理触屏事件,参数event表示触屏事件。如果事件已经处理返回True,否则返回false。

(10) public boolean onTrackballEvent (MotionEvent ev):实现这个方法去处理轨迹球的动作事件,轨迹球相对于上次事件移动的位置能用MotionEvent.getX() 和 MotionEvent.getY()函数取回。当用户按下方向键时,将被作为一次移动操作来处理(为了表现来自轨迹球的更小粒度的移动信息,返回小数)。参数ev表示动作的事件。

(11) public void pause():使得播放暂停。

(12) public int resolveAdjustedSize(int desiredSize, int measureSpec):取得调整后的尺寸。如果measureSpec对象传入的模式是UNSPECIFIED那么返回的是desiredSize。如果measureSpec对象传入的模式是AT_MOST,返回的将是desiredSize和measureSpec对象的

尺寸两者中最小的那个。如果measureSpec对象传入的模式是EXACTLY，那么返回的是measureSpec对象中的尺寸大小值。

 注意

> MeasureSpec是一个android.view.View的内部类。它封装了从父类传送到子类的布局要求信息。每个MeasureSpec对象描述了控件的高度或者宽度。MeasureSpec对象是由尺寸和模式组成的，有3个模式：UNSPECIFIED、EXACTLY、AT_MOST，这个对象由MeasureSpec.makeMeasureSpec()函数创建。

（13）public void resume()：用于恢复挂起的播放器。

（14）public void seekTo (int msec)：设置播放位置。

（15）public void setMediaController (MediaController controller)：设置媒体控制器。

（16）public void setOnCompletionListener (MediaPlayer.OnCompletionListener l)：注册在媒体文件播放完毕时调用的回调函数。参数l表示要执行的回调函数。

（17）public void setOnErrorListener (MediaPlayer.OnErrorListener l)：注册在设置或播放过程中发生错误时调用的回调函数。如果未指定回调函数，或回调函数返回假，VideoView 会通知用户发生了错误。参数l表示要执行的回调函数。

（18）public void setOnPreparedListener (MediaPlayer.OnPreparedListener l)：用于注册在媒体文件加载完毕，可以播放时调用的回调函数。参数l表示要执行的回调函数。

（19）public void setVideoPath (String path)：用于设置视频文件的路径名。

（20）public void setVideoURI (Uri uri)：设置视频文件的统一资源标识符。

（21）public void start ()：开始播放视频文件。

（22）public void stopPlayback ()：停止回放视频文件。

（23）public void suspend ()：挂起视频文件的播放。

13.2.2 实战演练：使用VideoView播放手机中的影片

接下来将通过一个具体实例的实现过程，讲解在Android系统中使用MediaPlayer播放SD卡中的视频的方法。在本实例中，预先准备了两个".3gp"格式的视频文件，然后将这两个文件上传到虚拟SD卡中。最后插入两个按钮，当单击按钮后分别实现对这两个视频文件的播放。

实例13-2	使用VideoView播放手机中的影片
源码路径	素材\daima\13\13-2\（Java版+Kotlin版）

编写主程序文件example.java，其具体实现流程如下所示。

STEP 01 设置默认判别是否安装存储卡flag值为false，然后设置全屏幕显示。

STEP 02 判断存储卡是否存在，如果不存在则通过mMakeTextToast()方法输出提示信息。

STEP 03 定义单击第一个按钮的处理事件mButton01.setOnClickListener，通过函数playVideo(strVideoPath)来播放第一个影片。

STEP 04 定义单击第二个按钮的处理事件mButton02.setOnClickListener，通过函数playVideo(strVideoPath)来播放第二个影片。

STEP 05 定义方法VideoView()播放指定路径的影片，具体实现代码如下所示。

```java
/* 自定义以VideoView播放影片 */
private void playVideo(String strPath)
{
  if(strPath!="")
  {
    /* 调用VideoURI方法，指定解析路径 */
    mVideoView01.setVideoURI(Uri.parse(strPath));

    /* 设置控制Bar显示于此Context中 */
    mVideoView01.setMediaController
    (new MediaController(example.this));

    mVideoView01.requestFocus();

    /* 调用VideoView.start()自动播放 */
    mVideoView01.start();
    if(mVideoView01.isPlaying())
    {
      /* 下程序不会被运行，因start()后尚需要preparing() */
      mTextView01.setText("Now Playing:"+strPath);
      Log.i(TAG, strPath);
    }
  }
}
```

STEP 06 定义方法mMakeTextToast来输出显示提醒语句。

执行后的效果如图13-2所示。当单击按钮【播放200米移动靶回放】和【播放200米飞碟回放】后分别播放预设的影片。

注意

其实类VideoView的功能不止是播放视频，它还可以从不同的来源（例如资源文件或内容提供器）读取图像，计算和维护视频的画面尺寸以使其适用于任何布局管理器，并提供一些诸如缩放、着色之类的显示选项。

图13-2 执行效果

第14章
使用OpenGL ES开发3D程序

> OpenGL ES (OpenGL for Embedded Systems)是OpenGL三维图形API 的子集，是专门针对手机、PDA和游戏主机等嵌入式设备而设计的。在Android系统中，可以通过OpenGL ES提供的API实现三维效果功能。在本章将详细讲解在Android中使用OpenGL ES实现三维图形的知识，为读者步入本书后面知识的学习打下基础。

14.1 OpenGL ES介绍

在Android系统中使用OpenGL ES实现3D效果，OpenGL ES API是由Khronos集团定义并推广的。Khronos是一个图形软硬件行业协会，该协会主要关注图形和多媒体方面的开放标准。OpenGL ES是从OpenGL裁剪定制而来的，去除了glBegin/glEnd、四边形（GL_QUADS）、多边形（GL_POLYGONS）等复杂图元等许多非绝对必要的特性。

OpenGL ES的基本特性如下所示：

（1）计算着色器(Compute Shaders)：新版的支柱性功能，来自OpenGL 4.3。通过计算着色器技术，在应用程序中可以使用GPU执行通用目的计算任务，并与图形渲染紧密相连，将大大增强移动设备的计算能力。此外，计算着色器是用GLSL ES着色语言编写的，可与图形流水线共享数据，开发也更容易。

（2）独立的着色器对象：可以为GPU的定点、碎片着色器阶段独立编程，无需明确的连接步骤即可将定点、碎片程序混合匹配在一起。

（3）间接呼叫指令：GPU可以从内存获取呼叫指令，而不必非得等待CPU。举个例子，这可以让GPU上的计算着色器执行物理模拟，然后生成显示结果所需的呼叫指令，全程不必CPU参与。

（4）增强的纹理功能：包括多重采样纹理、模板纹理、纹理聚集等。

（5）着色语言改进：新的算法和位字段(bitfield)操作，还有现代方式的着色器编程。

（6）可选扩展：每采样着色、高级混合模式等等。

（7）向下兼容：完全兼容OpenGL ES 2.0/3.0，程序员可在已有基础上增加3.1特性。

Android系统全面支持OpenGL最新的嵌入式移动版本OpenGL ES 3.1。和旧版本的OpenGL ES相比，OpenGL ES 3.1拥有更多的缓冲区对象，支持GLSL ES 3.1着色语言、32位整数和浮点数据类型操作，统一了纹理压缩格式ETC，实现了多重渲染目标和多重采样抗锯齿。这将为Android游戏带来更加出色的视觉效果，鼓舞开发商重视Android平台上的3D游戏业务，同时利好于谷歌游戏中心（Google Play Games）。

14.2 使用点线法绘制三角形

在Android系统中，当使用OpenGL ES构建三维效果时，大多数是通过构建三角形的方式实现的。在本节的内容中，将详细讲解使用点线法绘制三角形的知识。

14.2.1 点线法基础

在Android系统中，使用OpenGL ES点线法绘制三角形的方法有多种，其中最为常用的如下所示。

(1) GL_POINTS

把每个顶点作为一个点进行处理,索引数组中的第z个顶点即定义了点2,共绘制N个点。例如,索引数组{0, 1, 2, 3, 4}。

(2) GL_INES

把每两个顶点作为一条独立的线段面,索引数组中的第2n和2n+1顶点定义了第n条线段,总共绘制了N/2条线段。如果N为奇数,则忽略最后一个顶点。例如,索引数组{0, 3, 2, 1}。

(3) GL_LINE_STRIF

绘制索引数组中从第0个顶点到最后一个顶点依次相连的一组线段,第N个和N+1个顶点定义了线段,总共绘制N-1条线段。例如,索引数组{0, 3, 2, 1}。

(4) GL_LINE_LOOP

绘制索引数组中从第0个顶点到最后一个顶点依次相连的一组线段,最终最后一个顶点与第0个顶点相连。第n和行n+1个顶点定义了线段n,最后一条线段是由顶点N-1和0之间定义,总共绘制n条线段。例如,索引数组{0, 3, 2, 1}。

(5) GL_TRIANGLES

把索引数组中的每3个顶点作为一个独立三角形。索引数组中第3N、3N+1和3N+2顶点定义了第N个三角形,总共绘制N/3个三角形。例如,索引数组{0, 1, 2, 2, 1, 3}。

(6) GL_TRIANGLE_STRIP

此方式用于绘制一组相连的三角形。对于索引数组中的第N个点,如果行为奇数,则第N+1、第N+2顶点定义了第N个三角形;如果行为偶数,则第N、第N+1和N+2顶点定义了第N个三角形。总共绘制N-2个三角形。例如,索引数组{0, 1, 2, 3, 4}。

(7) GL_TRIANGLE_FAN

绘制一组相连的三角形。三角形是由索引数组中的第0个顶点及其后给定的顶点所确定。顶点0、N+1和N+2定义了第N个三角形,一总共绘制N-2个三角形。例如索引数组{0, 1, 2, 3, 4}。

14.2.2 实战演练:使用GL_TRIANGLES方法绘制三角形

实例14-1	使用GL_TRIANGLES方法绘制三角形
源码路径	素材\daima\14\14-1\(Java版+Kotlin版)

STEP 01 编写布局文件main.xml,设置垂直方向布局和线型布局的ID。

STEP 02 编写文件MyActivity.java,用于重写onCreate()方法,在创建时为Activity设置

布局，在暂停的同时保存mSurfaceView，在恢复的同时恢复mSurfaceView。主要实现代码如下所示。

```
public class MyActivity extends Activity {
private MySurfaceView mSurfaceView;
    @Override
    public void onCreate(Bundle savedInstanceState) {
        super.onCreate(savedInstanceState);
        setContentView(R.layout.main);
        mSurfaceView=new MySurfaceView(this);//创建MySurfaceView对象
        mSurfaceView.requestFocus();//获取焦点
        mSurfaceView.setFocusableInTouchMode(true);//设置可触控模式
            LinearLayout ll=(LinearLayout)this.findViewById(R.id.main_
liner);//获得对线性布局的引用
        ll.addView(mSurfaceView);
    }
@Override
protected void onPause() {
  super.onPause();
  mSurfaceView.onPause();
}
@Override
protected void onResume() {
  super.onResume();
  mSurfaceView.onResume();
}
}
```

STEP 03 编写文件MySurfaceView.java，首先引入相关类及自定义视图来加载图像，然后角度缩放比例，并重写触控事件的回调方法来计算在屏幕上滑动多少距离对应物体应该旋转多少度，最后定义渲染器类，实现其内部的相关方法来渲染场景。

STEP 04 编写文件threeCH.java，首先在此定义类threeCH来绘制图形，然后初始化三角形的顶点数据缓冲和颜色数据缓冲，并创建整型类型的顶点数据数组，最后定义应用程序中各个实现场景物体的绘制方法。

本实例执行后将显示一个青色屏幕背景，颜色为白色的直角三角形。执行效果如图14-1所示。

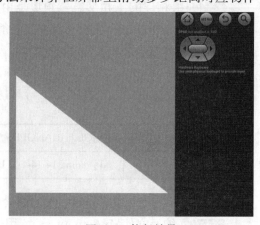

图14-1　执行效果

14.3 使用索引法绘制三角形

索引法是指通过调用gl.glDrawElements()方法来绘制各种基本几何图形。在本节的内容中，将详细讲解使用索引法绘制3D三角形的方法。

14.3.1 gl.glDrawElements()方法基础

在OpenGL ES中，方法glDrawElements()的语法格式如下所示。

```
glDrawElements(int mode, int count, int type, Buffer indices)
```

- mode：定义画什么样的图元。
- count：定义一共有多少个索引值。
- type：定义索引数组使用的类型。
- indices：绘制顶点使用的索引缓存。

14.3.2 实战演练：使用索引法绘制三角形

实例14-2	使用索引法绘制三角形
源码路径	素材\daima\14\14-2\ （Java版+Kotlin版）

STEP 01 编写文件MyActivity.java，具体实现流程如下所示：

- 先引入相关包，并声明了MySurfaceView对象。
- 为布局文件中的按钮添加的监听器类，分别用于监听不同的3个按钮。
- 重写onPause()继承父类的方法，并同时挂起或恢复MySurfaceView视图。

文件MyActivity.java的主要实现代码如下所示。

```java
public class MyActivity extends Activity {
private MySurfaceView mSurfaceView;   //声明MySurfaceView对象
    public void onCreate(Bundle savedInstanceState) {
        super.onCreate(savedInstanceState);
        setContentView(R.layout.main);
//布局文件
        mSurfaceView=new MySurfaceView(this);
        mSurfaceView.requestFocus();                          //获取焦点
        mSurfaceView.setFocusableInTouchMode(true);           //设置为可触控
        //获得线性布局的引用
        LinearLayout ll=(LinearLayout)this.findViewById(R.id.main_liner);
        ll.addView(mSurfaceView);
        //获得第一个开关按钮的引用
        ToggleButton tb01=(ToggleButton)this.findViewById(R.
```

```
id.ToggleButton01);
        tb01.setOnCheckedChangeListener(new FirstListener());
        //获得第二个开关按钮的引用
            ToggleButton tb02=(ToggleButton)this.findViewById(R.id.ToggleButton02);
        tb02.setOnCheckedChangeListener(new SecondListener());
//获得第三个开关按钮的引用
            ToggleButton tb03=(ToggleButton)this.findViewById(R.id.ToggleButton03);
        tb03.setOnCheckedChangeListener(new ThirdListener());
    }
    class FirstListener implements OnCheckedChangeListener{
    @Override
    public void onCheckedChanged(CompoundButton buttonView,
        boolean isChecked) {
      mSurfaceView.setBackFlag(!mSurfaceView.isBackFlag());
    }
    }
    class SecondListener implements OnCheckedChangeListener{    //声明第二个按钮的监听器
    @Override
    public void onCheckedChanged(CompoundButton buttonView,
        boolean isChecked) {
      mSurfaceView.setSmoothFlag(!mSurfaceView.isSmoothFlag());
    }
    }
class ThirdListener implements OnCheckedChangeListener{        //声明第三个按钮的监听器
    @Override
    public void onCheckedChanged(CompoundButton buttonView,
        boolean isChecked) {
      mSurfaceView.setSelfCulling(!mSurfaceView.isSelfCulling());
    }
}
@Override
protected void onPause() {
    super.onPause();
    mSurfaceView.onPause();
}
@Override
protected void onResume() {
    super.onResume();
    mSurfaceView.onResume();
}
}
```

STEP 02 编写文件MySurfaceView.java。具体实现流程如下：
- 在创建MySurfaceView对象的同时设置渲染器和渲染模式。
- 设置背面剪裁、平滑着色、自定义卷绕标志位的方法。
- 定义了触摸回调方法以实现屏幕触控，并在屏幕上滑动而使场景物体旋转的功能。
- 定义渲染器内部类以实现图像的渲染，以及屏幕横竖发生变化时所采取的措施。
- 重写onDrawFrame()方法，分别实现背面剪裁、平滑着色功能，并在屏幕横竖空间位置发生变化时自动调用。
- 当MySurfaceView创建和被调用时以初始化屏幕背景颜色、绘制模式、是否深度检测等功能。

STEP 03 编写文件suoyinCH.java，定义suoyinCH类的构造器来初始化相关数据，这些数据包括初始化三角形的顶点数据缓冲、颜色数据缓冲、索引数据缓冲。然后定义应用程序中具体实现场景物体的绘制方法，主要包括启用相应数组、旋转场景中物体、指定画笔的顶点坐标数据和顶点颜色数据，并用画笔实现绘图功能。

到此为止，整个实例介绍完毕，执行后将显示青色背景的屏幕。在屏幕上方显示3个控制按钮，通过按钮可以设置屏幕下方的两个三角形的显示模式。执行效果如图14-2所示。

图14-2　执行效果

14.4　实现投影效果

本节将继续讲解在Android系统中使用OpenGL ES的知识。接下来将要讲解使用OpenGL ES实现投影效果的方法。

14.4.1　正交投影和透视投影

在OpenGL ES中只支持两种投影方式，分别是正交投影和透视投影。正交投影是平行投影的一种，特点是观察者的视线是平行的，不会产生真实世界近大远小的透视效果。在此做一个假设：I与Z是一个分别为具有二阶矩的n维和m维随机向量。如果存在一个与I同维的随机向量"&Icirc；"，如果满足下列3个条件则将"&Icirc；"称之为是I在Z上的正交投影。

(1) 线性表示，&Icirc；= A + BZ。
(2) 无偏性，E（&Icirc；）= E（I）。
(3) I-&Icirc；与Z正交，即E[(I - &Icirc；)ZT]=0。；

其中，ZT是Z的转置。

透视投影属于非平行投影，特点是观察者的视线在远处是相交的，当视线相交时表示灭点。因为通过透视投影可以产生现实世界中近大远小的效果，所以使用透视投影可以得到一个更加真实的3D感受。正因为如此，在现实游戏应用中一般采用透视投影方式。透视投影是用中心投影法将形体投射到投影面上，从而获得的一种较为接近视觉效果的单面投影图。透视投影具有消失感、距离感、相同大小的形体呈现出有规律的变化等一系列的透视特性，能逼真地反映形体的空间形象。透视投影也称为透视图，简称透视。

除了在游戏领域比较受欢迎之外，在建筑设计过程中通常用透视图来表达设计对象的外形，以帮助完成设计构思、研究、比较建筑物的空间造型和立面处理等工作，是建筑设计领域中最重要的辅助图样之一。

14.4.2 实战演练：在Android屏幕中实现投影效果

下面将通过一个具体实例的实现流程，详细讲解在Android屏幕中实现投影效果的方法。

实例14-3	在Android屏幕中实现投影效果
源码路径	素材\daima\14\14-3\（Java版+Kotlin版）

STEP 01 编写文件MyActivity.java，具体实现流程如下：
- 为布局文件中的按钮定义了监听器类，实现在两种投影之间切换，分别实现显示响应的效果。
- 重写onPause方法以继承父类的方法，并同时将MySurfaceView视图挂起或恢复。

文件MyActivity.java的主要实现代码如下：

```java
public class MyActivity extends Activity {
private MySurfaceView mSurfaceView;
    @Override
    protected void onCreate(Bundle savedInstanceState) {
        super.onCreate(savedInstanceState);
        setContentView(R.layout.main);
        mSurfaceView = new MySurfaceView(this);
        mSurfaceView.requestFocus();
        mSurfaceView.setFocusableInTouchMode(true);      //设置为可触控
        LinearLayout ll=(LinearLayout)findViewById(R.id.main_liner);
        ll.addView(mSurfaceView);
        //控制是否打开背面剪裁的ToggleButton
        ToggleButton tb=(ToggleButton)this.findViewById(R.id.ToggleButton01);
```

```
        tb.setOnCheckedChangeListener(new MyListener());
    }
    class MyListener implements OnCheckedChangeListener{
    @Override
    public void onCheckedChanged(CompoundButton buttonView,
            boolean isChecked) {
            //在正交投影与透视投影之间切换
            mSurfaceView.isPerspective=!mSurfaceView.isPerspective;
            mSurfaceView.requestRender();         //重新绘制
        }
    }
```

STEP 02 编写文件MySurfaceView.java，具体实现流程如下：

- 定义MySurfaceView的构造器，以在创建MySurfaceView对象时设置渲染器和渲染模式。
- 定义触摸回调方法以实现屏幕触控功能，通过在屏幕上滑动实现旋转场景中物体的功能。
- 定义渲染器内部类，功能是实现对图像的渲染。
- 设置当屏幕横竖发生变化时的处理措施及创建MySurfaceView时的初始化功能。

STEP 03 编写文件touCH.java，具体实现流程如下：

- 先声明顶点缓存、顶点颜色缓存、顶点索引缓存、顶点数、索引数等相关变量。
- 定义类dingCH的构造器来初始化相关数据，分别初始化六边形的顶点数据缓冲、颜色数据缓冲和索引数据缓冲。
- 定义应用程序中具体实现场景物体的绘制方法。

到此为止，整个实例的主要代码介绍完毕，执行后会显示一个青色背景屏幕，并在屏幕中分别显示正交投影和透视投影两种效果，如图14-3所示。

图14-3　执行效果

14.5　实现光照效果

在Android系统中，还可以通过OpenGL ES技术实现光照特效。本节将详细讲解使用OpenGL ES技术实现光照特效的知识。

14.5.1　光源的类型

在OpenGL ES中通过方法glLightfv (int light，int pname，float[] params，int offset)来

设定定向光，上述方法中各个参数的具体说明如下所示。
- Light：该参数设定为OpenGL ES中的灯，用GL_LIGHT0到GL_LIGHT7分别来表示8盏灯。如果该处设置的为GL_LIGHT0，则表示方法glLightfv中其余的设置都是针对GL_LIGHT0的，即0号灯进行设置的。
- Pname：被设置的光源的属性是由pname定义的，它指定了一个命名参数，在设置定向光时应该设置成GL_POSITION。
- Params：此参数是一个float数组，该数组由4部分组成，前3个值组成表示定向光方向的向量，光的方向为从向量点处向原点处照射。如 [0，1，0，0] 表示沿Y轴负方向的光。最后的0表示此光源发出的是定向光。

在自然世界中定向光与定位光是截然不同的，这就像太阳与燃烧的蜡烛之间的区别。但是，在OpenGL ES中的实现定向光与定位光的方法十分相似。在OpenGL ES系统中，使用方法gl.glEnable()可以打开某一盏灯，其参数GL_LIGHT0、GL_LIGHT1……或GL_LIGHT7分别代表OpenGL ES中的8盏灯。另外，在OpenGL ES中通过方法glLightfv (int light, int pname, float[] params, int offset)来设定定位光，其参数和前面介绍的定向光中的glLightfv方法类似，而且里面的参数基本相同，唯一的差别是params参数略有不同。具体差别如下所示。

- 在定向光中，参数params的最后一个参数设定为0，而在定位光中，该参数设定为1。
- 在定向光中，参数params的前3个参数为设定光源的向量坐标，而在定位光中，这3个参数是光源的位置。
- 在定向光中光的方向为给定的坐标点与原点之间的向量，所以params中的坐标不能设置为[0，0，0]，而在定位光中给出的是光源的坐标位置，所以params前3个参数可以设置为[0，0，0]。

在方法glLightfv()中，设置其余参数的方法与前面介绍的方法glLightfv相同，在此不再赘述。

14.5.2 实战演练：开启或关闭光照特效

实例14-4	开启/关闭光照特效
源码路径	素材\daima\14\14-4\ （Java版+Kotlin版）

STEP 01 编写文件MyActivity.java，具体实现流程如下所示。
- 实例化MySurfaceView对象，同时设置Acitivity的内容。
- 设置MySurfaceView为可触控。
- 当Acitvity调用了方法onPause()和onResume()时，GLSurfaceView需要调用相应的操作，即分别调用方法onPause()及onResume()。

第14章 使用OpenGL ES开发3D程序

STEP 02 编写文件MySurfaceView.java，具体实现流程如下所示。

- 使用方法gl.glEnable(GL10.GL_LIGHTING)打开灯光效果。
- 通过gl.gILightfv()设定光照相关参数，分别实现关闭抗抖动、设置背景颜色、设置着色模式等操作。
- 初始化0号灯，分别设置0号灯的环境光、散射光、反射光。
- 设置物体的材质。

文件MySurfaceView.java的主要实现代码如下所示。

```
private class SceneRenderer implements GLSurfaceView.Renderer
    {
      kaiguanCH ball=new kaiguanCH(4);
      public SceneRenderer(){
      }
        public void onDrawFrame(GL10 gl){
            gl.glShadeModel(GL10.GL_SMOOTH);
            if(openLightFlag){                           //打开灯
                gl.glEnable(GL10.GL_LIGHTING);          //允许光照
                initLight0(gl);                          //初始化绿色灯
                  initMaterialWhite(gl);                //初始化材质为白色
                //设定Light0光源的位置
              float[] positionParamsGreen={2,1,0,1}; //最后的1表示是定位光
                        gl.glLightfv(GL10.GL_LIGHT0, GL10.GL_POSITION, positionParamsGreen,0);
            }else{//关灯
                gl.glDisable(GL10.GL_LIGHTING);
            }
            //清除颜色缓存
            gl.glClear(GL10.GL_COLOR_BUFFER_BIT | GL10.GL_DEPTH_BUFFER_BIT);
            //设置为模式矩阵
            gl.glMatrixMode(GL10.GL_MODELVIEW);
            //设置当前矩阵为单位矩阵
            gl.glLoadIdentity();
            gl.glTranslatef(0, 0f, -1.8f);
            ball.drawSelf(gl);
            gl.glLoadIdentity();
        }
        public void onSurfaceChanged(GL10 gl, int width, int height) {
            //设置视窗大小及位置
            gl.glViewport(0, 0, width, height);
            //设置当前矩阵为投影矩阵
            gl.glMatrixMode(GL10.GL_PROJECTION);
```

```
            //设置当前矩阵为单位矩阵
            gl.glLoadIdentity();
            //计算透视投影的比例
            float ratio = (float) width / height;
            //计算产生透视投影矩阵
            gl.glFrustumf(-ratio, ratio, -1, 1, 1, 10);
        }
        public void onSurfaceCreated(GL10 gl, EGLConfig config) {
            //关闭抗抖动
            gl.glDisable(GL10.GL_DITHER);
                //设置特定Hint项目的模式，这里为设置为使用快速模式
            gl.glHint(GL10.GL_PERSPECTIVE_CORRECTION_HINT,GL10.GL_FASTEST);
            //设置屏幕背景色黑色RGBA
            gl.glClearColor(0,0,0,0);
            //设置着色模型为平滑着色
            gl.glShadeModel(GL10.GL_SMOOTH);//GL10.GL_SMOOTH  GL10.GL_FLAT
            //启用深度测试
            gl.glEnable(GL10.GL_DEPTH_TEST);
    }}
private void initLight0(GL10 gl){
        gl.glEnable(GL10.GL_LIGHT0);//打开0号灯
        //环境光设置
        float[] ambientParams={0.1f,0.1f,0.1f,1.0f};
            gl.glLightfv(GL10.GL_LIGHT0, GL10.GL_AMBIENT, ambientParams,0);
        //散射光设置
        float[] diffuseParams={0.5f,0.5f,0.5f,1.0f};
        gl.glLightfv(GL10.GL_LIGHT0, GL10.GL_DIFFUSE, diffuseParams,0);
        //反射光设置
        float[] specularParams={1.0f,1.0f,1.0f,1.0f};//光参数 RGBA
        gl.glLightfv(GL10.GL_LIGHT0, GL10.GL_SPECULAR, specularParams,0);
}
private void initMaterialWhite(GL10 gl){//设置材质为白色时的光照颜色
        //环境光为白色材质
        float ambientMaterial[] = {0.4f, 0.4f, 0.4f, 1.0f};
            gl.glMaterialfv(GL10.GL_FRONT_AND_BACK, GL10.GL_AMBIENT, ambientMaterial,0);
        //散射光为白色材质
        float diffuseMaterial[] = {0.8f, 0.8f, 0.8f, 1.0f};
            gl.glMaterialfv(GL10.GL_FRONT_AND_BACK, GL10.GL_DIFFUSE, diffuseMaterial,0);
        //高光材质为白色
```

```
            float specularMaterial[] = {1.0f, 1.0f, 1.0f, 1.0f};
                gl.glMaterialfv(GL10.GL_FRONT_AND_BACK, GL10.GL_SPECULAR,
specularMaterial,0);
            //数越大高亮区域越小越暗
            float shininessMaterial[] = {1.5f};
                gl.glMaterialfv(GL10.GL_FRONT_AND_BACK, GL10.GL_SHININESS,
shininessMaterial,0);
    }
}
```

STEP 03 编写文件kaiguanCH.java，具体实现流程如下所示。

- 创建顶点坐标数据缓冲，并使用索引法为三角形构造初始化索引数据。
- 为画笔指定顶点坐标数据、顶点法向量数据，并同时绘制图形。
- 通过方法glNormalPointer()为画笔指定顶点法向量数据，并分别计算球体的 x、y、z 坐标。
- 用中间行的两个相邻点与下一行的对应点构成三角形。
- 用中间行的两个相邻点与上一行的对应点构成三角形。

到此为止，整个实例介绍完毕，执行后的效果如图14-4所示。

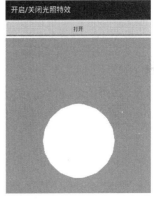

图14-4 执行效果

14.6 实现纹理映射

在3D世界中，通过纹理映射能够制作出极具真实感的图形，而不必花过多时间来考虑物体的表面细节。但是当纹理图像非常大时，纹理加载的过程会影响程序运行速度。如何能够妥善地管理纹理，减少不必要的开销，是在做系统优化时必须考虑的一个问题。幸运的是，在OpenGL ES中提供的纹理对象管理技术可以帮助我们解决上述问题。跟传统的显示列表一样，可以通过一个单独的数字来标识纹理对象。这样可以允许OpenGL ES硬件能够在内存中保存多个纹理，而不是每次使用的时候再加载它们，从而减少了运算量，提高了处理速度。

14.6.1 纹理贴图和纹理拉伸

纹理贴图是一项能大幅度提高3D图像真实性的3D图像处理技术，使用这项技术的好处如下所示。

- 减少纹理衔接错误。
- 实时生成剖析截面显示图。
- 有更真实的雾、烟、火和动画效果。
- 提高变换视角看物真实性。
- 模拟移动光源产生的自然光影效果。
- 构成枪弹真实轨迹等。

在目前的显卡条件下，上述功能只能通过"3D纹理压缩"才能实现。在具体实现时，可以把一幅纹理图拉伸或缩小贴到目标面上。如果目标面很大，可以用如下3种方案解决。

（1）将纹理拉大，这样做的缺点是纹理显得非常不清楚，失去了原来清晰的效果，甚至可能变形。

（2）将目标面分割为多个与纹理大小相似的矩形，再将纹理重复贴到被分割的目标上。这样做的缺点是浪费了内存（需要额外存储大量的顶点信息），也浪费了开发人员宝贵的精力。

（3）使用合理的纹理拉伸方式，使得纹理能够根据目标平面的大小自动重复，这样既不会失去纹理图的效果，也节省了内存，提高了开发效率。

通过比较上述3种解决方案可知，第3种方案是最好的解决方法，并且很容易实现，只需要做如下两方面的工作即可。

- 将纹理的GL_TEXTURE_WRAP_S与GL_TEXTURE_WRAP_T属性值设置为GL_REPEAT而不是GL_CLAMP_TO_EDGE。
- 设置纹理坐标时纹理坐标的取值范围不再是0-1，而是0-N，N为希望纹理重复的次数。

14.6.2 实战演练：实现三角形纹理贴图效果

实例14-5	实现三角形纹理贴图效果
源码路径	素材\daima\14\14-5\（Java版+Kotlin版）

STEP 01 编写文件Dad.java，具体实现流程如下所示。

- 在Dad构造器中创建和设置场景渲染器为主动渲染，并设置重写触屏事件回调方法以记录触控笔的坐标，改变三角形在坐标系的位置，使三角形能够在场景中转动。
- 为场景渲染类的声明，在该类中首先设置场景属性，移动坐标系可以绘制三角形。
- 定义生成纹理ID的方法initTexture，该方法通过接收图片Id和gl引用，将图片转换成Bitmap。

文件Dad.java的主要实现代码如下所示。

```
public boolean onTouchEvent(MotionEvent e)
{
   float y = e.getY();
        float x = e.getX();
        switch (e.getAction()) {
        case MotionEvent.ACTION_MOVE:
            float dy = y - mPreviousY;               //计算触控笔Y位移
            float dx = x - mPreviousX;               //计算触控笔Y位移
            mRenderer.texTri.jiaoY += dy * TOUCH_SCALE_FACTOR;//设置沿
x轴旋转角度
            mRenderer.texTri.mAngleZ += dx * TOUCH_SCALE_FACTOR;
//设置沿z轴旋转角度
            requestRender();
        }
        mPreviousY = y;                //记录触控笔位置
        mPreviousX = x;                //记录触控笔位置
        return true;
}
private class SceneRenderer implements GLSurfaceView.Renderer
{
   Texture texTri;
   int textureId;
   @Override
   public void onDrawFrame(GL10 gl) {
      // TODO Auto-generated method stub
      //清除颜色缓存
           gl.glClear(GL10.GL_COLOR_BUFFER_BIT | GL10.GL_DEPTH_
BUFFER_BIT);
           //设置当前矩阵为模式矩阵
           gl.glMatrixMode(GL10.GL_MODELVIEW);
           //设置当前矩阵为单位矩阵
           gl.glLoadIdentity();
           gl.glTranslatef(0, 0f, -2.5f);
           texTri.drawSelf(gl);
   }
   @Override
   public void onSurfaceChanged(GL10 gl, int width, int height) {
      // TODO Auto-generated method stub
       //设置视窗大小及位置
           gl.glViewport(0, 0, width, height);
           //设置当前矩阵为投影矩阵
           gl.glMatrixMode(GL10.GL_PROJECTION);
```

```
            //设置当前矩阵为单位矩阵
            gl.glLoadIdentity();
            //计算透视投影的比例
            float ratio = (float) width / height;
            //调用此方法计算产生透视投影矩阵
            gl.glFrustumf(-ratio, ratio, -1, 1, 1, 20);
    }
    @Override
    public void onSurfaceCreated(GL10 gl, EGLConfig config) {
        //关闭抗抖动
            gl.glDisable(GL10.GL_DITHER);
            //设置特定Hint项目的模式,这里为设置为使用快速模式
            gl.glHint(GL10.GL_PERSPECTIVE_CORRECTION_HINT,GL10.GL_FASTEST);
            //设置屏幕背景色黑色RGBA
            gl.glClearColor(0,0,0,0);
            //打开背面剪裁
            //gl.glEnable(GL10.GL_CULL_FACE);
            //设置着色模型为平滑着色
            gl.glShadeModel(GL10.GL_SMOOTH);//GL10.GL_SMOOTH  GL10.GL_FLAT
            //启用深度测试
            gl.glEnable(GL10.GL_DEPTH_TEST);
            //初始化纹理
            textureId=initTexture(gl,R.drawable.su);
            texTri=new Texture(textureId);
    }
}
```

STEP 02 编写文件yisuo.java,定义绘制三角形类Texture,具体实现流程如下所示。

- 创建顶点数组,并将顶点数组放入顶点缓冲区内,为绘制三角形做好准备。
- 创建纹理坐标数组,并将纹理数组放入纹理坐标缓冲区内,为绘制三角形做好准备。
- 绘制三角形。

到此为止,整个实例介绍完毕,执行后的效果如图14-5所示。

图14-5 执行效果

14.7 实现坐标变换

坐标变换是指采用一定的数学方法将一种坐标系的坐标变换为另一种坐标系的坐标的过程。在使用OpenGL ES绘制物体的时候，有时候需要在不同的位置绘制物体，有时候绘制的物体需要有不同的角度，此时需要平移或旋转技术。在平移或旋转的时候，会给观察者带来平移或旋转物体的感觉，但其实是平移或旋转了坐标系，物体相对于坐标系平移或旋转。坐标变换是以矩阵的形式存储的，要完成这种类型的操作，矩阵堆栈就是一种理想的机制。

14.7.1 坐标变换基础

在OpenGL ES程序中，可以调用方法glPushMatrix和glPopMatrix来操作堆栈。glPushMatrix表示复制一份当前矩阵，并把复制的矩阵添加到堆栈的顶部；glPopMatrix表示丢弃堆栈顶部的那个矩阵。可以认为gIPushMatrix表示记录下当前的坐标位置，经过一系列的平移、旋转变换之后，可以调用glPopMatrix以便回到原来的坐标位置。如果绘制一个游戏角色，就可以绘制机器人躯干，执行glPushMatrix，记下自己的位置，然后移到角色左臂并绘制，执行glPopMatrix，丢弃上次的平移变换，使自己回到角色的原点位置，执行glPushMatrix，记住自己的位置，移动到机器人右臂。与之类似，绘制每个部位都进行如上操作，就绘制好了游戏角色。

在OpenGL ES中，通过方法glScalex(int x，int y，int z)和glScalef(float x，float y,float z)实现物体的缩放变换，表示把当前矩阵与一个表示沿各个轴对物体进行拉伸、收缩和放射的矩阵相乘，这个物体中的每个点的 *x*、*y*和*z*坐标与对应的 *x*、*y*和*z*参数相乘。如果缩放值大于1.0，它就拉伸物体；如果缩放值小于1.0，它就收缩物体；如果缩放值为-1.0，它就反射这个物体。(1.0，1.0，1.0)是单位缩放值。

14.7.2 实战演练：实现平移变换效果

实例14-6	实现平移变换效果
源码路径	素材\daima\14\14-6\（Java版+Kotlin版）

编写文件ddd.java，在此定义方法SceneRenderer()，通过新线程实现平移处理。其主要实现代码如下。

```
public void onDrawFrame(GL10 gl) {
    //清除颜色缓存
    gl.glClear(GL10.GL_COLOR_BUFFER_BIT | GL10.GL_DEPTH_BUFFER_BIT);
    //设置当前矩阵为模式矩阵
    gl.glMatrixMode(GL10.GL_MODELVCHIEW);
```

```
    //设置当前矩阵为单位矩阵
    gl.glLoadIdentity();
    gl.glTranslatef(0, 0, -5);
    ball.drawSelf(gl);
}
    public void onSurfaceChanged(GL10 gl, int width, int height) {
        //设置视窗大小和位置
        gl.glvCHiewport(0, 0, width, height);
        //设置为投影矩阵
        gl.glMatrixMode(GL10.GL_PROJECTION);
        //设置为单位矩阵
        gl.glLoadIdentity();
        gl.glShadeModel(GL10.GL_SMOOTH);
        //获取透视投影比例
        float ratio = (float) width / height;
        //产生透视投影矩阵
        gl.glFrustumf(-ratio, ratio, -1, 1, 1, 10);
    }
    public void onSurfaceCreated(GL10 gl, EGLConfig config) {
        //关闭抗抖动
        gl.glDisable(GL10.GL_DITHER);
        //设置特定Hint项目的模式，这里为设置为使用快速模式
        gl.glHint(GL10.GL_PERSPECTIVE_CORRECTION_HINT,GL10.GL_FASTEST);
        //设置屏幕背景色黑色RGBA
        gl.glClearColor(0,0,0,0);
        //设置着色模型为平滑着色
        gl.glShadeModel(GL10.GL_SMOOTH);//GL10.GL_SMOOTH  GL10.GL_FLAT
        //启用深度测试
        gl.glEnable(GL10.GL_DEPTH_TEST);
    }
  }
}
```

至于本实例的其他实现文件，和本书前面实例中的基本类似，在此不再介绍。执行后在屏幕中实现自动平移效果，如图14-6所示。

图14-6 执行效果

14.8 使用Alpha混合技术

无论是本书前面讲解的颜色绘制还是纹理绘制，它们都不是透明的。在很多真实的场景中，有非常多半透明的物体。想要在OpenGL ES中真实地再现半透明物体，此时需要Alpha混合技术来实现。通过Alpha值在混合操作中可以控制新片元的颜色值与原有颜色值的合并权重。因此，通过Alpha混合可以创建半透明效果的片元。Alpha颜色混合是诸如透明度、数字合成等技术的核心。

14.8.1 Alpha混合基础

对于混合操作来说，最常见的是将RGB分量视为片元的颜色，而将Alpha分量视为不透明度。因此，透明或半透明表面的不透明度比不透明表面的低。例如，当透过绿色玻璃观察物体时，看到的颜色有几分玻璃的绿色，同时有几分物体的颜色。这两种颜色的比取决于玻璃的透射性质：如果照射在玻璃上的光有80%透过（即不透明度为20%），则看到的颜色是由20%的玻璃颜色和80%的物体颜色组合而成的。在现实中有时会存在多个半透明面，例如在观察汽车时，汽车内部和视点之间有一片玻璃，如果透过两块车窗玻璃，可以看到汽车后面的物体。在混合处理时，有如下5种最常见的操作方式。

- 均匀地混合两幅图像

首先将源因子和目标因子分别设置为GL_ONE和GL_ZERO，并绘制第1幅图像；然后将源因子设置为GL_SRC_Alpha，目标因子设置为GL_ONE_MINUS_SRC_ALPHA，并在绘制第2幅图像时设置Alpha的值为0.5。

均匀地混合两幅图像是最常用的混合方式，如果要让第1幅图像占75%，第2幅图像占25%，可以按前面的方法绘制第1幅图像，然后在绘制第2幅图像使用Alpha的值为0.25。

- 均匀地混合3幅图像

将目标因子设置为GL-ONE，将源因子设置为GL_SEC_ALPHA，然后使用Alpha值0.3333333来绘制这些图像。这样每幅图像的亮度都只有原来的1/3，如果图像之间重叠，将可以明显地观察到这一点。

- 逐渐加深图像

假定编写绘图程序时，希望画笔能够逐渐地加深图像的颜色，使得每画一笔图像的颜色都将在原来的基础上加深一些。所以可将原混合因子和目标混合因子分别设置为GL_SRC_ALPHA和GL_ONE_MINUS_SRC_ALPHA，并将画笔的Alpha值设置为0.1。

- 模拟滤光器

通过将源混合因子设置为GL_DST_COLOR或GL_ONE_MJNUS_DST_COLOR，将目标混合因子设置为GL_SRC_COLOR或GL_ONE_MINUS_SRC_COLOR，可以分别调整各个颜色分量。这样做才相当于使用一个简单的滤光器。

例如，通过将红色分量乘以0.8，绿色分量乘以0.4，蓝色分量乘以0.72，可以模拟通过这样的滤光器观察场景的情况：滤光器滤掉20%的红光、60%的绿光和28%的蓝光。

- 贴花法

通过给图像中的片元指定不同的Alpha值，可以实现非矩阵光栅图像的效果。在大多数情况下会将透明片元的Alpha值设置为0，每部透明片元的Alpha值设置为1.0。例如可以绘制一个属性多边形，并应用树叶纹理：如果将Alpha值设置为0，观察者将能够透过矩形纹理中不属于树的部分看到后面的东西。

14.8.2 实战演练：实现光晕和云层效果

通过混合可以方便地实现光晕及云层的效果，因为地球是有大气的，所以当在太空中看起来周围应该有光晕和云层时会显得更加逼真。接下来将通过一个具体实例的实现过程，详细讲解在Android系统中实现光晕和云层效果的方法。

实例14-7	实现光晕和云层效果
源码路径	素材\daima\14\14-7\（Java版+Kotlin版）

STEP 01 编写文件MyActivity.java，在此文件中定义了类MyActivity，然后声明场景界面的引用并设置场景为全屏，设置界面可触控和重写了方法onResume和onPause。主要实现代码如下所示。

```java
public class MyActivity extends Activity {
private ddd mGLSurfaceView;
   @Override
   protected void onCreate(Bundle savedInstanceState) {
       super.onCreate(savedInstanceState);                  //设置全屏
       requestWindowFeature(Window.FEATURE_NO_TITLE);
 getWindow().setFlags(WindowManager.LayoutParams.FLAG_FULLSCREEN ,
           WindowManager.LayoutParams.FLAG_FULLSCREEN);
       mGLSurfaceView = new ddd(this);
       mGLSurfaceView.requestFocus();                       //获取焦点
       mGLSurfaceView.setFocusableInTouchMode(true);   //设为可触控
       setContentView(mGLSurfaceView);
}
```

STEP 02 编写文件ddd.java，在此定义绘制场景类ddd，具体实现流程如下所示。
- 设置渲染器，并重写触控方法完成转动地月系工作。
- 声明变量和绘制场景的方法，在绘制完地球后开启混合，设置源因子和目标因子以绘制云层。

- 关闭混合，在绘制完月球和星空后开启混合，再次设置源因子和目标因子开始绘制光晕。
- 设置场景、初始化光源、材质和初始化纹理。

到此为止，此实例的主要代码已经讲解完毕，执行后的效果如图14-7所示。

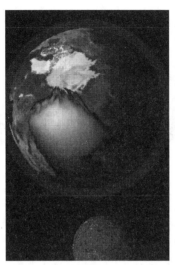

图14-7　执行效果

第15章
HTTP和URL数据通信

> 　　超文本传输协议（HyperText Transfer Protocol，HTTP）是互联网中应用最为广泛的一种网络协议，所有的WWW文件都必须遵守这个标准。设计HTTP最初的目的是为了提供一种发布和接收HTML页面的方法。URL是一个地址，是访问Web页面的地址。本章将详细介绍在Android系统中使用HTTP和URL传输数据的方法，为读者步入本书后面知识的学习打下基础。

15.1 HTTP协议开发

在当今世界中,网络已经成为人们生活中的一部分,例如浏览网页新闻、邮件办公等随处可见。Android作为一款智能移动设备系统,对网络提供了良好的支持。本节首先介绍在Android系统中使用HTTP技术传输数据的知识。

15.1.1 Android中的HTTP

为了实现网络数据传输功能,在Android系统中提供了如下三种通信接口。
- 标准Java接口:java.net。
- Apache接口:org.apache.http。
- Android网络接口:android.net.http。

在Android系统中包括一个名为Apache HttpClient的库,此库是一个第三方库,是执行Android中的网络操作之首选方法。但是从Android API 22中开始被废弃,要想使用Apache HttpClient的库,需要单独下载并引用到项目中。

除此之外,Android还可允许通过标准的Java联网API(java.net包)来访问网络。即便使用Java.net包,也是在内部使用该Apache库。为了访问互联网,需要设置应用程序获取"android.permission.INTERNET"权限的许可。

在Android系统中,存在如下与网络连接相关的包。

(1)java.net

提供联网相关的类,包括流和数据报套接字、互联网协议以及通用的HTTP处理。此为多用途的联网资源。经验丰富的Java开发人员可立即使用此惯用的包来创建应用程序。

(2)java.io

尽管未明确联网,但其仍然非常重要。此包中的各种类通过其他Java包中提供的套接字和链接来使用。它们也可用来与本地文件进行交互(与网络进行交互时经常发生)。

(3)java.nio

包含表示具体数据类型的缓冲的各种类。便于在基于Java语言的两个端点之间的网络通信。

(4)org.apache.*

包含了可以为进行HTTP通信提供精细控制和功能的各种包,可以将Apache识别为普通的开源Web服务器。

(5)android.net

包括核心java.net.*类之外的各种附加的网络接入套接字。此包包括URL类,其通常在传统联网之外的Android应用程序开发中使用。

(6)android.net.http

包含可操作SSL证书的各种类。

(7)android.net.wifi

包含可管理Android平台中WiFi（802.11无线以太网）所有方面的各种类。并非所有的设备均配备有WiFi能力，尤其随着Android在对制造商（如诺基亚和LG）手机的翻盖手机研发方面取得了进展。

(8)android.telephony.gsm

包含管理和发送短信（文本）消息所要求的各种类。随着时间的推移，可能将引入一种附加的包，以提供有关非GSM网络（如CDMA或类似android.telephony.cdma）的类似功能。

15.1.2 实战演练：在手机屏幕中传递HTTP参数

和网络HTTP开发有关的是HTTP protocol（协议），在Android SDK中集成了Apache的HttpClient模块。通过这些模块，可以方便地编写出和HTTP有关的程序。请看下面的实例，演示了在手机屏幕中传递HTTP参数的过程。在本实例中插入了两个按钮，一个用于以POST方式获取网站数据，另外一个用于以GET方式获取数据，并以TextView对象来显示由服务器端的返回网页内容来显示连接结果。当然首先得建立和HTTP的连接，连接之后才能获取Web Server返回的结果。

实例15-1	在手机屏幕中传递HTTP参数
源码路径	光盘\daima\15\15-1\（Java版+Kotlin版）

STEP 01 编写布局文件main.xml，在屏幕界面中设置两个按钮。

STEP 02 编写文件httpSHI.java，其具体实现流程如下所示。

- 引用apache.http库中的相关类实现HTTP联机，然后引用java.io 与java.util相关类来读写档案。
- 使用OnClickListener来聆听单击第一个按钮事件，声明网址字符串并使用建立Post方式联机，最后通过mTextView1.setText输出提示字符。具体代码如下所示。

```
/*设定OnClickListener来聆听OnClick事件*/
mButton1.setOnClickListener(new Button.OnClickListener()
{
    /*覆写onClick事件*/
    @Override
    public void onClick(View v)
    {
```

```
    /*声明网址字符串*/
        String uriAPI = "http://www.dubblogs.cc:8751/Android/Test/API/Post/index.php";
    /*建立HTTP Post联机*/
    HttpPost httpRequest = new HttpPost(uriAPI);
    /*
     * Post运行传送变量必须用NameValuePair[]数组存储
     */
    List <NameValuePair> params = new ArrayList <NameValuePair>();
    params.add(new BasicNameValuePair("str", "I am Post String"));
    try
    {
       httpRequest.setEntity(new UrlEncodedFormEntity(params, HTTP.UTF_8));
       /*取得HTTP输出*/
           HttpResponse httpResponse = new DefaultHttpClient().execute(httpRequest);
       /*如果状态码为200 */
       if(httpResponse.getStatusLine().getStatusCode() == 200)
       {
          /*获取应答字符串*/
              String strResult = EntityUtils.toString(httpResponse.getEntity());
            mTextView1.setText(strResult);
       }
       else
       {
               mTextView1.setText("Error Response: "+httpResponse.getStatusLine().toString());
       }
    }
    catch (ClientProtocolException e)
    {
      mTextView1.setText(e.getMessage().toString());
      e.printStackTrace();
    }
    catch (IOException e)
    {
      mTextView1.setText(e.getMessage().toString());
      e.printStackTrace();
    }
    catch (Exception e)
```

```
          {
            mTextView1.setText(e.getMessage().toString());
            e.printStackTrace();
          }


    }
});
```

- 使用OnClickListener来聆听单击第二个按钮的事件mButton2.setOnClickListener，声明网址字符串并建立Get方式的联机功能，分别实现发出HTTP获取请求、获取应答字符串和删除冗余字符操作，最后通过mTextView1.setText输出提示字符。
- 定义替换字符串函数eregi_replace()替换掉一些非法字符。

STEP 03 在文件AndroidManifest.xml中声明网络连接权限，具体代码如下所示。

```
<uses-permission android:name="android.permission.INTERNET"></uses-permission>
```

STEP 04 在Anroid Studio环境下，在文件build.gradle中添加如下代码引入Apache中的HttpClient库。

```
android {
    useLibrary 'org.apache.http.legacy'
}
```

执行后的效果如图15-1所示，单击图中的按钮能够以不同方式获取HTTP参数。

图15-1　执行效果

15.2　URL和URLConnection

URL（Uniform Resource Locator）对象代表统一资源定位器，是指向互联网"资源"的指针。这里的资源可以是简单的文件或目录，也可以是对更为复杂的对象引用，例如对数据库或搜索引擎的查询。通常情况而言，URL可以由协议名、主机、端口和资源组成，满足如下所示的格式。

第15章 HTTP和URL数据通信

```
protocol://host:port/resourceName
```

例如下面就是一个合法的URL地址：

```
http://www.oneedu.cn/Index.htm
```

在Android系统中可以通过URL获取网络资源，其中的URLConnection和HTTPURLConnection是最为常用的两种方式。

15.2.1 URL类基础

在JDK中还提供了一个URI（Uniform Resource Identifiers）类，其实例代表一个统一资源标识符，Java的URI不能用于定位任何资源，它的唯一作用就是解析。与此对应的是，URL则包含了一个可打开到达该资源的输入流，因此我们可以将URL理解成URI的特例。

在类URL中提供了多个可以创建URL对象的构造器，一旦获得了URL对象之后，可以调用下面的方法来访问该URL对应的资源。

- String getFile()：获取此URL的资源名。
- String getHost()：获取此URL的主机名。
- String getPath()：获取此URL的路径部分。
- int getPort()：获取此URL的端口号。
- String getProtocol()：获取此URL的协议名称。
- String getQuery()：获取此 URL 的查询字符串部分。
- URLConnection openConnection()：返回一个URLConnection对象，它表示到URL所引用的远程对象的连接。
- InputStream openStream()：打开与此URL的连接，并返回一个用于读取该URL资源的InputStream。

在URL中，可以使用方法openConnection()返回一个URLConnection对象，该对象表示应用程序和 URL 之间的通信链接。应用程序可以通过URLConnection实例向此URL发送请求，并读取URL引用的资源。

创建一个和URL的连接的、并发送请求、读取此URL引用的资源的步骤如下。

STEP 01 通过调用URL对象openConnection()方法来创建URLConnection对象。

STEP 02 设置URLConnection的参数和普通请求属性。

STEP 03 如果只是发送GET方式请求，使用方法connect建立和远程资源之间的实际连接即可；如果需要发送POST方式的请求，需要获取URLConnection实例对应的输出流来发送请求参数。

STEP 04 远程资源变为可用，程序可以访问远程资源的头字段或通过输入流读取远程资源的数据。

在建立和远程资源的实际连接之前,我们可以通过如下方法来设置请求头字段。

- setAllowUserInteraction:设置该URLConnection的allowUserInteraction请求头字段的值。
- setDoInput:设置该URLConnection的doInput请求头字段的值。
- setDoOutput:设置该URLConnection的doOutput请求头字段的值。
- setIfModifiedSince:设置该URLConnection的ifModifiedSince请求头字段的值。
- setUseCaches:设置该URLConnection的useCaches请求头字段的值。

除此之外,还可以使用如下方法来设置或增加通用头字段。

- setRequestProperty(String key, String value):设置该URLConnection的key请求头字段的值为value。
- addRequestProperty(String key, String value):为该URLConnection的key请求头字段的增加value值,该方法并不会覆盖原请求头字段的值,而是将新值追加到原请求头字段中。

当发现远程资源可以使用后,我们使用如下方法访问头字段和内容。

- Object getContent():获取该URLConnection的内容。
- String getHeaderField(String name):获取指定响应头字段的值。
- getInputStream():返回该URLConnection对应的输入流,用于获取URLConnection响应的内容。
- getOutputStream():返回该URLConnection对应的输出流,用于向URLConnection发送请求参数。
- getHeaderField:根据响应头字段来返回对应的值。

因为在程序中需要经常访问某些头字段,所以Java为我们提供了如下方法来访问特定响应头字段的值。

- getContentEncoding:获取content-encoding响应头字段的值。
- getContentLength:获取content-length响应头字段的值。
- getContentType:获取content-type响应头字段的值。
- getDate():获取date响应头字段的值。
- getExpiration():获取expires响应头字段的值。
- getLastModified():获取last-modified响应头字段的值。

15.2.2 实战演练:从网络中下载图片作为屏幕背景

在现实应用中,人们有时会需要从网络中下载一个图片文件来作为手机屏幕的背景。下面的演示实例可以远程获取网络中的一幅图片,并将这幅图片作为手机屏幕的背景。当下载图片完成后,通过InputStream传到ContextWrapper,通过中重写setWallpaper加

第15章 HTTP和URL数据通信

以实现。其中传入的参数是URCConection.getInputStream()中的数据内容。

实例15-2	从网络中下载图片作为屏幕背景
源码路径	素材\daima\15\15-2\（Java版+Kotlin版）

STEP 01 编写布局文件main.xml，分别插入一个文本框控件和按钮控件。

STEP 02 编写主程序文件pingmu.java，其具体实现流程如下所示。

单击mButton1按钮时通过mButton1.setOnClickListener来预览图片，如果网址为空则输出空白提示，如果不为空则传入"type=1"表示预览图片。具体代码如下所示。

```java
public void onCreate(Bundle savedInstanceState)
{
  super.onCreate(savedInstanceState);
  setContentView(R.layout.main);
  /* 初始化对象 */
  mButton1 =(Button) findViewById(R.id.myButton1);
  mButton2 =(Button) findViewById(R.id.myButton2);
  mEditText = (EditText) findViewById(R.id.myEdit);
  mImageView = (ImageView) findViewById(R.id.myImage);
  mButton2.setEnabled(false);
  /* 预览图片的Button */
  mButton1.setOnClickListener(new Button.OnClickListener()
  {
    @Override
    public void onClick(View v)
    {
      String path=mEditText.getText().toString();
      if(path.equals(""))
      {
        showDialog("网址不可为空白!");
      }
      else
      {
        /* 传入type=1为预览图片 */
        setImage(path,1);
      }
    }
  });
```

- 单击mButton2按钮时通过mButton2.setOnClickListener将图片设置为桌面。如果网址为空则输出空白提示，如果不为空则传入"type=2"将其设置为桌面。
- 定义方法setImage(String path,int type)将图片抓取预览或并设置为桌面，如果有异

263

常则输出对应提示。
- 定义方法showDialog(String mess)来弹出一个对话框，单击后完成背景设置。

STEP 03 在文件droidManifest.xml中需要声明T_WALLPAPER权限和INTERNET权限，主要代码如下所示。
- <uses-permission android:name="android.permission.SET_WALLPAPER" />
- <uses-permission android:name="android.permission.INTERNET" />

执行后在屏幕中显示一个输入框和两个按钮，输入图片网址并单击【预览】按钮后，可以查看此图片，如图15-2所示。单击"设置"按钮后可以将此图片设置屏幕背景。

图15-2 初始效果

15.3 使用HTTPURLConnection访问网络资源

在java.net类中，类HttpURLConnection是一种访问HTTP资源的方式，此类具有完全的访问能力，完全可以取代类HttpGet和类HttpPost。URLConnection和HttpURLConnection使用的都是java.net中的类，属于标准的Java接口。HttpURLConnection继承自URLConnection，差别在与HttpURLConnection仅仅针对HTTP连接。

15.3.1 HttpURLConnection的主要用法

在现实项目应用中，通常使用类HttpUrlConnection来完成如下所示的4个功能。

1. 从Internet获取网页

此功能需要先发送请求，然后将网页以流的形式读回。例如下面的演示代码。

STEP 01 创建一个URL对象：

```
URL url = new URL("http://www.sohu.com");
```

STEP 02 利用HttpURLConnection对象从网络中获取网页数据：

```
HttpURLConnection conn = (HttpURLConnection) url.openConnection();
```

STEP 03 设置连接超时：

```
conn.setConnectTimeout(6* 1000);
```

STEP 04 对响应码进行判断：

```
if (conn.getResponseCode() != 200) throw new RuntimeException("请求url失败");
```

第15章　HTTP和URL数据通信

STEP 05 得到网络返回的输入流：

```
InputStream is = conn.getInputStream();
String result = readData(is, "GBK");
conn.disconnect();
```

在实现此功能时，必须要记得设置连接超时，如果网络不好，Android系统在超过默认时间会收回资源中断操作。如果返回的响应码是200则表明成功。利用ByteArrayOutputStream类可以将得到的输入流写入内存。由此可见，在Android中对文件流的操作和Java SE上面是一样的。

2. 从Internet获取文件

要想HttpURLConnection对象从网络中获取文件数据，具体实现流程如下。

STEP 01 创建URL对象后传入文件路径：

```
URL url = new URL("http://photocdn.sohu.com/20100125/Img269812337.jpg");
```

STEP 02 创建HttpURLConnection对象后从网络中获取文件数据：

```
HttpURLConnection conn = (HttpURLConnection) url.openConnection();
```

STEP 03 设置连接超时：

```
conn.setConnectTimeout(6* 1000);
```

STEP 04 对响应码进行判断：

```
if (conn.getResponseCode() != 200) throw new RuntimeException("请求url失败");
```

STEP 05 得到网络返回的输入流：

```
InputStream is = conn.getInputStream();
```

STEP 06 写出得到的文件流：

```
outStream.write(buffer, 0, len);
```

在实现此功能时，当对大文件操作时需要将文件写到SDCard上面，而不要直接写到手机内存上。在操作大文件时，要一边从网络上读，一边要往SDCard上面写，这样可以减少对手机内存的使用。完成功能时，不要忘记及时关闭连接流。

3. 向Internet发送请求参数

利用HttpURLConnection对象向Internet发送请求参数的基本流程如下。

STEP 01 将地址和参数存到byte数组中：

```
byte[] data = params.toString().getBytes();
```

STEP 02 创建URL对象：

```
URL realUrl = new URL(requestUrl);
```

STEP 03 用HttpURLConnection对象向网络地址发送请求：

```
HttpURLConnection conn = (HttpURLConnection) realUrl.openConnection();
```

STEP 04 设置容许输出：

```
conn.setDoOutput(true);
```

STEP 05 设置不使用缓存：

```
conn.setUseCaches(false);
```

STEP 06 设置使用POST的方式发送：

```
conn.setRequestMethod("POST");
```

STEP 07 设置维持长连接：

```
conn.setRequestProperty("Connection", "Keep-Alive");
```

STEP 08 设置文件字符集：

```
conn.setRequestProperty("Charset", "UTF-8");
```

STEP 09 设置文件长度：

```
conn.setRequestProperty("Content-Length", String.valueOf(data.length));
```

STEP 10 设置文件类型：

```
conn.setRequestProperty("Content-Type","application/x-www-form-urlencoded");
```

STEP 11 最后以流的方式输出。

在实现此功能时，在发送POST请求时必须设置允许输出。建议不要使用缓存，避免出现不应该出现的问题。在开始就用HttpURLConnection对象的setRequestProperty()设置，即生成HTML文件头。

4. 向Internet发送XML数据

XML格式是通信的标准语言，Android系统也可以通过发送XML文件传输数据。实现此功能的基本实现流程如下所示。

STEP 01 将生成的XML文件写入到byte数组中，并设置为UTF-8。

```
byte[] xmlbyte = xml.toString().getBytes("UTF-8");
```

STEP 02 创建URL对象并指定地址和参数：

```
URL url = new URL("http://localhost:8080/itcast/contanctmanage.do?method=readxml");
```

STEP 03 获得链接：

```
HttpURLConnection conn = (HttpURLConnection) url.openConnection();
```

STEP 04 设置连接超时：

```
conn.setConnectTimeout(6* 1000);
```

STEP 05 设置允许输出：

```
conn.setDoOutput(true);
```

STEP 06 设置不使用缓存：

```
conn.setUseCaches(false);
```

STEP 07 设置以POST方式传输：

```
conn.setRequestMethod("POST");
```

STEP 08 维持长连接：

```
conn.setRequestProperty("Connection", "Keep-Alive");
```

STEP 09 设置字符集：

```
conn.setRequestProperty("Charset", "UTF-8");
```

STEP 10 设置文件的总长度：

```
conn.setRequestProperty("Content-Length", String.valueOf(xmlbyte.length));
```

STEP 11 设置文件类型：

```
conn.setRequestProperty("Content-Type", "text/xml; charset=UTF-8");
```

STEP 12 以文件流的方式发送xml数据：

```
outStream.write(xmlbyte);
```

注意

> 使用Android中的HttpUrlConnection时，有个地方需要注意，就是如果程序中有跳转，并且跳转有外部域名的跳转，那么非常容易超时并抛出域名无法解析的异常(Host Unresolved)，建议做跳转处理的时候不要使用它自带的方法设置成为自动跟随跳转，最好自己做处理，以便防止出现莫名其妙的异常。这个问题模拟器上面看不出来，只有真机上面能看出来。

15.3.2 实战演练：显示网络中的图片

在日常应用中，经常不需要将网络中的图片保存到手机中，仅是在网络浏览即可。此时可以使用HttpURLConnection打开连接，这样就可以获取连接数据了。在本实例中，使用HttpURLConnection方法来连接并获取网络数据，将获取的数据用InputStream的方式保存在记忆空间中。

实例15-3	显示网络中的图片
源码路径	素材\daima\15\15-3\（Java版+Kotlin版）

STEP 01 编写布局文件main.xml，分别添加一个文本、一个按钮和一个图片组件。

STEP 02 编写主程序文件tu.java，首先通过方法getURLBitmap()将图片作为参数传入到创建的URL对象，然后通过方法getInputStream()获取连接图的InputStream。文件tu.java的主要实现代码如下所示。

```java
public class tu extends Activity
{
  private Button mButton1;
  private TextView mTextView1;
  private ImageView mImageView1;
  String uriPic = "http://www.baidu.com/img/baidu_sylogo1.gif";
  @Override
  public void onCreate(Bundle savedInstanceState)
  {
    super.onCreate(savedInstanceState);
    setContentView(R.layout.main);
    mButton1 = (Button) findViewById(R.id.myButton1);
    mTextView1 = (TextView) findViewById(R.id.myTextView1);
    mImageView1 = (ImageView) findViewById(R.id.myImageView1);
    mButton1.setOnClickListener(new Button.OnClickListener()
    {
      @Override
      public void onClick(View arg0)
      {
        /* 设置Bitmap在ImageView中 */
        mImageView1.setImageBitmap(getURLBitmap());
        mTextView1.setText("");
      }
    });
  }
  public Bitmap getURLBitmap()
```

```
{
  URL imageUrl = null;
  Bitmap bitmap = null;
  try
  {
    /* new URL对象将网址传入 */
    imageUrl = new URL(uriPic);
  }
  catch (MalformedURLException e)
  {
    e.printStackTrace();
  }
  try
  {
    /* 取得连接 */
    HttpURLConnection conn = (HttpURLConnection) imageUrl
        .openConnection();
    conn.connect();
    /* 取得返回的InputStream */
    InputStream is = conn.getInputStream();
    /* 将InputStream变成Bitmap */
    bitmap = BitmapFactory.decodeStream(is);
    /* 关闭InputStream */
    is.close();
  }
  catch (IOException e)
  {
    e.printStackTrace();
  }
  return bitmap;
}
}
```

执行后单击【单击后获取网络上的图片】按钮后可以显示指定URL网址的图片，如图15-3所示。

图15-3 执行效果

第16章 处理XML数据

> XML是eXtensible Markup Language的缩写,被称为可扩展标记语言。XML与HTML一样,都是SGML(Standard Generalized Markup Language,标准通用标记语言)的一种。通过使用XML技术,可以实现对网络数据的存储。本章将详细讲解在Android系统中处理XML数据的基本知识。

16.1 XML技术基础

XML是一门Internet环境中跨平台的、依赖于内容的扩展标记语言，是当前处理结构化文档信息的有力工具。XML是一种简单的数据存储语言，使用一系列简单的标记描述数据，而这些标记可以用方便的方式建立，虽然XML占用的空间要比二进制数据多，但是XML极其简单易于掌握和使用。

在现实应用中，XML只是用来存储数据的，是对HTML语言进行扩展。XML和HTML分工很明显，XML是用来存储数据，而HTML是用来如何表现数据的，下面通过一段程序代码进行讲解，其代码如下所示。

```xml
<?xml version="1.0" encoding="utf-8"?>
<book>
<person>
<first>Kiran</first>
<last>Pai</last>
<age>22</age>
</person>
<person>
<first>Bill</first>
<last>Gates</last>
<age>46</age>
</person>
<person>
<first>Steve</first>
<last>Jobs</last>
<age>40</age>
</person>
</book>
```

由此可见，XML的语法比较随意，只要符合语法格式就行，甚至还可以写成汉语的形式，例如下面的演示代码：

```xml
<?xml version="1.0" encoding="utf-8"?>
    <项目>
        <名>天上星</名>
        <电子邮件>tianshangxing@hotmail.com</电子邮件>
        <住宅>何国何市何区何街道何番号</住宅>
        <电话>816-021-742745674</电话>
        <一言>XML学习</一言>
    </项目>
```

从上面两段代码可以看出，XML的标记完全自由定义，不受约束，它只是用来存储信息，除了第一行固定以外，其他的只需主要前后标签一致，末标签不能省掉，下面将XML语法格式总结如下。

- 在第一行必须对XML进行声明，即声明XML的版本。
- 它的标记和HTML一样是成双成对出现的。
- XML对标记的大小写十分敏感。
- XML标记是用户自行定义，但是每一个标记必须有结束标记。

16.2 使用SAX解析XML数据

SAX的全称是Simple API for XML，既是指一种接口，也是指一个软件包。SAX最初是由David Megginson采用Java语言开发的，之后SAX很快在Java开发者中流行起来。SAX是一种公开的、开放源代码软件，不同于其他大多数XML标准的是，SAX没有语言开发商必须遵守的标准SAX参考版本。因此，SAX的不同实现可能采用区别很大的接口。

16.2.1 SAX基础

作为一个接口，SAX是事件驱动型XML解析的一个标准接口（Standard Interface）不会改变，已被OASIS（Organization for the Advancement of Structured Information Standards）所采纳。作为软件包，SAX最早的开发始于1997年12月，由一些在互联网上分散的程序员合作进行。后来，参与开发的程序员越来越多，组成了互联网上的XML-DEV社区。5个月以后，1998年5月，SAX 1.0版由XML-DEV正式发布。目前，最新的版本是SAX 2.0。2.0版本在多处与1.0版本不兼容，包括一些类和方法的名字。

SAX的工作原理简单地说就是对文档进行顺序扫描，当扫描到文档（document）开始与结束、元素（element）开始与结束、文档（document）结束等地方时通知事件处理函数，由事件处理函数做相应动作，然后继续同样的扫描，直至文档结束。大多数SAX实现都会产生以下5种类型的事件。

- 在文档的开始和结束时触发文档处理事件。
- 在文档内每一XML元素接受解析的前后触发元素事件。
- 任何元数据通常都由单独的事件交付。
- 在处理文档的DTD或Schema时产生DTD或Schema事件。
- 产生错误事件用来通知主机应用程序解析错误。

16.2.2 实战演练：使用SAX解析XML数据

Android系统是最常用的智能手机平台，XML是数据交换的标准媒介。在Android系统中可以使用标准的XML生成器、解析器、转换器 API，对 XML 进行解析和转换。本实例的功能是，在Android系统中使用SAX技术解析并生成XML。

实例16-1	使用SAX解析XML数据
源码路径	素材\daima\16\16-1\（Java版+Kotlin版）

STEP 01 编写布局文件main.xml，只是使用了一个TextView组件。

STEP 02 编写解析功能的核心文件SAXForHandler.java，主要实现代码如下所示。

```java
public class SAXForHandler extends DefaultHandler {
private static final String TAG = "SAXForHandler";
private List<Person> persons;
private String perTag ;//通过此变量，记录前一个标签的名称。
Person person;//记录当前Person

public List<Person> getPersons() {
   return persons;
}

//适合在此事件中触发初始化行为。
public void startDocument() throws SAXException {
   persons = new ArrayList<Person>();
   Log.i(TAG , "***startDocument()***");
}

public void startElement(String uri, String localName, String qName,
     Attributes attributes) throws SAXException {
  if("person".equals(localName)){
     for ( int i = 0; i < attributes.getLength(); i++ ) {
        Log.i(TAG ,"attributeName:" + attributes.getLocalName(i)
           + "_attribute_Value:" + attributes.getValue(i));
        person = new Person();
        person.setId(Integer.valueOf(attributes.getValue(i)));
     }
  }
  perTag = localName;
  Log.i(TAG , qName+"***startElement()***");
}

public void characters(char[] ch, int start, int length) throws
SAXException {
   String data = new String(ch, start, length).trim();
    if(!"".equals(data.trim())){
         Log.i(TAG ,"content: " + data.trim());
     }
```

```java
    if("name".equals(perTag)){
        person.setName(data);
    }else if("age".equals(perTag)){
        person.setAge(new Short(data));
    }
}
public void endElement(String uri, String localName, String qName)
    throws SAXException {
    Log.i(TAG , qName+"***endElement()***");
    if("person".equals(localName)){
        persons.add(person);
        person = null;
    }
    perTag = null;
}
public void endDocument() throws SAXException {
    Log.i(TAG , "***endDocument()***");
}
}
}
```

此时启动Android模拟器，执行后的效果如图16-1所示。

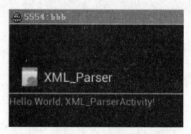

图16-1 执行效果

STEP 03 开始具体测试，在Eclipse中导入本实例项目，在"Outline"面板中右键单击testSAXGetPersons()，如图16-2所示。在弹出命令中依次选择"Run As"和"Android JUnit Test"选项，如图16-3所示。

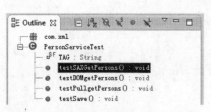

图16-2 右键单击testDOMgetPersons()

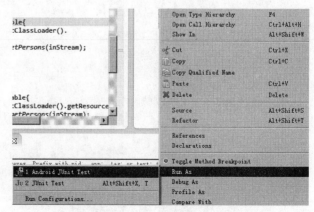

图16-3 选择"Android JUnit Test"选项

此时将在Logcat中显示测试的解析结果，如图16-4所示。

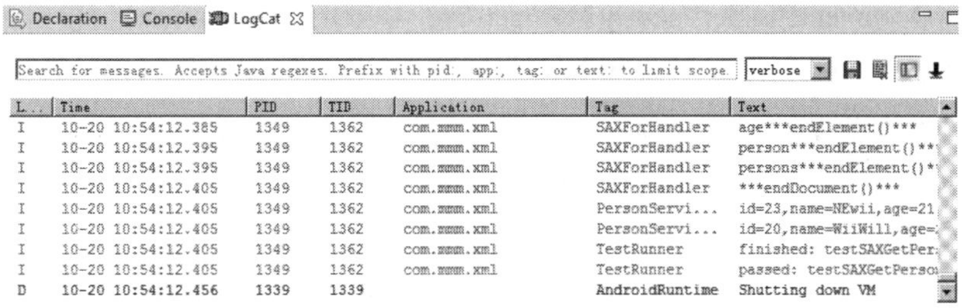

第16章　处理XML数据

图16-4　解析结果

> **注意**
>
> 如果Android下的Eclipse界面中没有"Logcat"面板，只需依次单击Eclipse菜单栏中的Window-->show view-->other-->Android，然后选择Logcat后即可在Eclipse界面看到"Logcat"面板。

16.3　使用DOM解析XML

DOM是Document Object Model的简称，被译为文件对象模型，是W3C组织推荐的处理可扩展置标语言的标准编程接口。Document Object Model的历史可以追溯至20世纪90年代后期微软与Netscape的"浏览器大战"，双方为了在JavaScript与JScript一决生死，于是大规模地赋予浏览器强大的功能。微软在网页技术上加入了不少专属事物，即有VBScript、ActiveX以及微软的DHTML格式等，使不少网页使用非微软平台及浏览器无法正常显示。

16.3.1　DOM基础

DOM可以以一种独立于平台和语言的方式访问和修改一个文档的内容和结构。换句话说，这是表示和处理一个HTML或XML文档的常用方法。有一点很重要，DOM的设计是以对象管理组织（OMG）的规约为基础的，因此可以用于任何编程语言。最初人们把它认为是一种让JavaScript在浏览器间可移植的方法，不过DOM的应用已经远远超出这个范围。Dom技术使得用户页面可以动态地变化，如可以动态地显示或隐藏一个元素，改变它们的属性，增加一个元素等，Dom技术使得页面的交互性大大地增强。DOM实际上是以面向对象方式描述的文档模型。DOM定义了表示和修改文档所需的对象、这些对象的行为和属性以及这些对象之间的关系。可以把DOM认为是页面上数据和结构的一个树形表示，不过页面当然可能并不是以这种树的方式具体实现。

16.3.2　实战演练：使用DOM技术来解析并生成XML

实例16-2	在Android系统中解析和生成XML
源码路径	光盘\daima\16\16-1\（Java版+Kotlin版）

STEP 01 编写解析功能的核心文件DOMPersonService.java，具体实现流程如下所示：

- 创建DocumentBuilderFactory对象factory，并调用newInstance()创建新实例。
- 创建DocumentBuilder对象builder，DocumentBuilder将实现具体的解析工作以创建Document对象。
- 解析目标XML文件以创建Document对象。

STEP 02 文件DOMPersonService.java的具体实现代码如下所示。

```java
public class DOMPersonService {
public static List<Person> getPersons(InputStream inStream) throws Exception{
   List<Person> persons = new ArrayList<Person>();
   DocumentBuilderFactory factory = DocumentBuilderFactory.newInstance();
   DocumentBuilder builder = factory.newDocumentBuilder();
   Document document = builder.parse(inStream);
   Element root = document.getDocumentElement();
   NodeList personNodes = root.getElementsByTagName("person");
   for(int i=0; i < personNodes.getLength() ; i++){
      Element personElement = (Element)personNodes.item(i);
      int id = new Integer(personElement.getAttribute("id"));
      Person person = new Person();
      person.setId(id);
      NodeList childNodes = personElement.getChildNodes();
      for(int y=0; y < childNodes.getLength() ; y++){
         if(childNodes.item(y).getNodeType()==Node.ELEMENT_NODE){
            if("name".equals(childNodes.item(y).getNodeName())){
               String name = childNodes.item(y).getFirstChild().getNodeValue();
               person.setName(name);
            }else if("age".equals(childNodes.item(y).getNodeName())){
               String age = childNodes.item(y).getFirstChild().getNodeValue();
               person.setAge(new Short(age));
            }
         }
      }
      persons.add(person);
   }
   inStream.close();
   return persons;
}
}
```

STEP 03 编写单元测试文件PersonServiceTest.java，然后开始具体测试，在Eclipse中导入本实例项目，在"Outline"面板中右键单击testDOMgetPersons()：void，如图16-5所示。在弹出命令中依次选择"Run As"和"Android JUnit Test"选项，如图16-6所示。

第16章 处理XML数据

图16-5　右键单击testDOMgetPersons()

图16-6　选择"Android JUnit Test"选项

此时将在Logcat中显示测试的解析结果，如图16-7所示。

图16-7　解析结果

 注意

> SAX和DOM的对比
>
> DOM解析器，是通过将XML文档解析成树状模型并将其放入内存来完成解析工作的，然后对文档的操作都是在这个树状模型上完成的。这个在内存中的文档树将是文档实际大小的几倍。这样做的好处是结构清晰、操作方便，而带来的麻烦就是极其耗费系统资源。
>
> SAX解析器，正好克服了DOM的缺点，分析能够立即开始，而不是等待所有的数据被处理。而且，由于应用程序只是在读取数据时检查数据，因此不需要将数据存储在内存中，这对于大型文档来说是个巨大的优点。事实上，应用程序甚至不必解析整个文档，它可以在某个条件得到满足时停止解析。

下面的表16-1中列出了SAX和DOM在一些方面的对比。

表16-1　SAX和DOM的对比

SAX	DOM
顺序读入文档并产生相应事件，可以处理任何大小的XML文档	在内存中创建文档树，不适于处理大型XML文档
只能对文档按顺序解析一遍，不支持对文档的随意访问	可以随意访问文档树的任何部分，没有次数限制
只能读取XML文档内容，而不能修改	可以随意修改文档树，从而修改XML文档
开发上比较复杂，需要自己来实现事件处理器	易于理解，易于开发
对开发人员而言更灵活，可以用SAX创建自己的XML对象模型	已经在DOM基础之上创建好了文档树

277

16.4 使用Pull解析技术

在Android应用程序中，除了可以使用 SAX和DOM技术解析XML文件外，还可以使用Android系统内置的Pull解析器解析XML文件。

16.4.1 Pull解析原理

Pull解析器的运行方式与 SAX 解析器类似，也提供了类似的功能事件，例如开始元素和结束元素事件，使用parser.next()可以进入下一个元素并触发相应事件。事件将作为数值代码被发送，因此可以使用一个switch对感兴趣的事件进行处理。当元素开始解析时，调用parser.nextText()方法可以获取下一个Text类型元素的值。Pull解析器的源码及文档下载网址是：

```
http://www.xmlpull.org/
```

在解析过程中，Pull是采用事件驱动进行解析的，当Pull解析器在开始解析之后，可以调用它的next()方法来获取下一个解析事件（就是开始文档、结束文档、开始标签、结束标签），当处于某个元素时可以调用XmlPullParser的getAttributte()方法来获取属性的值，也可调用它的 nextText()获取本节点的值。

16.4.2 实战演练：使用Pull解析并生产XML文件

实例16-3	在Android系统中使用PULL解析XML文件
源码路径	素材\daima\16\16-1\（Java版+Kotlin版）

STEP 01 编写解析功能的核心文件PullPersonService.java，具体实现流程如下所示：

- 创建DocumentBuilderFactory对象factory，并调用newInstance()创建新实例。
- 创建DocumentBuilder对象builder，DocumentBuilder将实现具体的解析工作以创建Document对象。
- 解析目标XML文件以创建Document对象。

STEP 02 文件PullPersonService.java的具体实现代码如下所示。

```java
public class PullPersonService {
public static void save(List<Person> persons, OutputStream outStream)
throws Exception{
  XmlSerializer serializer = Xml.newSerializer();
  serializer.setOutput(outStream, "UTF-8");
  serializer.startDocument("UTF-8", true);
  serializer.startTag(null, "persons");
  for(Person person : persons){
```

```java
        serializer.startTag(null, "person");
        serializer.attribute(null, "id", person.getId().toString());
        serializer.startTag(null, "name");
        serializer.text(person.getName());
        serializer.endTag(null, "name");

        serializer.startTag(null, "age");
        serializer.text(person.getAge().toString());
        serializer.endTag(null, "age");

        serializer.endTag(null, "person");
    }
    serializer.endTag(null, "persons");
    serializer.endDocument();
    outStream.flush();
    outStream.close();
}

public static List<Person> getPersons(InputStream inStream) throws Exception{
    Person person = null;
    List<Person> persons = null;
    XmlPullParser pullParser = Xml.newPullParser();
    pullParser.setInput(inStream, "UTF-8");
    int event = pullParser.getEventType();//触发第一个事件
    while(event!=XmlPullParser.END_DOCUMENT){
        switch (event) {
        case XmlPullParser.START_DOCUMENT:
            persons = new ArrayList<Person>();
            break;
        case XmlPullParser.START_TAG:
            if("person".equals(pullParser.getName())){
                int id = new Integer(pullParser.getAttributeValue(0));
                person = new Person();
                person.setId(id);
            }
            if(person!=null){
                if("name".equals(pullParser.getName())){
                    person.setName(pullParser.nextText());
                }
                if("age".equals(pullParser.getName())){
                    person.setAge(new Short(pullParser.nextText()));
                }
            }
            break;
```

```
        case XmlPullParser.END_TAG:
        if("person".equals(pullParser.getName())){
            persons.add(person);
            person = null;
        }
        break;
    }
    event = pullParser.next();
}
return persons;
}
}
```

STEP 03 编写单元测试文件PersonServiceTest.java，然后开始具体测试，在Eclipse中导入本实例项目，在"Outline"面板中右键单击testPullgetPersons()，如图16-8所示。在弹出的菜单中依次选择"Run As"和"Android JUnit Test"选项，如图16-9所示。

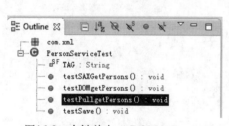

图16-8 右键单击testDOMgetPersons()

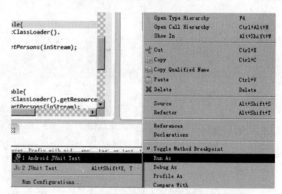

图16-9 选择"Android JUnit Test"选项

此时将在Logcat中显示测试的解析结果，如图16-10所示。

图16-10 解析结果

16.4.3 实战演练：开发一个音乐客户端

实例16-4	开发一个音乐客户端
源码路径	素材\daima\16\16-4\（Java版+Kotlin版）

本实例的功能是使用SAX、DOM和PULL技术解析XML数据,具体实现流程如下所示。

STEP 01 编写主界面的布局文件main.xml,在里面插入三个Button按钮。执行后的主界面效果如图16-11所示。

图16-11 执行效果

STEP 02 编写列表界面文件list.xml,功能是列表显示解析后的结果。

STEP 03 编写解析的XML文件channels.xml,本实例的目的就是使用SAX、DOM和PULL技术解析此XML文件中的数据。

STEP 04 编写对应的XML实体对象文件channel.java。

STEP 05 编写文件XMLParserActivity.java,用于响应单击主界面三个按钮的事件处理程序。具体实现代码如下所示。

```java
public class XMLParserActivity extends Activity {
private Button btnSax;
private Button btnPull;
private Button btnDom;
public void onCreate(Bundle savedInstanceState) {
   super.onCreate(savedInstanceState);
   setContentView(R.layout.main);
   btnSax = (Button) findViewById(R.id.btnSAX);
   btnPull = (Button) findViewById(R.id.btnPull);
   btnDom = (Button) findViewById(R.id.btnDom);
   btnSax.setOnClickListener(new OnClickListener() {
      @Override
      public void onClick(View v) {
        // TODO Auto-generated method stub
        Intent intent = new Intent();
        intent.setClass(XMLParserActivity.this, SAXPraserDemo.class);
        startActivity(intent);
      }
   });
   btnPull.setOnClickListener(new OnClickListener() {
      @Override
      public void onClick(View v) {
        // TODO Auto-generated method stub
        Intent intent = new Intent();
        intent.setClass(XMLParserActivity.this, PullPraserDemo.class);
        startActivity(intent);
      }
```

```
    });
    btnDom.setOnClickListener(new OnClickListener() {
        @Override
        public void onClick(View v) {
            // TODO Auto-generated method stub
            Intent intent = new Intent();
            intent.setClass(XMLParserActivity.this, DomPraserDemo.class);
            startActivity(intent);
        }
    });
}
}
```

STEP 06 单击"SAX方式解析"按钮后触发SAXPraserDemo列表显示结果,此功能的实现文件是SAXPraserDemo.java,在里面调用文件SAXPraserHelper.java实现了具体的解析工作。通过文件SAXPraserHelper.java的实现过程可以看出,使用SAX解析XML的基本步骤如下所示。

- 实例化一个工厂SAXParserFactory。
- 实例化SAXPraser对象,创建XMLReader 解析器。
- 实例化handler处理器。
- 解析器注册一个事件。
- 读取文件流。
- 解析文件。

STEP 07 单击"Pull方式解析"按钮后触发PullPraserDemo列表显示结果,此功能的实现文件是PullPraserDemo.java。

STEP 08 单击"Dom方式解析"按钮后触发DomPraserDemo列表显示结果,此功能的实现文件是DomPraserDemo.java,在里面调用文件DomParserHelper.java实现了具体的解析工作。从文件DomParserHelper.java的实现过程可以看出,使用DOM解析XML的基本步骤如下所示。

- 调用DocumentBuilderFactory.newInstance()方法得到 DOM 解析器工厂类实例。
- 调用解析器工厂实例类的 newDocumentBuilder()方法得到DOM解析器对象。
- 调用 DOM解析器对象的 parse() 方法解析 XML 文档得到代表整个文档的Document对象。

到此为止,整个实例的实现过程讲解完毕。因为是解析的同一个目标文件,所以单击任意一个按钮后都会显示一样的效果,具体效果如图16-12所示。

图16-12 解析后的效果

第17章
使用WebView浏览网页

在Android系统中提供了WebView控件来浏览网页,开发者可以在程序中通过装载WebView控件的方式设置网页属性,比如颜色、字体、要访问的网址等,然后通过loadUrl()方法设置当前WebView需要访问的网址。在本章的内容中,将详细讲解在Android系统中使用WebView开发网页浏览程序的知识。

17.1 WebView基础

在Android系统中，通过使用WebView可以滚动浏览Web网页并显示网页中的内容，WebView采用了WebKit渲染引擎来显示网页的方法，包括向前和向后导航的历史，放大和缩小，执行文本搜索和是否启用内置的变焦。

17.1.1 WebView的优点

WebView是Android系统中一个非常实用的控件，和Safai、Chrome一样都是基于WebKit的网页渲染引擎，可以通过加载HTML数据的方式便捷地展现软件的界面。使用WebView的优点如下所示：

- 可以打开远程URL页面，也可以加载本地HTML数据。
- 可以无缝地在Java和JavaScript之间进行交互操作。
- 高度的定制性，可根据开发者的需要进行多样性定制。

17.1.2 WebSettings管理接口

在Android 系统中，通过类WebSettings类管理WebView中的一些设置信息。在WebView对象被创建时WebSettings对象也会被同时创建，并附有默认的settings值，WebSettings对象可以通过WebView.getSettings()获得。WebSettings的生命周期同WebView生命周期相同，如果WebView被Destroy（销毁），则WebSettings应该被释放，否则如果使用WebSettings继续再操作的话则会抛出异常IllegalStateException。类WebSettings中的常用方法如下所示：

- setAllowFileAccess：设置启用或禁止WebView访问文件数据。
- setBlockNetworkImage：设置是否显示网络图像。
- setBuiltInZoomControls：设置是否支持缩放。
- setCacheMode：设置缓冲的模式。
- setDefaultFontSize：设置默认的字体大小。
- setDefaultTextEncodingName：设置在解码时使用的默认编码。
- setFixedFontFamily：设置固定使用的字体。
- setJavaSciptEnabled：设置是否支持JavaScript
- setLayoutAlgorithm：设置布局方式。
- setLightTouchEnabled：设置用鼠标激活被选项。
- setSupportZoom：设置是否支持变焦。

17.1.3 Web视图客户对象

在Android系统中，WebViewClient代表Web视图客户对象，在Web视图中有事件产生时，该对象可以获得通知。在Android应用程序中，通过WebView的setWebViewClient()方法可以指定一个WebViewClient对象，通过覆盖该类的方法来辅助WebView浏览网页。在类WebViewClient中定义了一系列事件方法，如果Android应用程序设置了WebViewClient派生对象，则在页面载入、资源载入、页面访问错误等情况发生时，该派生对象的相应方法会被调用。类WebViewClient中的常用方法如下所示。

- doUpdate VisitedHistory：更新历史记录。
- onFormResubmission：应用程序重新请求网页数据。
- onLoadResource：加载指定地址提供的资源。
- onPageFinished：网页加载完毕。
- onPageStarted：网页开始加载。
- onReceivedError：报告错误信息。
- onScaleChanged：WebView发生改变。
- shouldOverrideUrlLoading：控制新的连接在当前WebView中打开。

17.1.4 客户基类WebChromeClient

在Android系统中，WebChromeClient 是Chrome的客户基类，Chrome客户对象在浏览器文档标题、进度条、图标改变时候会得到通知。在Android应用程序中，类WebChromeClient定义了与浏览窗口修饰相关的事件。例如接收到Title、接收到Icon、进度变化时，WebChromeClient的相应方法会被调用。类WebChromeClient中的常用方法如下所示。

- onCloseWindow：关闭WebView。
- onCreateWindow：创建WebView。
- onJsAlert：处理Javascript中的Alert对话框。
- onJsConfirm：处理Javascript中的Confirm对话框。
- onJsPrompt：处理Javascript中的Prompt对话框。
- onProgressChanged：加载进度条改变。
- onReceivedIcon：网页图标更改。
- onReceivedTitle：网页Title更改。
- onRequestFocus：WebView显示焦点。

注意

> WebViewClient和WebChromeClient的区别
> 如果编写的WebView应用程序只是用来处理一些HTML的页面内容，建议用WebViewClient即可。如果需要更丰富的处理效果，比如JS和进度条等，建议用WebChromeClient。

17.2 使用WebView的3种方式

在Android系统中,WebView能够以加载的方式显示网页,我们可以将其视为一个浏览器,在使用时只需掌握其最根本的3种常用用法即可。

17.2.1 实战演练:浏览指定网址的网页信息

在Android系统中,WebView的最基本功能是浏览网页。在开发Android应用程序时,通过WebView浏览网页的基本流程如下。

STEP 01 在Activity中实例化WebView组件。

```
WebView webView = new WebView(this);
```

STEP 02 调用WebView的loadUrl()方法,设置WevView要显示的网页。

- 如果显示互联网则使用:

```
webView.loadUrl("http://www.google.com");
```

- 如果显示本地文件则使用:

```
webView.loadUrl("file:///android_asset/XX.html");//本地文件存放在"assets"
文件中
```

STEP 03 调用Activity的setContentView()方法来显示网页视图。

STEP 04 用WebView点链接看了很多页以后为了让WebView支持回退功能,需要覆盖Activity类的onKeyDown()方法,如果不做任何处理,点击系统回退键,整个浏览器会调用finish()而结束自身,而不是回退到上一页面。

STEP 05 在AndroidManifest.xml文件中添加如下权限,否则会出现"Web page not available"错误。

```
<uses-permission android:name="android.permission.INTERNET" />
```

下面的实例实现了一个简单的浏览器功能,可以浏览输入网址的网页信息。

实例17-1	浏览指定网址的网页信息
源码路径	素材\daima\19\17-1\(Java版+Kotlin版)

在Android系统中,可以使用内置WebKit引擎中的WebView迅速浏览网页。在本实例中使用WebView.loadUrl()来加载网址,当从EditText中传入要浏览的网址后,就可以在WebView中加载网页的内容了。本实例的具体实现流程如下。

STEP 01 编写布局文件main.xml,在里面插入一个WebView控件。

STEP 02 编写文件wang.java,通过setOnClickListener监听按钮单击事件,单击网址后面的箭头后会抓取EditText中的数据,然后打开此网址,并在WebView中显示网页内容。

主要实现代码如下所示。

```java
public void onCreate(Bundle savedInstanceState)
{
  super.onCreate(savedInstanceState);
  setContentView(R.layout.main);
  mImageButton1 = (ImageButton)findViewById(R.id.myImageButton1);
  mEditText1 = (EditText)findViewById(R.id.myEditText1);
  mWebView1 = (WebView) findViewById(R.id.myWebView1);
  /*当单击箭头后*/
  mImageButton1.setOnClickListener(new ImageButton.OnClickListener()
  {
    @Override
    public void onClick(View arg0)
    {
      // TODO Auto-generated method stub
      {
        mImageButton1.setImageResource(R.drawable.go_2);
        /*抓取EditText中的数据*/
        String strURI = (mEditText1.getText().toString());
        /*WebView显示网页内容*/
        mWebView1.loadUrl(strURI);
        Toast.makeText(
            example2.this,getString(R.string.load)+strURI,
                Toast.LENGTH_LONG)
          .show();
     }    }   });
  }
}
```

执行后显示一个文本框,在此可以输入网址,如图17-1所示。输入网址并单击后面的 ▶ 后,将显示此网页的内容。例如输入网易主页网址后的效果如图17-2所示。

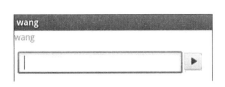

图17-1 输入网址

图17-2 打开的网页

17.2.2 实战演练：加载显示指定的HTML程序

在Android系统中，因为WebView是一个嵌入式的浏览器，所以在里面可以直接使用WebView.loadData()来加载HTML文件。WebView将HTML标记传递给WebView对象，让Android手机程序变为Web浏览器。这样，网页程序被放在了WebView中运行，如同一个Web程序。

在Android系统中，WebView能够识别HTML语言的各个标记元素，在识别时秩序直接调用WebView.loadData()方法即可。例如下面是一段典型的HTML代码。

```html
<html>
<body>
<p>I love you!</p>
    <div class='widget-content'>
    <a href=http://www.sohu.com>
        <img src=http://i0.sinaimg.cn/dy/slidenews/3_img/2014_42/63229_334228_564123.jpg />
    <a href=http://www.sohu.com>Love Web</a>
</body>
</html>
```

应该如何用WebView浏览这段代码并将解析结果显示在Android屏幕中？下面的实例实现了这一功能。

实例17-2	在手机屏幕中加载显示指定的HTML程序
源码路径	素材\daima\19\17-2\（Java版+Kotlin版）

STEP 01 编写布局文件main.xml，分别创建一个TextView组件和一个WebView组件。

STEP 02 编写文件HT.java，在loadData插入了预先设置好的HTML代码，通过HTML代码显示了一幅图片和文字，并且实现了超级链接功能。具体代码如下所示。

```java
public class HT extends Activity
{
  private WebView mWebView1;
  public void onCreate(Bundle savedInstanceState)
  {
    super.onCreate(savedInstanceState);
    setContentView(R.layout.main);
    mWebView1 = (WebView) findViewById(R.id.myWebView1);
    /*自行设置WebView要显示的网页内容*/
    mWebView1.
      loadData(
```

```
   "<html><body><p>aaaaaaa</p>" +
   "<div class='widget-content'> "+
   "<a href=http://www.sohu.com>" +
      "<img src=http://hiphotos.baidu.com/chaojihedan/pic/item/
bbddf5efc260f133fdfa3cd8.jpg />" +
   "<a href=http://www.sohu.com>Link Blog</a>" +
   "</body></html>", "text/html", "utf-8");
  }
}
```

执行后将显示HTML产生的页面,如图17-3所示。单击超链接后会来到指定的目标页面。

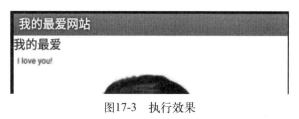

图17-3 执行效果

17.2.3 实战演练:实现与JavaScript的交互

接下来开始讲解WebView第三种用法:与JavaScript代码进行交互。在Android系统中,WebView不但可以运行一段HTML代码,而且还可以同JavaScript程序实现互相调用。具体实现方法是通过方法addJavascriptInterface(Object obj,String interfaceName)将一个Java对象绑定到一个Javascript对象中,Javascript对象名就是interfaceName,作用域是Global,这样便可以扩展Javascript的API,获取Android的数据。同时,在Java代码中也可以直接调用JavaScript方法,这样就可以互相调用取得数据了,具体实现代码如下:

```
WebView.loadUrl("javascript:方法名()");
```

例如在下面提供了一段含有JavaScript代码的HTML文件,文件wx.html的具体代码如下所示。

```
<html>
<head>
    <meta http-equiv="Content-Type" content="text/html;charset=utf-8">
    <script type="text/javascript">
    function actionFromNative(){
        document.getElementById("log_msg").innerHTML +=
           "<br\>Native调用了js函数";
    }
```

```
    function actionFromNativeWithParam(arg){
        document.getElementById("log_msg").innerHTML +=
            ("<br\>Native调用了js函数并传递参数："+arg);
    }

    </script>
</head>
<body>
<p>WebView与Javascript交互</p>
<div>
    <button onClick="window.wx.actionFromJs()">点击调用Native代码</button>
</div>
<br/>
<div>
    <button onClick="window.wx.actionFromJsWithParam('come from Js')">
点击调用Native代码并传递参数</button>
</div>
<br/>
<div id="log_msg">调用打印信息</div>
</body>
</html>
```

应该如何用WebView浏览这段代码并将解析结果显示在Android屏幕中呢？通过下面的实例程序即可实现。

实例17-3	使用WebView加载JavaScript程序
源码路径	光盘\daima\19\17-3\（Java版+Kotlin版）

STEP 01 将上面的HTML文件wx.html放在Android工程的"assets"目录下，编写布局文件main.xml，在里面分别添加一个WebView组件、按钮组件和文本组件。

STEP 02 编写文件MainActivity.java，实现Android和本地JavaScript代码的交互，其中mWebView.addJavascriptInterface(this,"wx")相当于添加一个JS回调接口，然后给这个接口设置别名为wx。主要实现代码如下所示。

```
public class MainActivity extends Activity {
    private WebView mWebView;
    private TextView logTextView;
    @SuppressLint("SetJavaScriptEnabled") @Override
    public void onCreate(Bundle savedInstanceState) {
        super.onCreate(savedInstanceState);
        setContentView(R.layout.main);
```

```java
        mWebView = (WebView) findViewById(R.id.webview);
        // 启用javascript
        mWebView.getSettings().setJavaScriptEnabled(true);
        // 从assets目录下面的加载html
        mWebView.loadUrl("file:///android_asset/wx.html");
        mWebView.addJavascriptInterface(this, "wx");
        logTextView = (TextView) findViewById(R.id.text);
        Button button = (Button) findViewById(R.id.button);
        button.setOnClickListener(new Button.OnClickListener() {
            @Override
    public void onClick(View v) {
    }
        });
    }
    @android.webkit.JavascriptInterface
    public void actionFromJs() {
        runOnUiThread(new Runnable() {
            @Override
            public void run() {
                Toast.makeText(MainActivity.this, "js调用了Native函数", Toast.LENGTH_SHORT).show();
                String text = logTextView.getText() + "\njs调用了Native函数";
                logTextView.setText(text);
            }
        });
    }
    @android.webkit.JavascriptInterface
    public void actionFromJsWithParam(final String str) {
        runOnUiThread(new Runnable() {
            @Override
            public void run() {
                Toast.makeText(MainActivity.this, "js调用了Native函数传递参数: " + str, Toast.LENGTH_SHORT).show();
                String text = logTextView.getText() +  "\njs调用了Native函数传递参数: " + str;
                logTextView.setText(text);
            }
        });
    }
```

在上述代码中，@android.webkit.JavascriptInterface是为了解决addJavascriptInterface漏

洞的。本实例执行后，通过单击屏幕中的按钮可以实现和JavaScript代码的交互，这些按钮是在HTML文件中实现的。执行效果如图17-4所示。

图17-4 执行效果

 注意

本实例的目的是为了说明通过WebView.addJavascriptInterface方法可以扩展JavaScript的API，这样可以获取Android的数据。由此可见，可以使用Dojo、jQuery和Prototy等这些知名的JavaScript框架来搭建Android应用程序并展现它们很酷很玄的效果。

第18章
开发移动Web应用程序

随着手机硬件的升级和网速的提高，人们用手机这个通信工具来上网是"大势所趋"，所以很有必要专门开发能在手机上浏览的网页。通过利用传统的HTML、CSS和JavaScript技术，可以开发出在手机这个小小的屏幕上正常浏览的应用程序。在本章的内容中，将详细讲解开发Android移动应用程序的知识。

18.1 实战演练：编写一个适用于Android系统的网页

在学习Android移动Web开发技术之前，下面先给看一段普通的HTML代码。

实例18-1	编写一个适用于Android系统的网页
源码路径	素材\daima\20\18-1\（Java版+Kotlin版）

其中主页文件index.html的源代码如下所示。

```html
<html>
    <head>
        <title>aaa</title>
        <link rel="stylesheet" href="desktop.css" type="text/css" />
    <body>
        <div id="container">
            <div id="header">
                <h1><a href="./">AAAA</a></h1>
                <div id="utility">
                    <ul>
                        <li><a href="about.html">关于我们</a></li>
                        <li><a href="blog.html">博客</a></li>
                        <li><a href="contact.html">联系我们</a></li>
                    </ul>
                </div>
                <div id="nav">
                    <ul>
                        <li><a href="bbb.html">Android之家</a></li>
                        <li><a href="ccc.html">电话支持</a></li>
                        <li><a href="ddd.html">在线客服</a></li>
                        <li><a href="http://www.aaa.com">在线视频</a></li>
                    </ul>
                </div>
            </div>
            <div id="content">
                <h2>About</h2>
                <p>欢迎大家学习Android,都说这是一个前途辉煌的职业，我也是这么是认为的，希望事实如此....</p>
            </div>
            <div id="sidebar">
                <img alt="好图片" src="aaa.png">
                <p>欢迎大家学习Android,都说这是一个前途辉煌的职业，我也是这么是认为的，希望事实如此....</p>
```

```
            </div>
            <div id="footer">
                <ul>
                    <li><a href="bbb.html">Services</a></li>
                    <li><a href="ccc.html">About</a></li>
                    <li><a href="ddd.html">Blog</a></li>
                </ul>
                <p class="subtle">巅峰卓越</p>
            </div>
        </div>
    </body>
</html>
```

根据"样式和表现相分离"的原则,建议为本实例单独编写一个独立的CSS文件,通过这个CSS文件来修饰网页,修饰的最终目的是能够在Android手机上浏览。

 注意

在现实的开发应用中,最好将桌面浏览器的样式表和Android样式表划清界限。当然还有另一种做法是把所有的CSS规则放到一个单一的样式表中,但是这种做法不值得提倡,原因有二:
- 文件太长了就显得麻烦,不利于维护。
- 把太多不相关的桌面样式规则发送到手机上,这会浪费一些宝贵的带宽和存储空间。

为了使上述适应Android系统,编写下面link的标签,读者会发现有什么不一样吗?

```
<link rel="stylesheet" type="text/css"
 href="android.css" media="only screen and (max-width: 480px)" />
<link rel="stylesheet" type="text/css"
 href="desktop.css" media="screen and (min-width: 481px)" />
```

在上述代码中,最明显的变动是浏览器宽度的变化,上述代码设置的最大宽度比较小。

```
max-width: 480px
min-width: 481px
```

这是因为手机屏幕的宽度和电脑屏幕的宽度是不一样的(当然长度也不一样,但是都具有下拉功能),480是Android系统的标准宽度,上述代码的功能是不管浏览器的窗口是多大,桌面用户看到的都是文件desktop.css中样式修饰的页面,宽度都是用如下代码设置的宽度。

```
max-width: 480px
min-width: 481px
```

上述代码中用到了两个CSS文件,一个是desktop.css,此文件是在开发电脑页面时编写的样式文件,就是为这个HTML页面服务的。而文件Android.css是一个新文件,也是我们本章将要讲解的重点,通过这个Android.css,可以将上面的电脑网页显示在Android手机中。当读者开发出完整的Android.css后,可以直接在HTML文件中将如下代码删除,即不再用这个修饰文件了。

```
<link rel="stylesheet" type="text/css"
 href="desktop.css" media="screen and (min-width: 481px)" />
```

此时在Chrome浏览器来浏览修改后的HTML文件,不管从Android手机浏览器还是电脑浏览器,执行后都将得到一个完整的页面展示,此时的完整代码请参考素材文件。

而样式文件desktop.css的代码如下所示。

```
For example:
body {
    margin:0;
    padding:0;
    font: 75% "Lucida Grande", "Trebuchet MS", Verdana, sans-serif;
}
```

执行效果如图18-1所示。

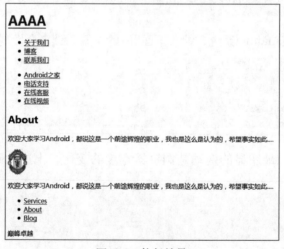

图18-1 执行效果

经过上述处理后,这个网页不但可以在电脑中正确显示,而且也可以在Android手机中完整显示。

18.1.1 控制页面的缩放

现实中的浏览器很认死理,除非明确告诉Android浏览器,否则它会认为页面宽度是

980px。当然这在大多数情况下能工作得很好，因为电脑已经适应了这个宽度。但是如果针对小尺寸屏幕的Android手机的话，必须做出一些调整，必须在HTML文件的head元素中添加一个viewport的元标签，让移动浏览器知道屏幕大小。

```
<meta name="viewport" content="user-scalable=no, width=device-width" />
```

通过上述设置就实现了屏幕的自动缩放，可以根据显示屏的大小带给我们不同大小的显示页面。读者无须担心加上viewport后在电脑上的显示影响，因为桌面浏览器会忽略viewport元标签。如果不设置viewport的宽度，页面在加载后会缩小。不知道缩放的大小是多少，因为Android浏览器的设置项允许用户设置默认缩放大小。选项有大、中（默认）、小。即使设置过viewport宽度，这个设置项也会影响页面的缩放大小。

18.1.2 添加Android的CSS

接着前面的演示代码继续讲解，前面代码中的文件android.css一直没用到，接下来将开始编写这个文件，目的是使网页在Android手机上完美并优秀地显示。

1. 编写基本的样式

所谓的基本样式是指诸如背景颜色、字体大小、字体颜色等样式，在前面实例代码的基础上继续扩展，看我们的具体实现流程。

STEP 01 在文件android.css中设置<body>元素的基本样式。

STEP 02 开始处理<header>中的<div>内容，它包含主要入口的链接（也就是logo）和一级、二级站点导航。第一步是把logo链接的格式调整得像可以点击的标题栏，在样式文件android.css中分别添加样式#header h1和#header h1 a。

STEP 03 用同样的方式格式化一级和二级导航的<ul>元素。在此只需用通用的标签选择器(也就是#header ul)就够用了，而不必再设置标签<ID>，也就不必设置诸如下面的样式了。

```
#header ul
#utility
#header ul
#nav
```

STEP 04 给content和sidebar div加点内边距，让文字到屏幕边缘之间空出点距离。

STEP 05 接下来设置<footer>中内容的样式，<footer>里面的内容比较简单，我们只需将display设置为none即可。

此时上述代码在电脑中执行的效果如图18-2所示，在Android设备中的执行效果如图18-3所示。

图18-2　电脑中的执行效果　　　　图18-3　在Android中的执行效果

因为添加了自动缩放，并且添加了修饰Menu的样式，所以整个界面看上去"很美"。

2. 添加视觉效果

为了使我们的页面变得更加精彩，可以尝试增加一些充满视觉效果的样式。

STEP 01 给<header>文字加1px向下的白色阴影，背景加上CSS渐变效果。具体代码如下所示。

```
#header h1 a {
    text-shadow: 0px 1px 1px #fff;
    background-image: -webkit-gradient(linear, left top, left bottom, from(#ccc), to(#999));
}
```

- text-shadow：参数从左到右分别表示水平偏移、垂直偏移、模糊效果和颜色。在大多数情况下，可以将文字设置成上面代码中的数值，这在Android界面中的显示效果也不错。在大部分浏览器上，将模糊范围设置为0px也能看到效果。但Android要求模糊范围最少是1px，如果设置成0px，则在Android设备上将显示不出来文字阴影。

- -webkit-gradient：功能是让浏览器在运行时产生一张渐变的图片。因此，可以把CSS渐变功能用在任何平常指定图片（比如背景图片或者列表式图片）url的地方。参数从左到右的排列顺序分别是：渐变类型（可以是linear或者radial的）、渐变起点(可以是left top、left bottom、right top或者right bottom)、渐变终点、起点颜色、终点颜色。

 注意

在上述赋值时，不能颠倒描述渐变起点、终点常量(left top、left bottom、right top、right bottom)的水平和垂直顺序。也就是说top left、bottom left、top right和bottom right是不合法的值。

STEP 02 给导航菜单加上圆角样式，使用属性"-webkit-border- radius"描述角的方式，定义列表第一个元素的上两个角和最后一个元素的下两个角为以8px为半径的圆角。

此时在Android设备中的执行效果如图18-4所示。此时会发现列表显示样式变为了圆角样式，整个外观显得更加圆滑和自然。

图18-4　在Android中的执行效果

18.1.3　添加JavaScript

经过前面的讲解，一个基本的HTML页面就设计完成了，并且这个页面可以在Android手机上完美显示。为了使页面更加完美，接下来将详细讲解在上述页面中添加JavaScript行为特效的方法，介绍在Android移动页面中使用jQuery框架的知识。

jQuery是一个优秀的JavaScript框架。它是轻量级的JS库，它兼容CSS 3，还兼容各种浏览器。jQuery使用户能更方便地处理HTML documents、events，实现动画效果，并且方便地为网站提供Ajax交互。jQuery还有一个比较大的优势是，它的文档说明很全，而且各种应用也说得很详细，同时还有许多成熟的插件可供选择。jQuery能够使用户的HTML页面保持代码和HTML内容分离。也就是说，不用再在HTML里面插入一堆JS代码来调用命令了，只需直接定义id即可。

接下来给前面介绍的页面添加一些JavaScript元素，让页面支持一些基本的动态行为。在具体实现时基于了前面介绍的jQuery框架。具体要做的是，让用户控制是否显示页面顶部那个太引人注目的导航栏，这样用户可以只在想看的时候去看。我们的实现流程如下所示。

STEP 01 隐藏<header>中的ul元素，让它在用户第一次加载页面之后不会显示出来。
STEP 02 定义显示和隐藏菜单的按钮，代码如下所示。

```
<div class="leftButton"onclick="toggleMenu()">Menu</ /div>
```

然后在样式文件中定义一个带有leftButton类的div元素，将被放在header里面，下面是这个按钮的完整CSS样式代码。

```
#header div.leftButton {
    position: absolute;
    top: 7px;
    left: 6px;
    height: 30px;
    font-weight: bold;
```

```
    text-align: center;
    color: white;
    text-shadow: rgba (0,0,0,0.6) 0px -1px 1px;
    line-height: 28px;
    border-width: 0 8px 0 8px;
    -webkit-border-image: url(images/button.png) 0 8 0 8;
}
```

- position: absolute：从顶部开始，设置position为absolute，相当于把这个div元素从HTML文件流中去掉，从而可以设置自己的最上面和最左面的坐标。
- height: 30px：设置高度为30px。
- font-weight: bold：定义文字格式为粗体，白色带有一点向下的阴影，在元素里居中显示。
- text-shadow: rgba：rgb(255，255，255)、rgb(100%，100%，l0096)格式和#FFFFFF格式是一个原理，都是设置颜色值的。在rgba()函数中，它的第4个参数用来定义alpha值（透明度），取值范围从0到1。其中0表示完全透明，l表示完全不透明，0到1之间的小数表示不同程度的半透明。
- line-height：把元素中的文字往下移动的距离，使之不会和上边框齐平。
- border-width和-webkit-border-image：这两个属性一起决定把一张图片的一部分放入某一元素的边框中去。如果元素大小由于文字的增减而改变，图片会自动拉伸适应这样的变化。这一点其实非常棒，意味着只需要不多的图片、少量的工作、低带宽和更少的加载时间。
- border-width：让浏览器把元素的边框定位在距上0px、距右8px、距下0px、距左8px的地方（4个参数从上开始，以顺时针为序）。不需要指定边框的颜色和样式。边框宽度定义好之后，就要确定放进去的图片了。
- url(images/button.png) 0 8 0 8：5个参数从左到右分别是：图片的URL、上边距、右边距、下边距、左边距（再一次，从上顺时针开始）。URL可以是绝对(比如http://example.com/myBorderlmage.png)或者相对路径，后者是相对于样式表所在的位置的，而不是引用样式表的HTML页面的位置。

STEP 03 开始在HTML文件中插入引入JavaScript的代码，将对aaa.js和bbb.js的引用写到HTML文件中。在文件bbb.js中编写一段JavaScript代码，这段代码的主要作用是让用户显示或者隐藏nav菜单。代码如下所示。

```
if (window.innerWidth && window.innerWidth <= 480) {
   $(document).ready(function(){
      $('#header ul').addClass('hide');
         $('#header').append('<div class="leftButton"
```

```
onclick="toggleMenu()">Menu</div>');
    });
    function toggleMenu() {
        $('#header ul').toggleClass('hide');
        $('#header .leftButton').toggleClass('pressed');
    }
}
```

第1行：括号中的代码，表示当Window对象的innerWidth属性存在并且innerWidth小于等于480px（这是大部分手机合理的最大宽度值）时才执行到内部。这一行保证只有当用户用Android手机或者类似大小的设备访问这个页面时，上述代码才会执行。

第2行：使用了函数(document).ready，此函数是"网页加载完成"函数。这段代码的功能是设置当网页加载完成之后才运行里面的代码。

第3行：使用了典型的jQuery代码，目的是选择header中的<ul>元素并且往其中添加hide类开始。此处的hide代码执行的效果是隐藏header的ul元素。

第4行：此处是给header添加按钮的地方，目的是可以显示和隐藏菜单。

第8行：函数toggleMenu()用iQuery的toggleClass()函数来添加或删除所选择对象中的某个类。这里应用了header的ul里的hide类。

第9行：在header的leftButton里添加或删除pressed类，类pressed的具体代码如下所示。

```
#header div.pressed {
    -webkit-border-image: url(images/button_clicked.png) 0 8 0 8;
}
```

通过上述样式和JavaScript行为设置以后，Menu开始动起来了，默认是隐藏了链接内容，单击之后才会在下方显示链接信息，如图18-5所示。

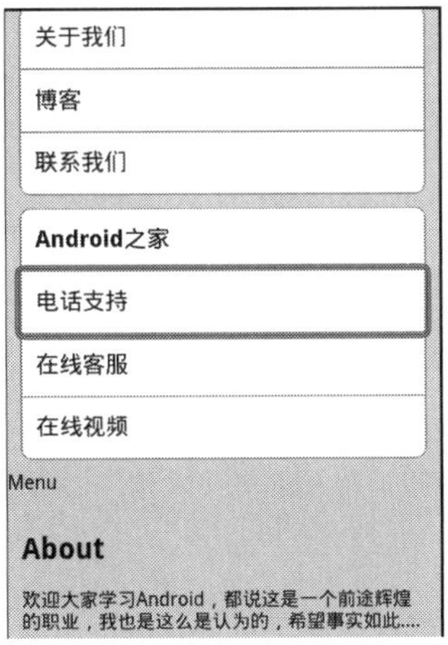

图18-5　下方显示信息

18.2 实战演练：使用Ajax技术

Ajax是指异步JavaScript及XML，是Asynchronous JavaScript And XML的缩写。Ajax不是一种新的编程语言，而是一种用于创建更好更快以及交互性更强的Web应用程序的技术。Ajax在浏览器与Web服务器之间使用异步数据传输（HTTP请求），这样就可使网页从服务器请求少量的信息，而不是整个页面。

因为Ajax和JavaScript的关系十分密切，所以很有必要在开发的Android网页中使用Ajax技术，这样可以给用户带来更精彩的体验。接下来将通过一个简单的例子，详细讲解在Android网页中使用Ajax技术的方法。

实例18-2	在Android系统中开发一个Ajax网页
源码路径	素材\daima\20\18-2\（Java版+Kotlin版）

STEP 01 编写一个简单的HTML文件，命名为android.html，具体代码如下所示。

```html
<html>
    <head>
        <title>Jonathan Stark</title>
        <meta name="viewport" content="user-scalable=no, width=device-width" />
        <link rel="stylesheet" href="android.css" type="text/css" media="screen" />
        <script type="text/javascript" src="jquery.js"></script>
        <script type="text/javascript" src="android.js"></script>
    </head>
    <body>
        <div id="header"><h1>AAA</h1></div>
        <div id="container"></div>
    </body>
</html>
```

STEP 02 编写样式文件android.css，此样式文件在本章的前面内容中已经进行了详细讲解，相信广大读者一读便懂。

STEP 03 继续编写如下HTML文件
- about.html
- blog.html
- contact.html
- consulting-clinic.html
- index.html

为了简单起见，它们的代码都是一样的，并且和本章前面实例18-1的相同。

STEP 04 编写JavaScript文件android.js，在此文件中使用了Ajax技术。具体代码如下所示。

```
var hist = [];
var startUrl = 'index.html';
$(document).ready(function(){
    loadPage(startUrl);
});
function loadPage(url) {
    $('body').append('<div id="progress">wait for a moment...</div>');
    scrollTo(0,0);
    if (url == startUrl) {
        var element = ' #header ul';
    } else {
        var element = ' #content';
    }
    $('#container').load(url + element, function(){
        var title = $('h2').html() || '你好!';
        $('h1').html(title);
        $('h2').remove();
        $('.leftButton').remove();
        hist.unshift({'url':url, 'title':title});
        if (hist.length > 1) {
                $('#header').append('<div class="leftButton">'+hist[1].title+'</div>');
            $('#header .leftButton').click(function(e){
                $(e.target).addClass('clicked');
                var thisPage = hist.shift();
                var previousPage = hist.shift();
                loadPage(previousPage.url);
            });
        }
        $('#container a').click(function(e){
            var url = e.target.href;
            if (url.match(/aaa.com/)) {
                e.preventDefault();
                loadPage(url);
            }
        });
        $('#progress').remove();
    });
}
```

对于上述代码的具体说明如下。

- 第1~5行：使用了jQuery的document.ready函数，目的是使浏览器在加载页面完成后运行loadPage()函数。
- 剩余的行数是函数loadPage(url)部分，此函数的功能是载入地址为URL的网页，但是在载入时使用了Ajax技术特效。
- 第7行：为了使Ajax效果能够显示出来，在这个loadPage()函数启动时，在body中增加一个正在加载的div。
- 第9~13行：如果没有在调用函数的时候指定url（比如第一次在document.ready函数中调用），url将会是undefined，这一行会被执行。这一行和下一行是jQuery的load()函数样例。load()函数在给页面增加简单快速的Ajax实用性上非常出色。如果把这一行翻译出来，它的意思是"从index.html中找出所有#header中的ul元素，并把它们插入当前页面的#container元素中，完成之后再调用hij ackLinks()函数"。当url参数有值的时候，执行第12行。从效果上看，"从传给loadPage()函数的url中得到#content元素，并把它们插入当前页面的#container元素"。

STEP 05 最后的修饰

为了能使我们设计的页面体现出Ajax效果，还需继续设置样式文件android.css。

- 为了能够显示出"加载中…"的样式，需要在android.css中添加如下对应的修饰代码。

```css
#progress {
    -webkit-border-radius: 10px;
    background-color: rgba(0,0,0,.7);
    color: white;
    font-size: 18px;
    font-weight: bold;
    height: 80px;
    left: 60px;
    line-height: 80px;
    margin: 0 auto;
    position: absolute;
    text-align: center;
    top: 120px;
    width: 200px;
}
```

- 用边框图片修饰返回按钮，并清除默认的点击后高亮显示的效果。在android.css中添加如下修饰代码。

```css
#header div.leftButton {
    font-weight: bold;
```

```
    text-align: center;
    line-height: 28px;
    color: white;
    text-shadow: 0px -1px 1px rgba(0,0,0,0.6);
    position: absolute;
    top: 7px;
    left: 6px;
    max-width: 50px;
    white-space: nowrap;
    overflow: hidden;
    text-overflow: ellipsis;
    border-width: 0 8px 0 14px;
    -webkit-border-image: url(images/back_button.png) 0 8 0 14;
    -webkit-tap-highlight-color: rgba(0,0,0,0);
}
```

此时在Android中执行上述文件，执行后先加载页面，在加载时会显示"wait for a moment..."的提示，如图18-6所示。在滑动选择某个链接的时候，被选中的会有不同的颜色，如图18-7所示。

而文件android.html的执行效果和其他文件相比稍有不同，如图18-8所示。这是因为在编码时的有意而为之。

图18-6　提示特效　　　　图18-7　被选择的不同颜色　　　图18-8　文件android.html的最终执行效果

18.3　让网页动起来

在移动Web开发领域有3个框架，分别是jQuery Mobile、JQTouch和PhoneGap。在本章前面已经讲解了jQuery Mobile的知识，接下来详细讲解JQTouch和PhoneGap的知识。

18.3.1 实战演练：使用JQTouch框架开发网页

jQTouch是一个JavaScript库，能够在手机的Webkit浏览器上实现一些包括动画、列表导航、默认应用样式等各种常见的UI效果。目前，随着Android手机、iPhone、iTouch、iPad等产品的流行，越来越多的开发者想开发相关的应用程序。使用JQTouch的目的是使构建基于Android和iPhone的应用变得更加容易，而所有的只需要一点HTML、CSS和一些JavaScript知识，就能够创建可在WebKit浏览器上（iPhone、Android、Palm Pre）运行的手机应用程序。可以去其官方地址http://www.jqtouch.com/下载资源，因为是开源的，所以下载后可以直接使用。

在下面的实例中，演示了使用JQTouch框架开发适应于Android的动画网页的过程。

实例18-3	在Android系统中使用JQTouch框架开发网页
源码路径	素材\daima\20\18-3\（Java版+Kotlin版）

STEP 01 首先编写一个简单的HTML文件，命名为index.html，具体实现流程如下所示。

- 通过如下代码启用了JQTouch和jQuery框架。

```
<script type="text/javascript" src="jqtouch/jquery.js"></script>
<script type="text/javascript" src="jqtouch/jqtouch.js"></script>
```

- 实现home面板，具体代码如下。

```
<div id="home">
    <div class="toolbar">
        <h1>Data</h1>
        <a class="button flip" href="#settings">Settings</a>
    </div>
    <ul class="edgetoedge">
        <li class="arrow"><a href="#dates">Dates</a></li>
        <li class="arrow"><a href="#about">About</a></li>
    </ul>
</div>
```

对应的效果如图18-9所示。

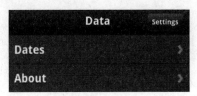

图18-9　home面板

- 实现about面板,具体代码如下。

```
<div id="about">
    <div class="toolbar">
        <h1>About</h1>
        <a class="button back" href="#">Back</a>
    </div>
    <div>
        <p>Choose you food.</p>
    </div>
</div>
```

对应的效果如图18-10所示。

- 实现dates面板,具体代码如下。

```
<div id="dates">
    <div class="toolbar">
        <h1>Time</h1>
        <a class="button back" href="#">Back</a>
    </div>
    <ul class="edgetoedge">
        <li class="arrow"><a id="0" href="#date">AAA</a></li>
        <li class="arrow"><a id="1" href="#date">BBB</a></li>
        <li class="arrow"><a id="2" href="#date">CCC</a></li>
        <li class="arrow"><a id="3" href="#date">DDD</a></li>
        <li class="arrow"><a id="4" href="#date">EEE</a></li>
        <li class="arrow"><a id="5" href="#date">FFF</a></li>
    </ul>
</div>
```

对应的效果如图18-11所示。

图18-10 about面板

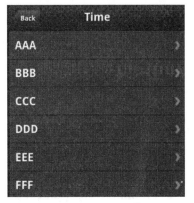

图18-11 dates面板

- 实现date面板，具体代码如下。

```html
<div id="date">
    <div class="toolbar">
        <h1>Time</h1>
        <a class="button back" href="#">Back</a>
        <a class="button slideup" href="#createEntry">+</a>
    </div>
    <ul class="edgetoedge">
        <li id="entryTemplate" class="entry" style="display:none">
            <span class="label">Label</span> <span class="calories">000</span> <span class="delete">Delete</span>
        </li>
    </ul>
</div>
```

- 实现settings面板，具体代码如下。

```html
<div id="settings">
    <div class="toolbar">
        <h1>Control</h1>
        <a class="button cancel" href="#">Cancel</a>
    </div>
    <form method="post">
        <ul class="rounded">
            <li><input placeholder="Age" type="text" name="age" id="age" /></li>
            <li><input placeholder="Weight" type="text" name="weight" id="weight" /></li>
            <li><input placeholder="Budget" type="text" name="budget" id="budget" /></li>
            <li><input type="submit" class="submit" name="waction" value="Save Changes" /></li>
        </ul>
    </form>
</div>
```

对应的效果如图18-12所示。

STEP 02 接下来看样式文件theme.css，此样式文件非常简单，功能是对index.html中的元素进行修饰。其实图18-9、图18-10、图18-11和图18-12都是经过theme.css修饰之后的显示效果。文件theme.css的具体内容请读者参考本书附带素材中的源码。因为里面的内容都在本书前面的知识中讲解过，所以在此不再占用篇幅。

到此为止，设计的页面就能够动起来了，每一个页面的切换都具有了动画效果，如图18-13所示。

图18-12　settings面板

图18-13　闪烁的动画效果

注意

本书中的执行效果截图体现不出动画效果，建议读者在模拟器或真机上亲自实践体验。

18.3.2　实战演练：使用PhoneGap框架开发网页

PhoneGap是一个免费的开发平台，需要特定平台提供的附加软件，如iPhone的iPhone SDK、Android的Android SDK等，也可以和Dreamweaver 5.5及以上版本配套开发。PhoneGap是目前唯一支持7种平台的开源移动开发框架，支持的平台包括iOS、Android、BlackBerry OS、Palm WebOS、Windows Phone、Symbian和Bada。PhoneGap是一个基于HTML、CSS和JavaScript创建跨平台移动应用程序的快速开发平台。与传统Web应用不同的是，它使开发者能够利用iPhone、Android等智能手机的核心本地功能——包括地理定位、加速器、联系人、声音和振动等，此外它还拥有非常丰富的插件，并可以凭借其轻量级的插件式架构来扩展无限的功能。

PhoneGap能够支持7种主流移动智能操作系统，是实现跨平台应用程序的重要工具之一。为了帮读者快速了解PhoneGap的强大之处，接下来将创建第一个PhoneGap-Android原生程序"HelloWorld"进行演示。

实例18-4	创建第一个PhoneGap-Android原生程序
源码路径	光盘\daima\20\18-4\（Java版+Kotlin版）

首先，利用HTML、CSS和JavaScript来搭建一个标准的Web应用程序，然后用PhoneGap封装来访问移动设备的基本信息，在Android模拟器上调试成功后，最后部署到实体机。为了在不同的设备上得到一样的渲染效果，将采用jQuery Mobile来设计应用程序界面。

1. 新建基于Web的Android应用程序

创建标准Android应用的操作步骤如下。

STEP 01 启动Android Studio，依次选中File、New和New Project菜单，在项目名称上填写HelloWorld，填写包名com.adobe.phonegap，如图18-14所示。

STEP 02 创建一个手机项目，项目的最终目录结构如图18-15所示。

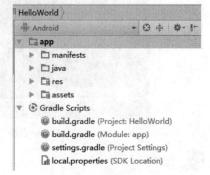

图18-14　创建Android工程　　　　　图18-15　创建的Android工程

2. 添加Web内容

在HelloWorld中，将要添加的Web页面只有index.html，该页面要完成的功能是在内容区域输出HelloWorld。为了确保在不同的移动平台上显示一样的效果，使用jQuery Mobile来设计UI。

STEP 01 在HelloWorld的assets目录下创建www文件夹，这个文件夹是所有Web内容的容器。

STEP 02 下载jQuery Mobile，笔者在此实例使用的版本是1.1.0 RC1。除了需要jQuery Mobile的CSS和相关JavaScript文件外，还需要用到jquery.js。

STEP 03 下载完jQuery Mobile并解压缩后，将jquery.mobile-1.0.min.css、jquery.mobile-1.0.min.js和jquery.js放置在www文件夹下，如图18-16所示。

图18-16　添加jQuery Mobile文件

STEP 04 开始编写文件index.html，该页面是个单页结构，共包含3部分，分别是页头、内容和页脚。文件index.html的主要代码如下。

```
<link rel="stylesheet" href="jquery.mobile-1.0.1.min.css" />
<script type="text/javascript" charset="utf-8" src="jquery.js"></script>
<script type="text/javascript" charset="utf-8" src="jquery.mobile-1.0.1.min.js"></script>
</head>
```

```html
<body>
<!-- begin first page -->
<div id="page1" data-role="page" >
<header data-role="header"><h1>Hello World</h1></header>
<div data-role="content" class="content">
<h3>设备信息</h3>

</ul>
</div>
<footer data-role="footer"><h1>Footer</h1></footer>
</div>
<!-- end first page -->
</body>
</html>
```

目前，该页面无法显示在移动设备中，它在桌面浏览器上的显示效果如图18-17所示。

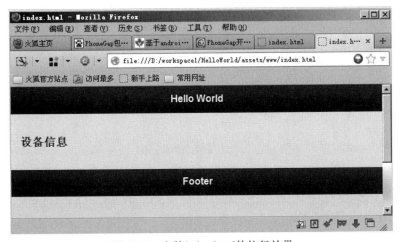

图18-17 文件index.html的执行效果

3. 利用PhoneGap封装成移动Web应用

整个封装过程可以分为如下所示的4部分：

- 第一部分：修改项目结构，即创建一些必要的目录结构；
- 第二部分：引入PhoneGap相关文件，包含cordova.js和cordova.jar，其中cordova.js主要用于HTML页面，而cordova.jar作为Java库文件引入；
- 第三部分：修改项目文件（包含HTML页面和activity类文件）；
- 第四部分：是可选的，就是修改项目元数据AndroidManifest.xml，我们可以根据实际需要来修改该配置文件。

在接下来的内容中，将逐一介绍每一部分的具体实现过程。

(1) 修改项目结构

在项目的根目录下创建libs和assets/www文件夹，前者是将要添加的cordova.jar包的容器，后者（该文件夹在"添加Web内容"一节中已经创建）是Web内容的容器。

(2) 引入PhoneGap相关文件

进入PhoneGap发布包的\lib\android目录，将文件cordova.js复制到assets/www目录下，将"cordova-xxx.jar"格式的库文件复制到libs目录下，将XML文件夹复制到res目录下，作为res目录的一个子目录。在PhoneGap 2.0以前，XML文件夹包含两个配置文件cordova.xml和plugins.xml，从2.0开始这两个文件合并成一个config.xml。修改项目的Java构建路径，把libs下的cordova-xxx.jar文件添加到编译路径中。

(3) 修改项目文件

修改默认的Java文件HelloWorldActivity，使其继承DroidGap，修改后的代码如下所示。

```java
public class HelloWorldActivity extends DroidGap {
    /** Called when the activity is first created. */
    @Override
    public void onCreate(Bundle savedInstanceState) {
        super.onCreate(savedInstanceState);
        super.loadUrl("file:///android_asset/www/index.html");
    }
}
```

在上述代码中，DroidGap是PhoneGap提供的，此类继承自android.app.Activity类。如果需要PhoneGap提供的API访问设备的原生功能或者设备信息，则需要在index.html的<header>标签中加入如下代码：

```html
<script type="text/javascript" charset="utf-8" src="cordova.js" >
```

在本例中，我们先实验一下不引入cordova.js时的情况，此时在模拟器上的运行效果如图18-18所示。

现在修改文件index.html，将文本"I am here"替换为显示设备信息。文件index.html更改后的代码如下所示。

图18-18 不引入cordova.js时的执行效果

```html
<link rel="stylesheet" href="jquery.mobile-1.0.1.min.css" />
<script type="text/javascript" charset="utf-8" src="jquery.js"></
```

```
script>
<script type="text/javascript" charset="utf-8" src="jquery.mobile-
1.0.1.min.js"></script>
<script type="text/javascript" charset="utf-8" src="cordova.js" ></
script>
<script type="text/javascript" charset="utf-8">

$( function() {

});
$(document).ready(function(){

    console.log("jquery ready");
    document.addEventListener("deviceready", onDeviceReady, false);
    console.log("register the listener");
});

function onDeviceReady()
{
    console.log("onDeviceReady");
    $(".content").html("<ul data-role='listview'><li>"+device.name+"</li><li>"+device.cordova+"</li><li>"+device.platform+"</li><li>"+device.version+"</li><li>"+device.uuid+"</li></ul>");
}


</script>
</head>
<body>
<!-- begin first page -->
<div id="page1" data-role="page" >
<header data-role="header"><h1>Hello World</h1></header>
<div data-role="content" class="content">
<h3>设备信息</h3>

</ul>
</div>
<footer data-role="footer"><h1>Footer</h1></footer>
</div>
<!-- end first page -->
</body>
</html>
```

在上述代码中，使用函数onDeviceReady()调用$(".content").html()函数来修改div中的HTML内容。

4. 修改权限文件AndroidManifest.xml

在文件AndroidManifest.xml中，增加访问网络和照相机的权限，并添加适用不同分辨率的设置代码。文件AndroidManifest.xml的具体代码如下所示。

```xml
<uses-permission android:name="android.permission.CAMERA" />
<uses-permission android:name="android.permission.VIBRATE" />
<uses-permission android:name="android.permission.ACCESS_COARSE_LOCATION" />
<uses-permission android:name="android.permission.ACCESS_FINE_LOCATION" />
<uses-permission android:name="android.permission.ACCESS_LOCATION_EXTRA_COMMANDS" />
<uses-permission android:name="android.permission.READ_PHONE_STATE" />
<uses-permission android:name="android.permission.INTERNET" />
<uses-permission android:name="android.permission.RECEIVE_SMS" />
<uses-permission android:name="android.permission.RECORD_AUDIO" />
<uses-permission android:name="android.permission.MODIFY_AUDIO_SETTINGS" />
<uses-permission android:name="android.permission.READ_CONTACTS" />
<uses-permission android:name="android.permission.WRITE_CONTACTS" />
<uses-permission android:name="android.permission.WRITE_EXTERNAL_STORAGE" />
<uses-permission android:name="android.permission.ACCESS_NETWORK_STATE" />
<uses-permission android:name="android.permission.BROADCAST_STICKY" />
```

到此为止，整个实例介绍完毕，此时在Android中的执行效果如图18-19所示。

图18-19　最终的执行效果

由此可见，只需将移动Web文件放到Android工程的"assets\www\"目录下，然后使用本实例的模板就可以实现本地测试，而无需申请虚拟主机。

第19章
GPS地图定位

谷歌地图对于广大读者来说应该不算陌生,它让我们体会到了高科技的奥妙。作为谷歌官方旗下产品之一的Android系统,可以方便地使用Google地图实现定位。在本章的内容中,将详细讲解Android移动设备中使用位置服务和地图API的基本流程。

19.1 使用位置服务

Android系统可以非常容易地获取当前的位置信息，这个功能是通过谷歌地图实现的。Android系统可以无缝地支持GPS和谷歌网络地图，我们通常将各种不同的定位技术称之为LBS。LBS是基于位置的服务（Location Based Service）的简称，它是通过电信移动运营商的无线电通信网络（如GSM网、CDMA网）或外部定位方式（如GPS）获取移动终端用户的位置信息（地理坐标或大地坐标），在GIS（Geographic Information System，地理信息系统）平台的支持下，为用户提供相应服务的一种增值业务。

19.1.1 android.location功能类

在Android系统中，可以使用android.location类来实现定位功能，在该包中包含了表19-1所列的类和接口。

表19-1 类android.location中的接口和类型

名称	类型/接口	说明
GpsStatus.Listener	接口	用于接收 GPS 状态改变时的通知
GpsStatus.NmeaListener	接口	用于接收 Nmea（为海用电子设备制定的格式）信息
LocationListener	接口	用于接收位置信息改变时的通知，提供定位信息发生改变时的回调功能。必须事先在定位管理器中注册监听器对象
Address	类	用于描述地址信息
Criteria	类	用于选择LocationProvider，该类使得应用能够通过在LocationProvider中设置的属性来选择合适的定位提供者
Geocoder	类	用于处理地理位置的编码
GpsSatellite	类	用于描述 GPS 卫星的状态
GpsStatus	类	用于描述 GPS 设备的状态
Location	类	用于描述地理位置信息，包括经度、纬度、海拔、方向等信息
LocationManager	类	用于获取和调用定位服务。本类提供访问定位服务的功能，也提供了获取最佳定位提供者的功能。另外，临近警报功能也可以借助该类来实现
LocationProvider	类	该类是定位提供者的抽象类。定位提供者具备周期性报告设备地理位置的功能。LocationProvide是描述Location Provider的超类，Location Provider 是真正用来获取位置信息的组件。Location Provider 的实现主要可以分为两类：一种依赖于 GPS 设备，另一种依赖网络状态

在使用android.location类实现定位功能时，首先判断是否开启了系统模拟位置功能。在Android早先版本系统中，使用Settings.Secure.ALLOW_MOCK_LOCATION进行判断，

例如：

```
// Android 6.0 以下：是否开启【允许模拟位置】
boolean canMockPosition = Settings.Secure.getInt(getContentResolver(),
Settings.Secure.ALLOW_MOCK_LOCATION, 0) != 0
```

在Android的新版本中，因为没有【允许模拟位置】选项，并且同时弃用了Settings.Secure.ALLOW_MOCK_LOCATION，所以无法通过上面的方法判断。Android新版本增加了【选择模拟位置信息应用】的方法，需要选择使用模拟位置的应用。但是不知道怎么获取当前选择的应用，因此通过是否能够成功执行addTestProvider方法来进行判断，如果没有选择当前的应用，则addTestProvider会抛出异常。例如：

```
boolean hasAddTestProvider = false;
boolean canMockPosition = (Settings.Secure.getInt(getContentResolver(),
Settings.Secure.ALLOW_MOCK_LOCATION, 0) != 0)
        || Build.VERSION.SDK_INT > 22;
if (canMockPosition && hasAddTestProvider == false) {
    try {
        String providerStr = LocationManager.GPS_PROVIDER;
        LocationProvider provider = locationManager.getProvider(providerStr);
        if (provider != null) {
            locationManager.addTestProvider(
                    provider.getName()
                    , provider.requiresNetwork()
                    , provider.requiresSatellite()
                    , provider.requiresCell()
                    , provider.hasMonetaryCost()
                    , provider.supportsAltitude()
                    , provider.supportsSpeed()
                    , provider.supportsBearing()
                    , provider.getPowerRequirement()
                    , provider.getAccuracy());
        } else {
            locationManager.addTestProvider(
                    providerStr
                    , true, true, false, false, true, true, true
                    , Criteria.POWER_HIGH, Criteria.ACCURACY_FINE);
        }
        locationManager.setTestProviderEnabled(providerStr, true);
        locationManager.setTestProviderStatus(providerStr,
LocationProvider.AVAILABLE, null, System.currentTimeMillis());
```

```
        // 模拟位置可用
        hasAddTestProvider = true;
        canMockPosition = true;
    } catch (SecurityException e) {
        canMockPosition = false;
    }
}
```

19.1.2 实战演练：使用GPS定位技术获取当前的位置信息

请看下面的Android实例程序，运行后能够显示当前所在位置的经度和纬度。

实例19-1	使用GPS定位技术获取当前的位置信息
源码路径	素材\daima\21\19-1\（Java版+Kotlin版）

STEP 01 在文件AndroidManifest.xml中添加ACCESS_FINE_LOCATION权限，主要代码如下所示。

```
<uses-permission android:name="android.permission.ACCESS_FINE_LOCATION"/>
```

STEP 02 在onCreate(Bundle savedInstanceState)中获取当前位置信息，通过LocationManager周期性获得当前设备的一个类。要想获取LocationManager实例，必须调用Context.getSystemService()方法并传入服务名LOCATION_SERVICE("location")。创建LocationManager实例后可以通过调用getLastKnownLocation()方法，将上一次LocationManager获得的有效位置信息以Location对象的形式返回。getLastKnownLocation()方法需要传入一个字符串参数来确定使用定位服务类型，本实例传入的是静态常量LocationManager.GPS_PROVIDER，这表示使用GPS技术定位。最后还需要使用Location对象将位置信息以文本方式显示到用户界面。主要实现代码如下所示。

```
        LocationManager locationManager;
        String serviceName = Context.LOCATION_SERVICE;
            locationManager = (LocationManager)getSystemService(serviceName);
        Criteria criteria = new Criteria();
        criteria.setAccuracy(Criteria.ACCURACY_FINE);
        criteria.setAltitudeRequired(false);
        criteria.setBearingRequired(false);
        criteria.setCostAllowed(true);
        criteria.setPowerRequirement(Criteria.POWER_LOW);
        String provider = locationManager.getBestProvider(criteria, true);
            Location location = locationManager.getLastKnownLocation
```

第19章 GPS地图定位

```
(provider);
        updateWithNewLocation(location);
        /*每隔1000ms更新一次*/
        locationManager.requestLocationUpdates(provider, 2000, 10,
                locationListener);
    }
```

STEP 03 定义方法updateWithNewLocation(Location location)更新显示用户界面。

STEP 04 定义LocationListener对象locationListener，当坐标改变时触发此函数。如果Provider传进相同的坐标，它就不会被触发。

STEP 05 要想在Android系统中使用谷歌提供的定位功能和地图导航功能，需要先为手机或Android模拟器安装谷歌服务包，对于模拟器来说是默认安装的，国行版的真机则需要额外安装。具体来说需要安装如下两个APK程序。

- Google Play Service。
- Google Play Store。

如果使用Eclipse进行调试，当在测试真机或模拟器中安装上述程序后，接下来还需要在Android SDK Manager中下载安装Google Play Services SDK，而Android Studio则不需要额外安装，如图19-1所示。

在安装Google Play Services SDK后会获得一个"google-play-services.lib"文件，将这个文件放到和本Eclipse实例工程的同一目录下，然后将google-play-services.jar这个jar包导入到本实例项目中。最终效果如图19-2所示。

图19-1 在Android SDK Manager中下载安装Google Play services

图19-2 正确的设置界面效果

这样模拟器运行后，就会成功显示当前位置的具体坐标，如图19-3所示。

单击Android模拟器右侧中的 ···，在弹出的"Extend control"面板中可以设置模拟器的坐标和海拔高度，如图19-4所示。

图19-3　执行效果　　　　　　　　　　图19-4　"Extend control"面板

19.2　及时更新位置信息

在现实应用中，如果Android设备的位置发生移动变化后，GPS能够及时地显示新的位置信息。在本节的内容中，将详细讲解通过编程的方式及时获取并更新当前的位置信息的知识。

19.2.1　使用LocationManager监听位置

在Android系统中，类LocationManager用于接收从LocationManager的位置发生改变时的通知。如果LocationListener被注册添加到LocationManager对象，并且此LocationManager对象调用了requestLocationUpdates(String, long, float, LocationListener)方法，那么接口中的相关方法将会被调用。在类LocationManager中包含了如下所示的公共方法。

（1）public abstract void onLocationChanged (Location location)：此方法在当位置发生改变后被调用。这里可以没有限制地使用Location对象。

参数location：位置发生变化后的新位置。

（2）public abstract void onProviderDisabled(String provider)：此方法在provider被用户关闭后被调用。

参数provider：与之关联的Location Provider名称。

（3）public abstract void onPorviderEnabled (Location location)：此方法在provider被用户开启后调用。

（4）public abstract void onStatusChanged (String provider, int Status, Bundle extras)：此方法在Provider的状态为可用、暂时不可用和无服务三个状态直接切换时被调用。
- 参数provider：与变化相关的Location Provider名称。
- 参数status：如果服务已停止，并且在短时间内不会改变，状态码为OUT_OF_SERVICE；如果服务暂时停止，并且在短时间内会恢复，状态码为TEMPORARILY_UNAVAILABLE；如果服务正常有效，状态码为AVAILABLE。
- 参数extras：一组可选参数，其包含provider的特定状态，会提供一组共用的键值对，其实任何键的provider都需要提供的值。

19.2.2 实战演练：监听当前设备的坐标、高度和速度

实例19-2	显示当前位置的坐标、海拔高度和速度
源码路径	光盘\daima\21\19-2\（Java版+Kotlin版）

STEP 01 在文件AndroidManifest.xml中添加ACCESS_FINE_LOCATION权限和ACCESS_LOCATION_EXTRA_COMMANDS权限，具体代码如下所示。

```
<!-- 授权获取定位信息 -->
<uses-permission android:name="android.permission.ACCESS_FINE_LOCATION" />
```

STEP 01 编写布局文件main.xml，设置在文本框中分别显示当前位置的经度、纬度、速度和海拔等信息。

STEP 02 编写程序文件MainActivity.java，功能是从Location中获取位置信息，包括用户当前的经度、维度、高度、方向和移动速度。通过使用locManager.requestLocationUpdates监听器，设置每隔3秒获取一次GPS的定位信息。文件MainActivity.java的主要实现代码如下所示。

```java
public class MainActivity extends Activity
{
// 定义LocationManager对象
LocationManager locManager;
// 定义程序界面中的EditText组件
EditText show;
@Override
public void onCreate(Bundle savedInstanceState)
{
  super.onCreate(savedInstanceState);
  setContentView(R.layout.main);
  // 获取程序界面上的EditText组件
  show = (EditText) findViewById(R.id.show);
  // 创建LocationManager对象
```

```
locManager = (LocationManager) getSystemService
    (Context.LOCATION_SERVICE);
// 从GPS获取最近的最近的定位信息
Location location = locManager.getLastKnownLocation(
    LocationManager.GPS_PROVIDER);
// 使用location来更新EditText的显示
updateView(location);
// 设置每3秒获取一次GPS的定位信息
locManager.requestLocationUpdates(LocationManager.GPS_PROVIDER,
3000, 8, new LocationListener()    // ①
{
    @Override
    public void onLocationChanged(Location location)
    {
        // 当GPS定位信息发生改变时，更新位置
        updateView(location);
    }
    @Override
    public void onProviderDisabled(String provider)
    {
        updateView(null);
    }
    @Override
    public void onProviderEnabled(String provider)
    {
        // 当GPS LocationProvider可用时，更新位置
        updateView(locManager
            .getLastKnownLocation(provider));
    }
    @Override
    public void onStatusChanged(String provider, int status,
                    Bundle extras)
    {
    }
});
}
```

本实例的执行效果如图19-5所示。

图19-5　执行效果

19.3　在Android设备中使用谷歌地图

在Android系统中可以直接使用Google地图，用地图的形式显示位置信息。在本节的内容中，将详细讲解在Android移动设备中使用Google地图的方法。

19.3.1　Google Maps Android API开发基础

1. 什么是Google Maps Android API？

Google Maps Android API 允许在Android应用程序中显示Google地图，这些地图与Google Maps for Mobile（缩写GMM）应用中所见的地图具有相同的外观，并且该API公开的许多功能也是相同的。GMM应用与Google Maps Android API存在如下两个明显差异。

- Google Maps Android API显示的地图图块不包含任何个性化内容，如个性化智能图标。
- 并非地图上的所有图标均可点击。例如，中转站图标便无法点击。但是向地图中添加标记的就可以点击，并且Google Maps Android API具有一个侦听器回调接口，用于进行各种标记交互。

除了地图功能外，Google Maps Android API支持符合 Android UI 模型的全系列交互。例如，可以通过定义可响应用户手势的侦听器来设置与地图的交互。另外，在Android应用程序中，使用地图对象时的关键类是GoogleMap类。GoogleMap类负责在应用程序内为地图对象建模。在应用程序的UI内，地图将由MapFragment对象或MapView对象表示。GoogleMap会自动处理如下所示的操作：

- 连接到Google地图服务。
- 下载地图图块。
- 在设备屏幕上显示图块。
- 显示如平移和缩放等各类控件。
- 通过移动和缩放地图响应平移和缩放手势。

注意

> 除了上述自动操作外，还可以通过该API 的对象和方法控制地图的行为。例如，GoogleMap具有可响应地图上点击动作和触摸手势的回调方法。还可以利用向GoogleMap提供的对象在地图上设置标记图标以及为其添加叠层。

2. 什么是MapView？

MapView是AndroidView类的一个子类，用于在Android View中放置地图。View

表示屏幕的某个矩形区域，是Android应用和小工具的基本构建基块。MapView与MapFragment相似，也充当了地图容器的作用，通过GoogleMap对象可以公开核心地图功能。当在完全交互模式下使用Google Maps Android API时，MapView类的用户必须将所有Activity生命周期方法都转发给MapView类中的相应方法。举例来说，生命周期方法包括onCreate()、onDestroy()、onResume()和onPause()。在精简模式下使用该 API 时，转发生命周期事件为可选操作。

3. Google Maps Android API提供的地图类型

在Google Maps Android API 内提供了许多类型的地图，地图类型支配着地图的整体表现。 例如， 地图集通常包含的政治地图侧重于显示边界，而道路地图则会显示某个城市或地区的所有道路。具体来说，Google Maps Android API提供了5种地图类型。

- Normal：典型道路地图，能够显示道路、一些人造景观以及河流等重要的自然景观。此外，还会显示道路和景观标签。
- Hybrid：添加了道路地图的卫星照片数据，此外还会显示道路和景观标签。
- Satellite：卫星照片数据，不显示道路和景观标签。
- Terrain：地形数据，包含颜色、轮廓线和标签以及透视阴影。此外，还会显示一些道路和标签。
- None：无图块，不显示任何地图的选项。地图将渲染为空网格，不加载任何图块。

19.3.2 类MapFragment

在Android系统中，类MapFragment的继承关系如下所示。
java.lang.Object
    android.app.Fragment
        com.google.android.gms.maps.MapFragment

由此可见，类MapFragment 是类Android Fragment的一个子类，用于在Android Fragment中放置地图。 MapFragment对象充当地图容器，并提供对GoogleMap对象的访问权。与View不同，Fragment表示的是Activity中的一种行为或用户界面的某一部分。可以将多个Fragment组合在一个Activity中来构建多窗格UI，以及在多个Activity中重复使用某个Fragment。

在Android应用程序中，最简单的地图解决方案是通过MapFragment放置地图视图。在具体实现时，可以通过如下所示的代码将地图添加到XML布局文件中。

```
<fragment
    class="com.google.android.gms.maps.MapFragment"
    android:layout_width="match_parent"
    android:layout_height="match_parent"/>
```

第19章 GPS地图定位

在Android的Google地图应用程序中，必须首先使用方法getMapAsync(OnMapReadyCallback)来自动初始化地图系统和视图界面。当在MapFragment中调用方法onDestroyView()方法或使用useViewLifecycleInFragment(boolean)设置选项时可以删除这个地图视图，此时MapFragment不再有效，一直到MapFragment使用onCreateView(LayoutInflater, ViewGroup, Bundle)方法重新创建视图为止。

 注意

> 在Android应用程序中，必须确保目标API的版本是12及以上时才可以使用类MapFragment，否则请使用SupportMapFragment。

类MapFragment的功能十分重要，其中包含了如下所示的公共方法：

(1) public final GoogleMap getMap()

- 功能：这个方法已经过时了，现在已经使用getMapAsync(OnMapReadyCallback)来代替。回调此方法可以保证GoogleMap为非空，并准备使用实例。
- 返回值：GoogleMap或null。当谷歌Play服务不可用或MapFragment的视图还没有准备好时返回null。如果MapFragment生命周期还没有经过onCreateView(LayoutInflater, ViewGroup, Bundle)创建，则返回值可能一直是null。

(2) public void getMapAsync (OnMapReadyCallback callback)

- 功能：将触发一个回调对象，此时可以随时使用Google Map的实例。
- 参数：callback，当在程序中做好使用地图的准备时将触发回调对象。

注意

> 此方法必须从主线程调用。
> 回调将在主线程中执行。
> 如果在用户的设备上没有安装谷歌Play服务，则回调将不会被调用，直到用户安装并触发为止。
> 当GoogleMap被创建后就立即销毁的极少数情况下，不会触发回调。

(3) public static MapFragment newInstance()

功能：使用设置的选项创建一个地图Fragment。

(4) public final void onEnterAmbient (Bundle ambientDetails)

在Android Wearable项目的Activity界面中使用，能够更新当前用户界面。例如当活动转变到阴影模式时，系统会在可穿戴活动中调用onEnterAmbient()方法。以下代码展示了在系统转变到阴影模式后改变文字的颜色为白色并关闭图形保真的方法。

```
public void onEnterAmbient(Bundle ambientDetails) {
```

```
    super.onEnterAmbient(ambientDetails);
    mStateTextView.setTextColor(Color.WHITE);
    mStateTextView.getPaint().setAntiAlias(false);
}
```

（5）public final void onExitAmbient ()

在Android Wearable项目的Activity界面中使用，能够更新当前用户界面。例如当用户点击屏幕或举起他们的手腕时，活动将从阴影模式转变为交互模式。系统将会调用onExitAmbient()方法。重写该方法来更新用户界面布局以让应用程序展示全色、交互的状态。以下代码展示了当系统转变为交互模式时，改变文字的颜色为绿色并开启图形保真的方法。

```
@Override
public void onExitAmbient() {
    super.onExitAmbient();
    mStateTextView.setTextColor(Color.GREEN);
    mStateTextView.getPaint().setAntiAlias(true);
}
```

（6）public void onInflate (Activity activity, AttributeSet attrs, Bundle savedInstanceState)

- 功能：当一个Fragment对象被作为一个View对象布局的一部分来填充时，就会调用该方法，通常用于设置一个Activity的内容视窗。在从布局文件的标签中创建该Fragment对象之后，可以立即调用该对象。注意：这时的调用是在该Fragment对象的onAttach(Activity)方法被调用之前，因此在这时所能做的所有的事情就是解析并保存它的属性设置。
- 主要参数包括以下三个。
    ◆ activity：指定要该Fragment对象来填充的Activity对象。
    ◆ attrs：指定了正在创建的Fragment对象标签中的属性。
    ◆ savedInstanceState：如果该Fragment对要从之前保存的状态中重建，那么就要使用该参数，它保存了该Fragment对象之前的状态。

（7）Public void onPause()

当该Fragment对象不再是恢复状态的时候，系统会调用该方法。这个方法通常会跟它的Activity的生命周期的Activity.onPause()方法捆绑。

（8）Public void onResume()

当Fragment对象显示给用户并处于活跃的运行状态时，系统会调用这个方法。它通常会跟它的Activity生命周期的Activity.onResume()方法绑定。

(9) public void onSaveInstanceState (Bundle outState)
- 功能：当要求Fragment对象保存当前的动态的状态时，系统会调用该方法，以便能够在以后的新实例重建时，使用这些被保存的状态。如果以后需要创建一个新的该Fragment对象实例，那么放置该方法Bundle参数中的数据，就会传递给onCreate(Bundle)、onCreateView(LayoutInflater, ViewGroup, Bundle)、onActivityCreated(Bundle)方法的Bundle参数。
- 参数：outstate，该参数用于放置要保存的状态，是一个Bundle类型的对象。

 注意

> 对于Activity.onSaveInstanceState(Bundle)方法的大多数讨论，也适用于本方法。但是要注意的是：这个方法可以在onDestroy()方法之前的任意时点调用。有一些情况是该Fragment对象已经被关闭了（如当它放置在没有UI显示的回退堆栈中时），但是直到它的Activity需要保存它的状态时，该Fragment的状态才会保存。

(10) public void onLowMemory()

当整个系统运行在低内存的状态，并且当前活跃的运行进程试图回收内存的时候，会调用该方法。这个方法被调用的精确的时间点没有被定义，通常它会发生在所有的后台进程都被杀死的前后，这是在到达杀死进程托管服务的时点之前，并且会尽量避免杀死前台UI。Android应用程序能够实现该方法，用于释放缓存或其他的不需要的资源。在从这个方法返回之后，系统会执行gc（垃圾回收）操作。

(11) public View onCreateView(LayoutInflater, inflater, ViewGroup container, Bundle savedInstanceState)
- 功能：调用该方法后可以初始化Fragment的用户界面。这个方法是可选的，并且对于非图形化的Fragment对象，该方法会返回null（这是默认的实现）。该方法在onCreate(Bundle)和onActivityCreated(Bundle)方法之间被调用。如果从该方法中返回一个View对象，那么在该View对象被释放时，会调用onDestroyView()方法。
- 主要参数包括如下三项。
    - inflager：该LayoutInflater对象能够被用于填充Fragment对象中任何View对象。
    - Container：如果该参数是非空（non-null），那么它指定了Fragment对象的UI应该被绑定到这个参数所指向的容器上，它是Fragment对象的父容器。Fragment对象不应该把这个View对象添加到自己的布局中，但是能够使用它来生成View对象的LayoutParams对象。
    - savedInstanceState：如果该参数是非空（non-null），那么就会使用该参数中所保持的状态值来重建Fragment对象。
- 返回值：该方法返回对应的Fragment UI的View对象，或者是null。

（12）public void onDestroy()

当Fragment不再被使用时，系统会调用该方法。在onStop()方法之后、onDetach()方法之前被调用。

（13）public void onDestroyView()

当先前用onCreateView(LayoutInflater, ViewGroup, Bundle)方法创建的View对象从Fragment对象中解除绑定的时候，系统会调用这个方法。在下次需要显示这个Fragment对象时，要创建一个View对象。这个方法在onStop()方法之后、onDestroy()方法前被调用。调用这个方法与onCreateView(LayoutInflater, ViewGroup, Bundle)方法是否返回了非空的View对象无关。在这个方法调用的内部，要先保存该View对象的状态，然后才能把它从其父对象中删除。

19.3.3　申请SHA1认证指纹和Google Maps API V2 Android密钥

在现实世界中，Google地图给人们的生活带来了极大的方便，如可以通过Google地图查找商户信息、查看地图和获取行车路线等。在Android系统中提供了一个map包（com.google.android.maps），通过其中的类和接口可以方便地利用Google地图的资源进行编程。在Android应用程序使用谷歌地图时，需要先申请一个Google Maps API V2 Android的密钥。

STEP 01 注册一个Gmail邮箱，然后利用Gmail邮箱账户注册一个合法的谷歌账户。

STEP 02 登录https://console.developers.google.com/，自行创建一个Android工程，单击顶部导航中的下拉三角形图标，可以查看已经创建的工程，如图19-6所示。例如，笔者的工程列表如图19-7所示。

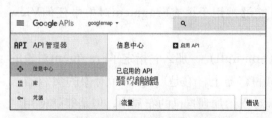

图19-6　单击顶部导航中的下拉图标

图19-7　笔者创建的工程列表

STEP 03 选择一个创建的工程，如"googlemap"的项目，单击顶部导航中的"启用API"链接，如图19-8所示。

第19章　GPS地图定位

图19-8　单击顶部"启用API"链接

STEP 04 此时在右侧会显示谷歌API列表,展示了当前所有的Google API,如图19-9所示。

图19-9　Google API列表

STEP 05 单击右侧列表中"Google 地图 API"下的"Google Maps Android API",来到"Google Maps Android API"的详情界面,如图19-10所示。

图19-10　"Google Maps Android API"详情界面

STEP 06 单击右上角的"获取密钥"按钮,在弹出的新界面中选择为哪一个项目工程申请Google Map API,在此我们选择前面刚刚创建的"googlemap",如图19-11所示。

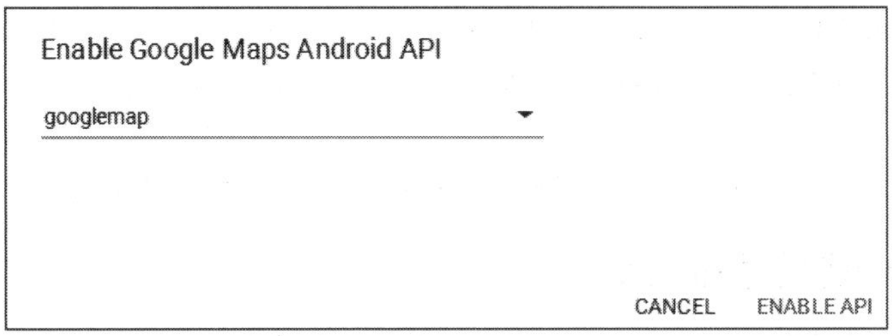

图19-11　选择为"googlemap"项目申请Map API

STEP 07 单击右下角的"ENABLE API"按钮，在新界面中将会成功生成一个谷歌地图密钥，如图19-12所示。单击右下角的"FINISH"按钮完成设置。

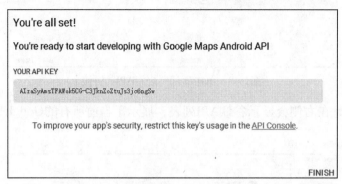

图19-12　生成的Google Map API密钥

19.3.4　使用Google Map API密钥

通过上一节的讲解，我们已经成功申请到了一个Android Map API Key，下面开始讲解使用Google Map API密钥实现编程的基本流程。

1. 添加密钥

STEP 01 打开文件AndroidManifest.xml，在 </application> 结束标记前插入以下代码，将其设置为 <application> 元素的子元素：

```
<meta-data
    android:name="com.google.android.geo.API_KEY"
    android:value="YOUR_API_KEY"/>
```

将前面申请的Google Map API密钥代替上述value属性中的"YOUR_API_KEY"，该元素会将密钥com.google.android.geo.API_KEY设置为我们的API密钥的值。

注意

> 在上述格式中，com.google.android.geo.API_KEY 是建议使用的 API 密钥元数据名称。在现实中可使用具有该名称的密钥，向 Android 平台上的多个基于 Google Maps 的 API（包括 Google Maps Android API）验证身份。出于向后兼容性上的考虑，该 API 还支持 com.google.android.maps.v2.API_KEY 名称。该旧有名称只允许向 Android Maps API v2 验证身份。应用只能指定其中一个 API 密钥元数据名称。如果两个都指定，API 会抛出异常。

STEP 02 保存文件AndroidManifest.xml，然后新编译自己的Android应用程序。

2. 向Android应用添加地图

在Android应用程序中，在添加谷歌地图时需要完成如下三个任务。

- 向将要处理地图的Activity中添加Fragment对象，其中最简单的实现方式是向Activity的布局文件中添加<fragment>元素。
- 实现OnMapReadyCallback接口，并使用onMapReady(GoogleMap)回调方法获取GoogleMap对象的句柄。GoogleMap对象是对地图本身的内部表示，如果想设置地图的视图选项，则需要修改其 GoogleMap 对象。
- 调用 Fragment 上的方法getMapAsync()注册回调。

完成上述三个任务的具体流程如下所示。

（1）添加Fragment

在Activity的布局文件中添加<fragment>元素，这样便定义了一个Fragment对象。在该<fragment>元素中，将android:name 属性设置为"com.google.android.gms.maps.MapFragment"。操作完毕后会自动将MapFragment附加到Activity。例如在下面的布局文件中便包含一个<fragment>元素。

```
<?xml version="1.0" encoding="utf-8"?>
<fragment xmlns:android="http://schemas.android.com/apk/res/android"
    android:name="com.google.android.gms.maps.MapFragment"
    android:id="@+id/map"
    android:layout_width="match_parent"
    android:layout_height="match_parent"/>
```

另外还可以向代码中的Activity添加MapFragment，此时创建一个新的MapFragment实例，然后调用方法FragmentTransaction.add()将Fragment添加到当前的Activity。例如下面的演示代码。

```
mMapFragment = MapFragment.newInstance();
FragmentTransaction fragmentTransaction =
        getFragmentManager().beginTransaction();
fragmentTransaction.add(R.id.my_container, mMapFragment);
fragmentTransaction.commit();
```

（2）添加地图代码

如果需要应用程序中使用谷歌地图，还需要实现OnMapReadyCallback接口，并在MapFragment 对象或MapView对象上设置回调实例。在现实中最常用的解决方案是使用MapFragment，因为这是向应用添加地图的最常用方法。实现的第一步是实现回调接口：

```
public class MainActivity extends FragmentActivity
    implements OnMapReadyCallback {
...
}
```

在Activity的onCreate()方法中将布局文件设置为内容视图。例如布局文件的名称是main.xml，则需要使用以下代码：

```
@Override
public void onCreate(Bundle savedInstanceState) {
    super.onCreate(savedInstanceState);
    setContentView(R.layout.main);
    ...
}
```

通过调用 FragmentManager.findFragmentById()，将<fragment>元素的资源ID传递给它，来获取 Fragment 的句柄。当生成布局文件时，在Android项目中会自动添加资源ID：R.id.map。

然后使用方法getMapAsync()设置 Fragment上的回调，例如下面的演示代码。

```
MapFragment mapFragment = (MapFragment) getFragmentManager()
    .findFragmentById(R.id.map);
mapFragment.getMapAsync(this);
```

 注意

Google Maps Android API 需要API级别12或更高级别，才能支持 MapFragment 对象。如果目标是低于 API级别 12 的应用，可通过 SupportMapFragment 类访问同一功能，并且还必须提供Android支持库。

注意

必须从主线程调用方法getMapAsync()，这样回调将在主线程中执行。如果在用户设备上未安装 Google Play服务，则在安装 Play 服务后才会触发回调。

使用 onMapReady(GoogleMap) 回调方法获取 GoogleMap 对象的句柄，回调将在地图做好使用准备时触发，此时会提供 GoogleMap的非空实例。例如可以利用GoogleMap对象为地图设置视图选项或者添加标记，演示代码如下所示。

```
@Override
public void onMapReady(GoogleMap map) {
    map.addMarker(new MarkerOptions()
    .position(new LatLng(0, 0))
        .title("Marker"));
}
```

19.3.5 实战演练：在谷歌地图中定位显示当前的位置

为了让读者理解在Android系统中开发谷歌地图程序的知识，下面将通过一个具体实例来说明其使用流程。本实例的功能是在Android移动设备中使用谷歌地图实现定位功能，在谷歌地图中显示当前设备所在的位置。

实例19-3	在谷歌地图中定位显示当前的位置
源码路径	素材\daima\21\19-3\（Java版+Kotlin版）

STEP 01 在布局文件my_location_demo.xml中通过Fragment使用谷歌地图，主要实现代码如下所示。

```
<FrameLayout xmlns:android="http://schemas.android.com/apk/res/android"
    android:layout_width="match_parent"
    android:layout_height="match_parent"
    android:id="@+id/layout">
    <fragment
        android:id="@+id/map"
        class="com.google.android.gms.maps.SupportMapFragment"
        xmlns:android="http://schemas.android.com/apk/res/android"
        android:layout_width="match_parent"
        android:layout_height="match_parent" />
</FrameLayout>
```

STEP 02 在文件AndroidManifest.xml中设置谷歌地图的密钥，主要实现代码如下所示。

```
        <meta-data
            android:name="com.google.android.geo.API_KEY"
            android:value="@string/google_maps_key（此处写你申请的谷歌地图密钥）" />
```

STEP 03 在文件MyLocationDemoActivity.java中调用谷歌地图实现位置定位功能，首先获取位置定位服务权限，然后通过谷歌地图显示当前设备所处的位置。文件MyLocationDemoActivity.java的主要实现代码如下所示。

```
    /**
     *获取位置权限
     */
    private static final int LOCATION_PERMISSION_REQUEST_CODE = 1;

    /**
     * 返回请求的权限是否被拒绝
```

```java
     */
    private boolean mPermissionDenied = false;
    private GoogleMap mMap;
    @Override
    protected void onCreate(Bundle savedInstanceState) {
        super.onCreate(savedInstanceState);
        setContentView(R.layout.my_location_demo);
        SupportMapFragment mapFragment =
                    (SupportMapFragment) getSupportFragmentManager().findFragmentById(R.id.map);
        mapFragment.getMapAsync(this);
    }
    @Override
    public void onMapReady(GoogleMap map) {
        mMap = map;
        mMap.setOnMyLocationButtonClickListener(this);
        enableMyLocation();
    }
    /**
     * 如果允许使用位置权限,则打开"我的位置"Layer层.
     */
    private void enableMyLocation() {
            if (ContextCompat.checkSelfPermission(this, Manifest.permission.ACCESS_FINE_LOCATION)
                != PackageManager.PERMISSION_GRANTED) {
            // 缺少位置访问权限
                PermissionUtils.requestPermission(this, LOCATION_PERMISSION_REQUEST_CODE,
                    Manifest.permission.ACCESS_FINE_LOCATION, true);
        } else if (mMap != null) {
            // 允许使用位置权限访问当前位置.
            mMap.setMyLocationEnabled(true);
        }
    }
    @Override
    public boolean onMyLocationButtonClick() {
            Toast.makeText(this, "MyLocation button clicked", Toast.LENGTH_SHORT).show();
        //返回false,以便不消耗操作事件,并且仍然发生默认行为(摄像机动画会移动到用户所处的当前位置)。
        return false;
    }
    @Override
    public void onRequestPermissionsResult(int requestCode, @NonNull String[] permissions,
```

```
            @NonNull int[] grantResults) {
        if (requestCode != LOCATION_PERMISSION_REQUEST_CODE) {
            return;
        }
        if (PermissionUtils.isPermissionGranted(permissions, grantResults,
                Manifest.permission.ACCESS_FINE_LOCATION)) {
            // 如果拥有权限，则启用位置layer服务
            enableMyLocation();
        } else {
            // 没有权限则显示对应提示对话框.
            mPermissionDenied = true;
        }
    }
    @Override
    protected void onResumeFragments() {
        super.onResumeFragments();
        if (mPermissionDenied) {
            // 没有权限则显示对应提示对话框.
            showMissingPermissionError();
            mPermissionDenied = false;
        }
    }
    /**
     * 显示一个对话框，其中显示错误消息，提示说明缺少位置访问许可
     */
    private void showMissingPermissionError() {
        PermissionUtils.PermissionDeniedDialog
                .newInstance(true).show(getSupportFragmentManager(), "dialog");
    }
}
```

执行后会在谷歌地图中显示当前的位置，执行效果如图19-13所示。

图19-13　执行效果

19.3.6 实战演练：根据给定坐标在地图中显示位置

实例19-4	在地图中定位显示当前的位置
源码路径	素材\daima\21\19-4\（Java版+Kotlin版）

本实例的功能是在Android移动设备中使用谷歌地图实现定位功能，在谷歌地图中显示当前所在的位置。具体实现流程如下所示。

STEP 01 首先在项目中引入申请的谷歌地图的密钥，主要实现代码如下所示。

```
<meta-data
    android:name="com.google.android.geo.API_KEY"
    android:value="AIzaSyCtarOVb0o1WNhQG9GnTWMvKQ8tWuhqJRc" />
```

STEP 02 在布局文件activity_maps.xml设置放置地图，主要实现代码如下所示。

```
<fragment xmlns:android="http://schemas.android.com/apk/res/android"
    xmlns:tools="http://schemas.android.com/tools"
    xmlns:map="http://schemas.android.com/apk/res-auto"
    android:layout_width="match_parent"
    android:layout_height="match_parent"
    android:id="@+id/map"
    tools:context="com.example.guan.googlemap.MapsActivity"
    android:name="com.google.android.gms.maps.SupportMapFragment"/>
```

STEP 03 在文件MapsActivity.java中设置一个经度值和纬度值，然后在地图中显示这个位置，主要实现代码如下所示。

```
public class MapsActivity extends FragmentActivity implements
OnMapReadyCallback {
    private GoogleMap mMap;
    @Override
    protected void onCreate(Bundle savedInstanceState) {
        super.onCreate(savedInstanceState);
        setContentView(R.layout.activity_maps);
        SupportMapFragment mapFragment = (SupportMapFragment) getSupportFragmentManager()
                .findFragmentById(R.id.map);
        mapFragment.getMapAsync(this);
    }
    @Override
    public void onMapReady(GoogleMap googleMap) {
        mMap = googleMap;
        LatLng sydney = new LatLng(36.61150344, 116.9764369);
```

```
        mMap.addMarker(new MarkerOptions().position(sydney).title("山
东济南"));
        mMap.moveCamera(CameraUpdateFactory.newLatLng(sydney));
    }
}
```

执行后的效果如图19-14所示。

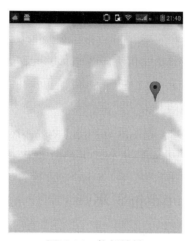

图19-14　执行效果

19.4　使用百度地图

因为众所周知的原因，谷歌地图服务缺乏稳定性。为了提高程序的稳定性和便利性，在Android应用程序中可以使用百度地图。百度公司针对Android开发者提供另一个免费使用的Android定位SDK包，通过这个SDK包可以方便地在Android应用程序中使用百度地图服务。

19.4.1　百度Android定位SDK介绍

百度地图Android定位SDK是为Android移动端应用提供的一套简单易用的LBS定位服务接口，专注于为广大开发者提供最好的综合定位服务。通过使用百度定位SDK，开发者可以轻松地为应用程序实现智能、精准、高效的定位功能。该套SDK免费对外开放，接口使用无次数限制。开发者在使用前需先申请密钥（ak）才可使用。任何非营利性应用可直接使用，商业目的产品使用前请参考使用须知。百度地图Android定位SDK提供GPS、基站、Wi-Fi等多种定位方式，适用于室内、外多种定位场景，具有出色的定位性能：定位精度高、覆盖率广、网络定位请求流量小、定位速度快。百度地图Android定位SDK的主要功能如下。

(1) 综合网络定位

为开发者提供高精度定位、低功耗定位和仅用设备定位三种定位模式，借助GPS、基站、Wi-Fi和传感器信息，实现高精度的综合网络定位服务。

(2) 离线定位功能

基于常驻点挖掘以及同步缓存信息，在无网络的情况下也能够快速精准定位，极大地改善了用户的定位体验。

(3) 反地理编码+位置语义

按需返回经纬度坐标、详细地址和所在POI描述，支持省、市、区县结构化地址，独家支持POI语义名称。

(4) 室内高精度定位

独家高精度室内定位，支持Android和iPhone跨平台服务。独家支持地磁定位技术，商铺级定位精度可达1～3m，软件解决方案，无部署成本，覆盖更快。

19.4.2 使用百度Android定位SDK

面的内容中，将向读者详细讲解在Android应用程序中使用谷歌地图的方法。

1. 准备工作

- 申请一个百度会员，然后登录百度账号。
- 注册一个百度开发者账号。

2. 下载SDK开发包

登录网址http://developer.baidu.com/map/index.php?title=androidsdk/sdkandev-download 下载SDK包。既可以全部下载，也可以自定义下载。用户可以根据自己的项目需要选中相应的功能下载对应的SDK开发包，如图19-15所示。

图19-15　下载SDK开发包

3. 申请AK（API Key）

和使用谷歌地图一样，在使用百度地图前也需要申请一个密钥。具体流程如下所示：

STEP 01 登录网址：http://lbsyun.baidu.com/apiconsole/key，在应用列表页面中单击"创建应用"按钮添加一个应用程序，如图19-16所示。

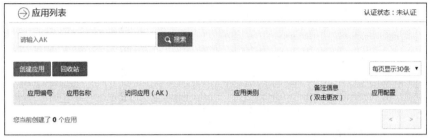

图19-16　应用列表页面

STEP 02 在创建应用表单界面中分别设置如下所示的信息：

- 输入"应用名称"，即应用程序的名称。
- 将应用类型改为"Android SDK"。
- 输入"数字签名（SHA1）"，这里的数字签名和前面申请谷歌地图密钥的数字签名一样。
- 输入包名，即所创建的项目的包的结构，是指AndroidManifest.xml中的manifest标签下的package的值。

输入上述选项后的界面效果如图19-17所示。

图19-17　创建应用表单界面

STEP 03 单击"提交"按钮后将在"应用列表"界面显示刚创建的引用密钥,如图19-18所示。

图19-18　创建的密钥

4. 在项目中添加引用

在Android项目中引用下载的百度SDK包,将开发包中的jar包和so文件添加到Android工程的"libs"目录下。

5. 编写程序文件

STEP 01 首先在文件AndroidManifest.xml中添加密钥,通过如下代码添加前面刚申请的密钥:

```
<application
    android:name=".DemoApplication"
    android:icon="@drawable/ic_launcher"
    android:label="@string/app_name"
    android:hardwareAccelerated="true" >
    <meta-data
        android:name="com.baidu.lbsapi.API_KEY"
        android:value="此处添加前面刚申请的密钥" />
```

STEP 02 在文件AndroidManifest.xml中通过如下代码声明权限:

```
    <uses-permission android:name="com.android.launcher.permission.READ_SETTINGS" />
    <!-- 这个权限用于进行网络定位 -->
    <uses-permission android:name="android.permission.ACCESS_COARSE_LOCATION" />
    <!-- 这个权限用于访问GPS定位 -->
    <uses-permission android:name="android.permission.ACCESS_FINE_LOCATION" />
    <!-- 用于访问wifi网络信息,wifi信息会用于进行网络定位 -->
    <uses-permission android:name="android.permission.ACCESS_WIFI_STATE" />
```

```
    <!-- 获取运营商信息，用于支持提供运营商信息相关的接口 -->
    <uses-permission android:name="android.permission.ACCESS_NETWORK_STATE" />
    <!-- 用于读取手机当前的状态 -->
     <uses-permission android:name="android.permission.READ_PHONE_STATE" />
    <!-- 写入扩展存储，向扩展卡写入数据，用于写入离线定位数据 -->
    <uses-permission android:name="android.permission.WRITE_EXTERNAL_STORAGE" />
    <!-- 访问网络，网络定位需要上网 -->
    <uses-permission android:name="android.permission.INTERNET" />
```

STEP 03 在布局文件中添加地图控件，例如下面的演示代码。

```
<com.baidu.mapapi.map.MapView
        android:id="@+id/bmapview"
        android:layout_width="match_parent"
        android:layout_height="match_parent"
        android:clickable="true" />
```

STEP 04 在应用程序创建时初始化SDK引用的Context全局变量，例如下面的演示代码。

```
protected void onCreate(Bundle savedInstanceState) {
    super.onCreate(savedInstanceState);
    requestWindowFeature(Window.FEATURE_NO_TITLE);
    //
    SDKInitializer.initialize(getApplicationContext());
    setContentView(R.layout.activity_main);
    init();
}
```

19.4.3 实战演练：在百度地图中定位显示当前的位置

接下来将通过一个具体实例的实现过程，详细讲解在Android程序使用百度地图的方法。本实例的功能是，在Android移动设备中使用百度地图实现定位功能，在百度地图中显示当前所在的位置，并且可以实现地图的放大和缩小功能。

实例19-5	在百度地图中定位显示当前的位置
源码路径	素材\daima\21\19-5\（Java版）

STEP 01 在布局文件activity_main.xml中通过map.MapView插入百度地图，主要实现代

码如下所示。

```xml
<com.baidu.mapapi.map.MapView
    android:id="@+id/bmapView"
    android:layout_width="fill_parent"
    android:layout_height="fill_parent"
    android:clickable="true" />
```

STEP 02 编写地图视图布局界面文件activity_location.xml，设置在地图中显示的单选按钮、单击按钮、文本和图标。

STEP 03 编写文件LocationDemo.java，功能是获取当前设备的位置信息，并在百度地图中定位出当前的位置。文件LocationDemo.java的主要实现代码如下所示。

```java
        // 地图初始化
        mMapView = (MapView) findViewById(R.id.bmapView);
        mBaiduMap = mMapView.getMap();
        // 开启定位图层
        mBaiduMap.setMyLocationEnabled(true);
        // 定位初始化
        mLocClient = new LocationClient(this);
        mLocClient.registerLocationListener(myListener);
        LocationClientOption option = new LocationClientOption();
        option.setOpenGps(true); // 打开gps
        option.setCoorType("bd09ll"); // 设置坐标类型
        option.setScanSpan(1000);
        mLocClient.setLocOption(option);
        mLocClient.start();
    }
    /**
     * 定位SDK监听函数
     */
    public class MyLocationListenner implements BDLocationListener {

        @Override
        public void onReceiveLocation(BDLocation location) {
            // map view 销毁后不再处理新接收的位置
            if (location == null || mMapView == null) {
                return;
            }
            MyLocationData locData = new MyLocationData.Builder()
                    .accuracy(location.getRadius())
                            // 此处设置开发者获取到的方向信息，顺时针0°～360°
                    .direction(100).latitude(location.getLatitude())
                    .longitude(location.getLongitude()).build();
```

```
            mBaiduMap.setMyLocationData(locData);
            if (isFirstLoc) {
                isFirstLoc = false;
                LatLng ll = new LatLng(location.getLatitude(),
                        location.getLongitude());
                MapStatus.Builder builder = new MapStatus.Builder();
                builder.target(ll).zoom(18.0f);
                    mBaiduMap.animateMapStatus(MapStatusUpdateFactory.
newMapStatus(builder.build()));
            }
        }
```

STEP 04 在文件中添加百度地图SDK密钥和声明权限。

执行后的效果如图19-19所示。不但能够成功地实现定位功能,而且可以通过地图中的图标按钮对地图进行操作设置。

图19-19 执行效果

19.5 使用高德地图

对于广大国内开发者来说,为了提高程序的稳定性和便利性,在Android应用程序中还可以使用高德地图。高德地图是阿里巴巴旗下的著名地图服务公司,为广大开发者提供了高德LBS开放平台,将定位、地图、搜索、导航等能力,以API、SDK等形式向广大开发者免费开放,用户可以方便地在Android应用程序中使用高德地图服务。

19.5.1 使用高德地图

1. 准备工作

登录高德地图开发者中心的网址是:http://lbs.amap.com/,单击右上方的"成为开发者"按钮注册成为一名会员,如图19-20所示。

图19-20　高德地图开发者中心

2. 下载开发包

STEP 01 依次单击顶部导航中的"开发"和"Android地图SDK"链接，如图19-21所示。

图19-21　单击"Android地图SDK"链接

STEP 02 在弹出的"Android地图SDK"界面左侧单击"相关下载"链接，在弹出的界面中选择要下载的开发包。单击"下载"按钮开始下载选中的文件，如图19-22所示。

图19-22　开始下载SDK文件

STEP 03 分别解压缩下载得到的压缩包，各个压缩包的具体说明如下所示。
- 3D地图包解压后得到：3D地图显示包"AMap_3DMap_VX.X.X_时间.jar"和库文件夹（包含armeabi、arm64-v8a等库文件）。
- 2D地图包解压后得到：2D地图显示包"AMap_2DMap_VX.X.X_时间.jar"。
- 搜索包解压后得到："AMap_Search__VX.X.X_时间.jar"。

3. 申请API Key

STEP 01 为了保证高德地图服务可以正常使用，需要先申请一个Key（密钥）。每个账户，最多可以申请 30 个 Key。在创建密钥前需要先创建一个应用，登录网页：http://lbs.amap.com/dev/key#/，单击 + 创建新应用 按钮，如图19-23所示。

图19-23 创建新应用

STEP 02 在弹出的表单中分别设置"应用名称"和"应用类型"，如图19-24所示。

图19-24 设置"应用名称"和"应用类型"

STEP 03 单击"创建"按钮后便成功创建了一个应用，此时应用列表界面如图19-25所示。

图19-25 应用列表界面

STEP 04 单击右上角的"添加新Key"按钮,在弹出的表单界面中根据提示进行填写,其中的SHA1值前面介绍谷歌地图和百度地图一样,获取方法也完全一样,如图19-26所示。

图19-26 "添加新Key"表单界面

STEP 05 单击"提交"按钮后便成功创建一个密钥,此时"我的应用"列表界面如图19-27所示。

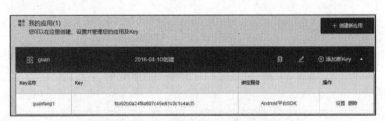

图19-27 "我的应用"列表界面

4. 配置Android工程

(1) Eclipse配置工程

STEP 01 在开发工程中新建"libs"文件夹,将地图包(2D或3D)、搜索包复制到 libs 的根目录下。若选择3D地图包,还需要将各库文件夹一起复制。复制完成后的工程目录(以3D V2.2.0为例)如图19-28所示。

图19-28 工程结构

STEP 02 在工程文件AndroidManifest.xml中通过如下代码添加用户Key密钥。

```xml
<application
        android:icon="@drawable/icon"
        android:label="@string/app_name" >
        <meta-data
            android:name="com.amap.api.v2.apikey"
            android:value="请输入前面刚申请的用户Key"/>

        <activity android:name="com.amap.demo.LocationManager" >
            <intent-filter>
                <action android:name="android.intent.action.MAIN" />
                <category android:name="android.intent.category.LAUNCHER" />
            </intent-filter>
        </activity>
</application>
```

STEP 03 在工程文件AndroidManifest.xml中通过如下代码添加权限。

```xml
//地图包、搜索包需要的基础权限
    <uses-permission android:name="android.permission.INTERNET" />
    <uses-permission android:name="android.permission.WRITE_EXTERNAL_STORAGE" />
    <uses-permission android:name="android.permission.ACCESS_NETWORK_STATE" />
     <uses-permission android:name="android.permission.ACCESS_WIFI_STATE" />
     <uses-permission android:name="android.permission.READ_PHONE_STATE" />
     <uses-permission android:name="android.permission.ACCESS_COARSE_LOCATION" />
    //定位包、导航包需要的额外权限（注：基础权限也需要）
     <uses-permission android:name="android.permission.ACCESS_FINE_LOCATION" />
     <uses-permission android:name="android.permission.ACCESS_LOCATION_EXTRA_COMMANDS" />
     <uses-permission android:name="android.permission.ACCESS_MOCK_LOCATION" />
     <uses-permission android:name="android.permission.CHANGE_WIFI_STATE" />
```

STEP 04 选择"project->clean"清除缓存。

(2) Android Studio配置工程

STEP 01 新建一个Android Studio工程，目录结构如图19-29所示。

STEP 02 在工程的"app/libs"目录下放入前面下载的开发包，这里以3D地图为例，将开发包中的jar包添加到"libs"目录下，如图19-30所示。

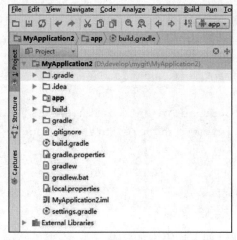

图19-29　新建的Android Studio工程

图19-30　将jar包添加到"libs"目录

STEP 03 鼠标右键选择放到libs下的jar包，然后单击选择"Add As Library"，如图19-31所示。

STEP 04 完成上边的操作后，在"app"目录下的build.gradle文件中会显示引入的类库，如图19-32所示。

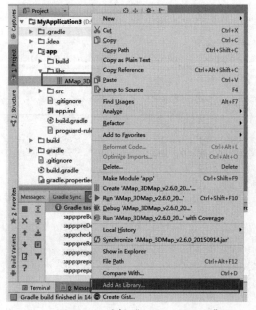

图19-31　选择"Add As Library"

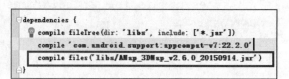

图19-32　显示引入的类库

第19章　GPS地图定位

STEP 05 因为在3D地图SDK和导航SDK中需要引入so库文件，所以需要在"app/src/main/"目录下新建"jniLibs"目录，将so文件放到此目录下，如图19-33所示。

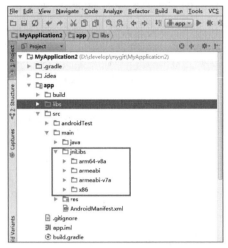

图19-33　新建"jniLibs"目录

STEP 06 在工程文件 AndroidManifest.xml 中通过如下代码添加前面刚申请的用户Key密钥。

```
<application
        android:icon="@drawable/icon"
        android:label="@string/app_name" >
        <meta-data
           android:name="com.amap.api.v2.apikey"
           android:value="请输入您的用户Key"/>
        <activity android:name="com.amap.demo.LocationManager" >
          <intent-filter>
             <action android:name="android.intent.action.MAIN" />
                <category android:name="android.intent.category.LAUNCHER" />
          </intent-filter>
        </activity>
</application>
```

STEP 07 在工程文件AndroidManifest.xml中通过如下代码添加权限。

```
//地图包、搜索包需要的基础权限
  <uses-permission android:name="android.permission.INTERNET" />
    <uses-permission android:name="android.permission.WRITE_EXTERNAL_STORAGE" />
    <uses-permission android:name="android.permission.ACCESS_NETWORK_
```

```
STATE" />
    <uses-permission android:name="android.permission.ACCESS_WIFI_STATE" />
    <uses-permission android:name="android.permission.READ_PHONE_STATE" />
     <uses-permission android:name="android.permission.ACCESS_COARSE_LOCATION" />
    //定位包、导航包需要的额外权限（注：基础权限也需要）
     <uses-permission android:name="android.permission.ACCESS_FINE_LOCATION" />
     <uses-permission android:name="android.permission.ACCESS_LOCATION_EXTRA_COMMANDS" />
     <uses-permission android:name="android.permission.ACCESS_MOCK_LOCATION" />
    <uses-permission android:name="android.permission.CHANGE_WIFI_STATE" />
```

19.5.2 实战演练：使用高德地图定位显示当前的位置

接下来将通过一个具体实例的实现过程，详细讲解在Android程序中使用百度地图的方法。本实例的功能是：在Android移动设备中使用高德地图实现定位功能，在高德地图中快速定位显示陆家嘴和中关村的位置，并且可以实现地图的放大和缩小功能。

实例19-6	使用高德地图定位显示当前的位置
源码路径	素材\daima\21\19-6\（Java版）

STEP 01 在布局文件camera_activity.xml中通过map.MapView插入高德地图，并分别设置放大、缩写、上、下、左、右等图标按钮。

STEP 02 编写程序文件CameraActivity.java，功能是载入显示高德地图，并监听用户单击屏幕中的按钮动作，根据监听动作执行对应的事件处理程序。文件CameraActivity.java的主要实现代码如下。

```
@Override
public void onClick(View v) {
    switch (v.getId()) {
    /**
     * 点击停止动画按钮响应事件
     */
    case R.id.stop_animation:
        aMap.stopAnimation();
        break;
    /**
     * 点击"去中关村"按钮响应事件
```

```java
     */
    case R.id.Zhongguancun:
        changeCamera(
                CameraUpdateFactory.newCameraPosition(new CameraPosition(
                        Constants.ZHONGGUANCUN, 18, 0, 30)), null);
        break;

    /**
     * 点击"去陆家嘴"按钮响应事件
     */
    case R.id.Lujiazui:
        changeCamera(
                CameraUpdateFactory.newCameraPosition(new CameraPosition(
                        Constants.SHANGHAI, 18, 30, 0)), this);
        break;
    /**
     * 点击向左移动按钮响应事件,camera将向左边移动
     */
    case R.id.scroll_left:
        changeCamera(CameraUpdateFactory.scrollBy(-SCROLL_BY_PX, 0),
null);
        break;
    /**
     * 点击向右移动按钮响应事件,camera将向右边移动
     */
    case R.id.scroll_right:
        changeCamera(CameraUpdateFactory.scrollBy(SCROLL_BY_PX, 0),
null);
        break;
    /**
     * 点击向上移动按钮响应事件,camera将向上边移动
     */
    case R.id.scroll_up:
        changeCamera(CameraUpdateFactory.scrollBy(0, -SCROLL_BY_PX),
null);
        break;
    /**
     * 点击向下移动按钮响应事件,camera将向下边移动
     */
    case R.id.scroll_down:
        changeCamera(CameraUpdateFactory.scrollBy(0, SCROLL_BY_PX),
null);
```

```
      break;
/**
 * 点击地图放大按钮响应事件
 */
case R.id.zoom_in:
    changeCamera(CameraUpdateFactory.zoomIn(), null);
    break;
/**
 * 点击地图缩小按钮响应事件
 */
case R.id.zoom_out:
    changeCamera(CameraUpdateFactory.zoomOut(), null);
    break;
default:
    break;
}
}
```

STEP 03 在文件AndroidManifest.xml中声明使用地图权限，并添加申请的Key密钥。执行效果如图19-34所示。

定位到中关村　　　　　　　　　　定位到陆家嘴

图19-34　执行效果

第 20 章
开发蓝牙应用程序

在现实应用中，使用蓝牙技术可以有效地简化移动通信终端设备之间的通信，也能够成功地简化设备与因特网Internet之间的通信，从而使数据传输变得更加迅速高效，为无线通信拓宽道路。蓝牙采用分散式网络结构以及快跳频和短包技术，支持点对点及点对多点通信，工作在全球通用的2.4GHz ISM（即工业、科学、医学）频段。在本章的内容中，将详细讲解低功耗蓝牙协议栈的基本知识。

20.1 蓝牙5.0 BLE介绍

2016年6月16日，蓝牙技术联盟发布新一代蓝牙标准——蓝牙5.0，新标准改善了蓝牙在传输速度、通信距离和通信容量的问题。蓝牙5.0的出现，将极大地受益于物联网、车联网、智能家居等领域。

根据蓝牙官方组织的总结，蓝牙5.0的主要特性如下所示。

- 蓝牙5.0针对低功耗设备，在保持高速传输的同时，耗电量大大降低。
- 蓝牙5.0会加入室内定位辅助功能，结合Wi-Fi可以实现精度小于1m的室内定位。
- 传输速度上限为24Mbps，是之前4.2LE版本的两倍。
- 传输级别达到无损级别。
- 有效工作距离可达300m，即蓝牙发射和接收设备之间的有效工作距离可达300m，是4.2BLE版本的4倍。
- 添加导航功能，可以实现1m的室内定位。
- 为应对移动客户端需求，其功耗更低，且兼容老的版本。

20.2 和蓝牙相关的类

在本节的内容中，将详细讲解在Android系统中和蓝牙相关的类，为读者步入本书后面知识的学习打好基础。

20.2.1 蓝牙套接字类BluetoothSocket

在Android系统中，类BluetoothSocket的定义结构如下所示。

```
java.lang.Object
android.view.ViewGroup.LayoutParams
android.widget.Gallery.LayoutParams
```

Android的蓝牙系统和Socket套接字密切相关，蓝牙端的监听接口和TCP的端口类似，都是使用了类Socket和ServerSocket。在服务器端，使用类BluetoothServerSocket来创建一个监听服务端口。当一个连接被BluetoothServerSocket所接受，它会返回一个新的BluetoothSocket来管理该连接。在客户端，使用一个单独的类BluetoothSocket去初始化一个外接连接并管理该连接。最通常使用的蓝牙端口是RFCOMM，它是被Android API支持的类型。RFCOMM是一个面向连接，通过蓝牙模块进行的数据流传输方式，它也被称为串行端口规范（Serial Port Profile，SPP）。

为了创建一个BluetoothSocket去连接到一个已知设备，使用方法BluetoothDevice.

createRfcommSocketToServiceRecord()。然后调用connect()方法去尝试一个面向远程设备的连接。这个调用将被阻塞指导一个连接已经建立或者该链接失效。为了创建一个BluetoothSocket作为服务端（或者"主机"），每当该端口连接成功后，无论它初始化为客户端，或者作为服务器端被接受，都通过方法getInputStream()和getOutputStream()来打开IO流，从而获得各自的InputStream和OutputStream对象类BluetoothSocket的线程是安全的，因为close()方法总会马上放弃外界操作并关闭服务器端口。

在Android系统中，类BluetoothSocket包含的公共方法如下所示。

（1）public void close ()

功能：马上关闭该端口并且释放所有相关的资源。在其他线程的该端口中引起阻塞，从而使系统马上抛出一个IO异常。

异常：IOException。

（2）public void connect ()

功能：尝试连接到远程设备。该方法将阻塞，指导一个连接建立或者失效。如果该方法没有返回异常值，则该端口现在已经建立。当设备查找正在进行的时候，创建对远程蓝牙设备的新连接不可被尝试。设备查找在蓝牙适配器上是一个重量级过程，并且肯定会降低一个设备的连接。使用cancelDiscovery()方法会取消一个外界的查询，因为这个查询并不由活动所管理，而是作为一个系统服务来运行，所以即使它不能直接请求一个查询，应用程序也总会调用cancelDiscovery()方法。使用方法close()可以用来放弃从另一线程而来的调用。

异常：IOException，表示一个错误，例如连接失败。

（3）public InputStream getInputStream ()

功能：通过连接的端口获得输入数据流。即使该端口未连接，该输入数据流也会返回。不过在该数据流上的操作将抛出异常，直到相关的连接已经建立。

返回值：输入流。

异常：IOException。

（4）public OutputStream getOutputStream ()

功能：通过连接的端口获得输出数据流。即使该端口未连接，该输出数据流也会返回。不过在该数据流上的操作将抛出异常，直到相关的连接已经建立。

返回值：输出流。

异常：IOException。

（5）public BluetoothDevice getRemoteDevice ()

功能：获得该端口正在连接或者已经连接的远程设备。

返回值：远程设备。

20.2.2 服务器监听接口类BluetoothServerSocket

在Android系统中，蓝牙端口监听接口和TCP端口类似：Socket和ServerSocket类。在服务器端，使用类BluetoothServerSocket来创建一个监听服务端口。当一个连接被BluetoothServerSocket所接受，它会返回一个新的BluetoothSocket来管理该连接。在客户端，使用一个单独的类BluetoothSocket去初始化一个外接连接和管理该连接。在Android系统中，类BluetoothServerSocket的结构如下所示。

```
java.lang.Object
android.bluetooth.BluetoothServerSocket
```

在Android系统中，类BluetoothServerSocket包含的公共方法如下所示。

（1）public BluetoothSocketaccept (int timeout)

功能：阻塞直到超时时间内的连接建立。在一个成功建立的连接上返回一个已连接的BluetoothSocket类。每当该调用返回的时候，它可以再次调用去接收以后新来的连接。close()方法可以用来放弃从另一线程来的调用。

参数timeout：表示阻塞超时时间。

返回值：已连接的BluetoothSocket。

异常：IOException，表示出现错误，比如该调用被放弃或超时。

（2）public BluetoothSocket accept ()

功能：阻塞直到一个连接已经建立。在一个成功建立的连接上返回一个已连接的类BluetoothSocket。每当该调用返回的时候，它可以在此调用去接收以后新来的连接。使用close()方法可以用来放弃从另一线程来的调用。

返回值：已连接的BluetoothSocket。

异常：IOException，表示出现错误，比如该调用被放弃或者超时。

（3）public void close ()

功能：马上关闭端口，并释放所有相关的资源。在其他线程的该端口中引起阻塞，从而使系统马上抛出一个IO异常。关闭BluetoothServerSocket不会关闭接受自accept()的任意BluetoothSocket。

异常：IOException。

20.2.3 蓝牙适配器类BluetoothAdapter

在Android系统中，类BluetoothAdapter的结构如下所示。

```
java.lang.Object
android.bluetooth.BluetoothAdapter
```

类BluetoothAdapter代表本地的蓝牙适配器设备，通过此类可以让用户能执行基本的蓝牙任务。例如初始化设备的搜索，查询可匹配的设备集，使用一个已知的MAC地址来初始化一个类BluetoothDevice，创建一个类BluetoothServerSocket以监听其他设备对本机的连接请求等。为了得到这个代表本地蓝牙适配器的BluetoothAdapter类，需要调用静态方法getDefaultAdapter()，这是所有蓝牙动作使用的第一步。当拥有本地适配器以后，用户可以获得一系列的BluetoothDevice对象，这些对象代表所有拥有getBondedDevice()方法的已经匹配的设备；用startDiscovery()方法来开始设备的搜寻；或者创建一个BluetoothServerSocket类，通过listenUsingRfcommWithServiceRecord(String, UUID)方法来监听新来的连接请求。

  注意

大部分方法需要BLUETOOTH权限，一些方法同时需要BLUETOOTH_ADMIN权限。

1. 常量

在Android系统中，类BluetoothAdapter包含的常量如下所示。

（1）String ACTION_DISCOVERY_FINISHED

广播事件：本地蓝牙适配器已经完成设备的搜寻过程。需要BLUETOOTH权限接收。

常量值：android.bluetooth.adapter.action.DISCOVERY_FINISHED。

（2）String ACTION_DISCOVERY_STARTED

广播事件：本地蓝牙适配器已经开始对远程设备的搜寻过程。它通常牵涉到一个大概需时长12s的查询扫描过程，紧跟着是一个对每个获取到自身蓝牙名称的新设备的页面扫描。用户会发现一个把ACTION_FOUND常量通知为远程蓝牙设备的注册。设备查找是一个重量级过程。当查找正在进行的时候，用户不能尝试对新的远程蓝牙设备进行连接，同时存在的连接将获得有限制的带宽以及高等待时间。用户可用cancelDiscovery()类来取消正在执行的查找进程。需要BLUETOOTH权限接收。

常量值：android.bluetooth.adapter.action.DISCOVERY_STARTED。

（3）String ACTION_LOCAL_NAME_CHANGED

广播活动：本地蓝牙适配器已经更改了它的蓝牙名称。该名称对远程蓝牙设备是可见的，它总是包含了一个带有名称的EXTRA_LOCAL_NAME附加域。需要BLUETOOTH权限接收。

常量值：android.bluetooth.adapter.action.LOCAL_NAME_CHANGED

（4）String ACTION_REQUEST_DISCOVERABLE

Activity活动：显示一个请求被搜寻模式的系统活动。如果蓝牙模块当前未打开，

357

该活动也将请求用户打开蓝牙模块。被搜寻模式和SCAN_MODE_CONNECTABLE_DISCOVERABLE等价。当远程设备执行查找进程的时候，它允许其发现该蓝牙适配器。从隐私安全考虑，Android不会将被搜寻模式设置为默认状态。该意图的发送者可以选择性地运用EXTRA_DISCOVERABLE_DURATION这个附加域去请求发现设备的持续时间。普遍来说，对于每一请求，默认的持续时间为120s，最大值则可达到300s。

Android 运用onActivityResult(int, int, Intent)回收方法来传递该活动结果的通知。被搜寻的时间（以s为单位）将通过resultCode值来显示，如果用户拒绝被搜寻，或者设备产生了错误，则通过RESULT_CANCELED值来显示。

每当扫描模式变化的时候，应用程序可以为通过ACTION_SCAN_MODE_CHANGED值来监听全局的消息通知。比如，当设备停止被搜寻以后，该消息可以被系统通知给应用程序。需要BLUETOOTH权限。

常量值：android.bluetooth.adapter.action.REQUEST_DISCOVERABLE

（5）String ACTION_REQUEST_ENABLE

Activity活动：显示一个允许用户打开蓝牙模块的系统活动。当蓝牙模块完成打开工作，或者当用户决定不打开蓝牙模块时，系统活动将返回该值。Android 运用onActivityResult(int, int, Intent)回收方法来传递该活动结果的通知。如果蓝牙模块被打开，将通过resultCode值RESULT_OK来显示；如果用户拒绝该请求，或者设备产生了错误，则通过RESULT_CANCELED值来显示。每当蓝牙模块被打开或者关闭，应用程序可以通过ACTION_STATE_CHANGED值来监听全局的消息通知。需要BLUETOOTH权限。

常量值：android.bluetooth.adapter.action.REQUEST_ENABLE。

（6）String ACTION_SCAN_MODE_CHANGED

广播活动：指明蓝牙扫描模块或者本地适配器已经发生变化。它总是包含EXTRA_SCAN_MODE和EXTRA_PREVIOUS_SCAN_MODE。这两个附加域各自包含了新的和旧的扫描模式。需要BLUETOOTH权限。

常量值：android.bluetooth.adapter.action.SCAN_MODE_CHANGED。

（7）String ACTION_STATE_CHANGED

广播活动：本来的蓝牙适配器的状态已经改变，例如蓝牙模块已经被打开或者关闭。它总是包含EXTRA_STATE和EXTRA_PREVIOUS_STATE。这两个附加域各自包含了新的和旧的状态。需要BLUETOOTH权限接收。

常量值：android.bluetooth.adapter.action.STATE_CHANGED。

（8）int ERROR

功能：标记该类的错误值。确保和该类中的任意其他整数常量不相等。它为需要一个标记错误值的函数提供了便利。例如：

Intent.getIntExtra(BluetoothAdapter.EXTRA_STATE, BluetoothAdapter.ERROR)

常量值：-2147483648 (0x80000000)

（9）String EXTRA_DISCOVERABLE_DURATION

功能：试图在ACTION_REQUEST_DISCOVERABLE常量中作为一个可选的整型附加域，来为短时间内的设备发现请求一个特定的持续时间。默认值为120s，超过300s的请求将被限制。这些值是可以变化的。

常量值：android.bluetooth.adapter.extra.DISCOVERABLE_DURATION。

（10）String EXTRA_LOCAL_NAME

功能：试图在ACTION_LOCAL_NAME_CHANGED常量中作为一个字符串附加域，来请求本地蓝牙的名称。

常量值：android.bluetooth.adapter.extra.LOCAL_NAME。

（11）String EXTRA_PREVIOUS_SCAN_MODE

功能：试图在ACTION_SCAN_MODE_CHANGED常量中作为一个整型附加域，来请求以前的扫描模式。可能值如下所示。

- SCAN_MODE_NONE。
- SCAN_MODE_CONNECTABLE。
- SCAN_MODE_CONNECTABLE_DISCOVERABLE。

常量值：android.bluetooth.adapter.extra.PREVIOUS_SCAN_MODE。

（12）String EXTRA_PREVIOUS_STATE

功能：试图在ACTION_STATE_CHANGED常量中作为一个整型附加域，来请求以前的供电状态。可以取得值如下所示。

- STATE_OFF。
- STATE_TURNING_ON。
- STATE_ON。
- STATE_TURNING_OFF。

常量值：android.bluetooth.adapter.extra.PREVIOUS_STATE。

（13）String EXTRA_SCAN_MODE

功能：试图在ACTION_SCAN_MODE_CHANGED常量中作为一个整型附加域，来请求当前的扫描模式，可以取得值如下所示。

- SCAN_MODE_NONE。
- SCAN_MODE_CONNECTABLE。
- SCAN_MODE_CONNECTABLE_DISCOVERABLE。

常量值：android.bluetooth.adapter.extra.SCAN_MODE。

（14）String EXTRA_STATE

功能：试图在ACTION_STATE_CHANGED常量中作为一个整型附加域，来请求当前的供电状态。可以取的值如下。

- STATE_OFF。
- STATE_TURNING_ON。
- STATE_ON。
- STATE_TURNING_OFF。

常量值：android.bluetooth.adapter.extra.STATE。

（15）int SCAN_MODE_CONNECTABLE

功能：指明在本地蓝牙适配器中查询扫描功能失效，但页面扫描功能有效。因此该设备不能被远程蓝牙设备发现，但如果以前曾经发现过该设备，则远程设备可以对其进行连接。

常量值：21 (0x00000015)。

（16）int SCAN_MODE_CONNECTABLE_DISCOVERABLE

功能：指明在本地蓝牙适配器中查询扫描功能和页面扫描功能都有效。因此该设备既可以被远程蓝牙设备发现，也可以被其连接。

常量值：23 (0x00000017)。

（17）int SCAN_MODE_NONE

功能：指明在本地蓝牙适配器中，查询扫描功能和页面扫描功能都失效。因此该设备既不可以被远程蓝牙设备发现，也不可以被其连接。

常量值：20 (0x00000014)。

（18）int STATE_OFF

功能：指明本地蓝牙适配器模块已经关闭。

常量值：10 (0x0000000a)。

（19）int STATE_ON

功能：指明本地蓝牙适配器模块已经打开，并且准备被使用。

（20）int STATE_TURNING_OFF

功能：指明本地蓝牙适配器模块正在关闭。本地客户端可以立刻尝试友好地断开任意外部连接。

常量值：13 (0x0000000d)。

（21）int STATE_TURNING_ON

功能：指明本地蓝牙适配器模块正在打开，然而本地客户在尝试使用这个适配器之前需要为STATE_ON状态而等待。

常量值：11 (0x0000000b)。

2. 公共方法

在Android系统中，类BluetoothAdapter包含的公共方法如下所示。

（1）public boolean cancelDiscovery ()

功能：取消当前的设备发现查找进程，需要BLUETOOTH_ADMIN权限。因为对蓝牙适配器而言，查找是一个重量级的过程，因此这个方法必须在尝试连接到远程设备前使用connect()方法进行调用。发现的过程不会由活动来进行管理，但是它会作为一个系统服务来运行，因此即使它不能直接请求这样的一个查询动作，也必需取消该搜索进程。如果蓝牙状态不是STATE_ON，这个API将返回false。蓝牙打开后，等待ACTION_STATE_CHANGED更新成STATE_ON。

返回值：成功则返回true，有错误则返回false。

（2）public static boolean checkBluetoothAddress (String address)

功能：验证皆如"00:43:A8:23:10:F0"之类的蓝牙地址，字母必须为大写才有效。

参数address：字符串形式的蓝牙模块地址。

返回值：地址正确则返回true，否则返回false。

（3）public boolean disable ()

功能：关闭本地蓝牙适配器——不能在没有明确关闭蓝牙的用户动作中使用。这个方法友好地停止所有的蓝牙连接，停止蓝牙系统服务，以及对所有基础蓝牙硬件进行断电。没有用户的直接同意，蓝牙永远不能被禁止。这个disable()方法只提供了一个应用，该应用包含了一个改变系统设置的用户界面（例如"电源控制"应用）。

这是一个异步调用方法：该方法将马上获得返回值，用户要通过监听ACTION_STATE_CHANGED值来获取随后的适配器状态改变的通知。如果该调用返回true值，则该适配器状态会立刻从STATE_ON转向STATE_TURNING_OFF，稍后则会转为STATE_OFF或者 STATE_ON。如果该调用返回false，那么系统已经会出现一个保护蓝牙适配器被关闭的问题，例如该适配器已经被关闭了。

需要BLUETOOTH_ADMIN权限。

返回值：如果蓝牙适配器的停止进程已经开启则返回true，如果产生错误则返回false。

（4）public boolean enable ()

功能：打开本地蓝牙适配器——不能在没有明确打开蓝牙的用户动作中使用。该方法将为基础的蓝牙硬件供电，并且启动所有的蓝牙系统服务。没有用户的直接同意，蓝牙永远不能被禁止。如果用户为了创建无线连接而打开了蓝牙模块，则其需要ACTION_

REQUEST_ENABLE值，该值将提出一个请求用户允许以打开蓝牙模块的会话。这个enable()值只提供了一个应用，该应用包含了一个改变系统设置的用户界面（例如"电源控制"应用）。

这是一个异步调用方法：该方法将马上获得返回值，用户要通过监听ACTION_STATE_CHANGED值来获取随后的适配器状态改变的通知。如果该调用返回true值，则该适配器状态会立刻从STATE_OFF转向STATE_TURNING_ON，稍后则会转为STATE_OFF或者 STATE_ON。如果该调用返回false，那么说明系统已经存在一个保护蓝牙适配器被打开的问题，例如飞行模式，或者该适配器已经被打开。

需要BLUETOOTH_ADMIN权限。

返回值：如果蓝牙适配器的打开进程已经开启则返回true，如果产生错误则返回false。

（5）public String getAddress ()

功能：返回本地蓝牙适配器的硬件地址，例如：

```
00:11:22:AA:BB:CC
```

需要BLUETOOTH权限。

返回值：字符串形式的蓝牙模块地址。

（6）public Set<BluetoothDevice> getBondedDevices ()

功能：返回已经匹配到本地适配器的BluetoothDevice类的对象集合。如果蓝牙状态不是STATE_ON，这个API将返回false。蓝牙打开后，等待ACTION_STATE_CHANGED更新成STATE_ON。需要BLUETOOTH权限。

返回值：未被修改的BluetoothDevice类的对象集合，如果有错误则返回null。

（7）public static synchronized BluetoothAdapter getDefaultAdapter ()

功能：获取对默认本地蓝牙适配器的操作权限。目前Andoird只支持一个蓝牙适配器，但是API可以被扩展为支持多个适配器。该方法总是返回默认的适配器。

返回值：返回默认的本地适配器，如果蓝牙适配器在该硬件平台上不能被支持，则返回null。

（8）public String getName ()

功能：获取本地蓝牙适配器的蓝牙名称，这个名称对于外界蓝牙设备而言是可见的。需要BLUETOOTH权限。

返回值：该蓝牙适配器名称，如果有错误则返回null。

（9）public BluetoothDevice getRemoteDevice (String address)

功能：为给予的蓝牙硬件地址获取一个BluetoothDevice对象。合法的蓝牙硬件地址必须为大写，格式类似于"00:11:22:33:AA:BB"。checkBluetoothAddress(String)方法可以用来验证蓝牙地址的正确性。BluetoothDevice类对于合法的硬件地址总会产生返回值，即使这个适配器从未见过该设备。

参数：address 合法的蓝牙MAC地址。

异常：IllegalArgumentException，如果地址不合法。

（10）public int getScanMode ()

功能：获取本地蓝牙适配器的当前蓝牙扫描模式，蓝牙扫描模式决定本地适配器可连接并且/或者可被远程蓝牙设备所连接。需要BLUETOOTH权限，可能的取值如下所示。

- SCAN_MODE_NONE
- SCAN_MODE_CONNECTABLE
- SCAN_MODE_CONNECTABLE_DISCOVERABLE

如果蓝牙状态不是STATE_ON，则这个API将返回false。蓝牙打开后，等待ACTION_STATE_CHANGED更新成STATE_ON。

返回值：扫描模式。

（11）public int getState ()

功能：获取本地蓝牙适配器的当前状态，需要BLUETOOTH类。可能的取值如下所示。

- STATE_OFF
- STATE_TURNING_ON
- STATE_ON
- STATE_TURNING_OFF

返回值：蓝牙适配器的当前状态。

（12）public boolean isDiscovering ()

功能：如果当前蓝牙适配器正处于设备发现查找进程中，则返回真值。设备查找是一个重量级过程。当查找正在进行的时候，用户不能尝试对新的远程蓝牙设备进行连接，同时存在的连接将获得有限制的带宽以及高等待时间。用户可用cancelDiscovery()类来取消正在执行的查找进程。

应用程序也可以为ACTION_DISCOVERY_STARTED或者ACTION_DISCOVERY_FINISHED进行注册，从而当查找开始或者完成的时候，可以获得通知。

如果蓝牙状态不是STATE_ON，这个API将返回false。蓝牙打开后，等待ACTION_STATE_CHANGED更新成STATE_ON。需要BLUETOOTH权限。

返回值：如果正在查找，则返回true。

（13）public boolean isEnabled ()

功能：如果蓝牙正处于打开状态并可用，则返回真值，与getBluetoothState()==

STATE_ON等价需要BLUETOOTH权限。

返回值：如果本地适配器已经打开，则返回true。

（14）public BluetoothServerSocket listenUsingRfcommWithServiceRecord (String name, UUID uuid)

功能：创建一个正在监听的安全的带有服务记录的无线射频通信（RFCOMM）蓝牙端口。一个对该端口进行连接的远程设备将被认证，对该端口的通信将被加密。使用accpet（）方法可以获取从监听BluetoothServerSocket处新来的连接。该系统分配一个未被使用的无线射频通信通道来进行监听。

该系统也将注册一个服务探索协议（SDP）记录，该记录带有一个包含了特定的通用唯一识别码（Universally Unique Identifier，UUID），服务器名称和自动分配通道的本地SDP服务。远程蓝牙设备可以用相同的UUID来查询自己的SDP服务器，并搜寻连接到了哪个通道上。如果该端口已经关闭，或者如果该应用程序异常退出，则这个SDP记录会被移除。使用createRfcommSocketToServiceRecord(UUID)可以从另一使用相同UUID的设备来连接到这个端口。这里需要BLUETOOTH权限。

参数：
- name：SDP记录下的服务器名。
- uuid：SDP记录下的UUID。

返回值：一个正在监听的无线射频通信蓝牙服务端口。

异常：IOException，表示产生错误，比如蓝牙设备不可用，或者许可无效，或者通道被占用。

（15）public boolean setName (String name)

功能：设置蓝牙或者本地蓝牙适配器的昵称，这个名字对于外界蓝牙设备而言是可见的。合法的蓝牙名称最多拥有248位UTF-8字符，但是很多外界设备只能显示前40个字符，有些可能只限制前20个字符。

如果蓝牙状态不是STATE_ON，这个API将返回false。蓝牙打开后，等待ACTION_STATE_CHANGED更新成STATE_ON。需要BLUETOOTH_ADMIN权限。

参数name：一个合法的蓝牙名称。

返回值：如果该名称已被设定，则返回true，否则返回false。

（16）public boolean startDiscovery ()

功能：开始对远程设备进行查找的进程，它通常牵涉到一个大概需时12s的查询扫描过程，紧跟着是一个对每个获取到自身蓝牙名称的新设备的页面扫描。这是一个异步调用方法：该方法将马上获得返回值，注册ACTION_DISCOVERY_STARTED and ACTION_DISCOVERY_FINISHED意图准确地确定该探索是处于开始阶段还是完成阶段。注册ACTION_FOUND以获取远程蓝牙设备已找到的通知。

设备查找是一个重量级过程。当查找正在进行的时候，用户不能尝试对新的远程蓝牙设备进行连接，同时存在的连接将获得有限制的带宽以及高等待时间。用户可用cancelDiscovery()类来取消正在执行的查找进程。发现的过程不会由活动来进行管理，但是它会作为一个系统服务来运行，因此即使它不能直接请求这样的一个查询动作，也必需取消该搜索进程。设备搜寻只寻找已经被连接的远程设备。许多蓝牙设备默认不会被搜寻到，并且需要进入到一个特殊的模式当中。

如果蓝牙状态不是STATE_ON，这个API将返回false。蓝牙打开后，等待ACTION_STATE_CHANGED更新成STATE_ON。需要BLUETOOTH_ADMIN权限。

返回值：成功返回true，错误返回false。

20.2.4 服务端常量类BluetoothClass.Service

在Android系统中，定义类BluetoothClass.Service的结构如下所示。

```
java.lang.Object
android.bluetooth.BluetoothClass.Service
```

类BluetoothClass.Service用于定义所有的服务类常量，任意BluetoothClass由0或多个服务类编码组成。在类BluetoothClass.Service中包含如下所示的常量。

- int AUDIO。
- int CAPTURE。
- int INFORMATION。
- int LIMITED_DISCOVERABILITY。
- int NETWORKING。
- int OBJECT_TRANSFER。
- int POSITIONING。
- int RENDER。
- int TELEPHONY。

20.2.5 定义设备常量类BluetoothClass.Device

在Android系统中，类BluetoothClass.Device的结构如下所示。

```
java.lang.Object
android.bluetooth.BluetoothClass.Device
```

类BluetoothClass.Device用于定义所有的设备类的常量，每个BluetoothClass有一个带有主要和较小部分的设备类进行编码。里面的常量代表主要和较小的设备类部分（完整的设备类）的组合。

BluetoothClass.Device有一个内部类，此内部类定义了所有的主要设备类常量。内部类的定义格式如下。

```
class BluetoothClass.Device.Major
```

> 到此为止，Android系统最常用的蓝牙类已经介绍完毕。我们在调用这些类时首先需要确保Android系统至少为5.0以上的版本，并且还需注意添加相应的权限，比如在使用通信时需要在文件androidmanifest.xml中加入<uses-permission android:name="android.permission.BLUETOOTH" />权限，而在开关蓝牙时需要加入android.permission.BLUETOOTH_ADMIN权限。

20.3 开发Android蓝牙应用程序

在Android系统中，从查找蓝牙设备到能够相互通信需要经过几个基本步骤，这几个步骤缺一不可。下面将详细讲解在Android平台中开发蓝牙应用程序的基本方法。

20.3.1 实战演练：开发一个控制玩具车的蓝牙遥控器

本实例的功能是：在Android设备中开发一个蓝牙遥控器，通过这个遥控器可以控制玩具小车的运动轨迹。笔者为了节省成本，通过网络购买了一个蓝牙模块，开始了我们这个实例之旅。

实例20-1	开发一个控制玩具车的蓝牙遥控器
源码路径	素材\daima\26\20-1\（Java版+Kotlin版）
视频路径	素材\视频\实例\第26章\20-1

STEP 01 将购买的蓝牙模块放在一辆玩具车上，并为其接通电源。

STEP 02 打开Eclipse或Android Studio新建一个Android工程文件，命名为"lanya"。

STEP 03 编写布局文件main.xml，在里面插入了5个控制按钮，分别实现对玩具车的向前、左转、右转、后退和停止的控制。

STEP 04 编写蓝牙程序控制文件lanya.java。具体实现流程如下。

- 定义类lanya，然后设置5个按钮对象。
- 赋值蓝牙设备上的标准串行和要连接的蓝牙设备MAC地址。具体代码如下。

```
private static final UUID MY_UUID = UUID.fromString("00011101-0000-
1000-8020-00805F9B34FB");//蓝牙设备上的标准串行
private static String address = "00:11:03:21:00:42";  //要连接的蓝牙设备
MAC地址
```

- 分别编写单击【向前】、【后退】、【左转】、【右转】和【停止】按钮的事件处理程序。
- 通过套接字建立蓝牙连接，如果连接失败则输出对应的失败提示。主要实现代码如下所示。

```
    @SuppressLint("NewApi") @Override
    public void onResume() {
            super.onResume();
            if (D) {
              Log.e(TAG, "+ ON RESUME +");
             Log.e(TAG, "+ ABOUT TO ATTEMPT CLIENT CONNECT +");
            }
            DisplayToast("正在尝试连接智能小车，请稍候····");
               BluetoothDevice device = mBluetoothAdapter.
getRemoteDevice(address);
            try {
                btSocket = device.createRfcommSocketToServiceRecord(MY_
UUID);
            } catch (IOException e) {
                DisplayToast("套接字创建失败！");
            }
            DisplayToast("成功连接智能小车！可以开始操控了~~~");
            mBluetoothAdapter.cancelDiscovery();
            try {
                    btSocket.connect();
                    DisplayToast("连接成功建立，数据连接打开！");

            } catch (IOException e) {
                try {
                 btSocket.close();
                } catch (IOException e2) {
                        DisplayToast("连接没有建立,无法关闭套接字！");
                }
            }
            if (D)
              Log.e(TAG, "+ ABOUT TO SAY SOMETHING TO SERVER +");
    }
```

STEP 05 在文件AndroidManifest.xml中声明蓝牙权限，对应代码如下所示。

```
<uses-permission android:name="android.permission.BLUETOOTH_ADMIN" />
<uses-permission android:name="android.permission.BLUETOOTH" />
```

到此为止，我们的蓝牙控制玩具车的实例就介绍完毕了。本实例的实现比较简单，难度大的是双向控制，即实现每个设备都可以操控另外一个设备的功能，此时就需要有蓝牙功能的电脑或第二部Andorid手机来完成测试了。在模拟器中因为不具备蓝牙设备，程序执行后会显示"蓝牙设备不可用，请打开蓝牙！"的提示，如图20-1所示。在真机中运行之前需要先打开蓝牙，运行效果如图20-2所示。

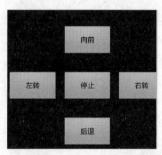

图20-1　模拟器的运行效果　　　　图20-2　真机中的执行效果

20.3.2　实战演练：开发一个Android蓝牙控制器

本实例的功能是，在Android设备中开发一个蓝牙控制器，通过这个控制器可以实现如下所示的功能。

- 打开蓝牙
- 关闭蓝牙
- 允许搜索
- 开始搜索
- 客户端
- 服务器端
- OBEX服务器

实例20-2	开发一个Android蓝牙控制器
源码路径	素材\daima\26\20-2\（Java版+Kotlin版）
视频路径	素材\视频\实例\第26章\20-2

STEP 01 本实例主界面的布局文件main.xml，在里面通过Buttom控件设置操作蓝牙按钮。执行之后的界面效果如图20-3所示。

图20-3 执行效果

STEP 02 服务器端的界面布局文件是server_socket.xml,通过Button控件设置一个按钮,通过一个ListView控件显示列表效果,主要实现代码如下所示。

```
<Button android:layout_width="fill_parent"
   android:layout_height="wrap_content" android:text="Stop server"
   android:onClick="onButtonClicked" />
<ListView  android:id="@+id/android:list"  android:layout_width="fill_parent"
   android:layout_height="fill_parent" />
```

其他几个界面的布局文件和上述文件类似,为节省本书篇幅,将不再一一列出。

STEP 03 编写主界面的程序文件Activity01.java,功能是根据用户单击屏幕中的按钮来调用对应的处理函数,例如单击"服务器端"按钮会执行函数onOpenServerSocketButtonClicked(View view)。文件Activity01.java的主要实现代码如下所示。

```
public class Activity01 extends Activity
{
/* 取得默认的蓝牙适配器 */
private BluetoothAdapter bluetooth                       =
BluetoothAdapter.getDefaultAdapter();
/* 请求打开蓝牙 */
private static final int REQUEST_ENABLE                  = 0x1;
/* 请求能够被搜索 */
private static final int REQUEST_DISCOVERABLE       = 0x2;
/** Called when the activity is first created. */
@Override
public void onCreate(Bundle savedInstanceState)
{
   super.onCreate(savedInstanceState);
```

```java
    setContentView(R.layout.main);
}
/* 开启蓝牙 */
public void onEnableButtonClicked(View view)
{
    // 用户请求打开蓝牙
    //Intent enabler = new Intent(BluetoothAdapter.ACTION_REQUEST_ENABLE);
    //startActivityForResult(enabler, REQUEST_ENABLE);
    //打开蓝牙
    _bluetooth.enable();
}
/* 关闭蓝牙 */
public void onDisableButtonClicked(View view)
{
    _bluetooth.disable();
}
/* 使设备能够被搜索 */
public void onMakeDiscoverableButtonClicked(View view)
{
    Intent enabler = new Intent(BluetoothAdapter.ACTION_REQUEST_DISCOVERABLE);
    startActivityForResult(enabler, REQUEST_DISCOVERABLE);
}
/* 开始搜索 */
public void onStartDiscoveryButtonClicked(View view)
{
    Intent enabler = new Intent(this, DiscoveryActivity.class);
    startActivity(enabler);
}
/* 客户端 */
public void onOpenClientSocketButtonClicked(View view)
{
    Intent enabler = new Intent(this, ClientSocketActivity.class);
    startActivity(enabler);
}
/* 服务端 */
public void onOpenServerSocketButtonClicked(View view)
{
    Intent enabler = new Intent(this, ServerSocketActivity.class);
    startActivity(enabler);
}
/* OBEX服务器 */
```

```
public void onOpenOBEXServerSocketButtonClicked(View view)
{
   Intent enabler = new Intent(this, OBEXActivity.class);
   startActivity(enabler);
}
}
```

STEP 04 和指定的服务器建立连接：编写程序文件ClientSocketActivity.java，功能是创建一个Socket连接，和指定的服务器建立连接。

STEP 05 搜索附近的蓝牙设备：编写程序文件DiscoveryActivity.java，功能是搜索设备附近的蓝牙设备，并在列表中显示搜索到的蓝牙设备。

STEP 06 建立和OBEX服务器的数据传输：编写程序文件OBEXActivity.java，功能是建立和OBEX服务器的数据传输。OBEX全称为Object Exchange，中文可译为对象交换。OBEX协议通过简单地使用"PUT"和"GET"命令实现在不同的设备、不同的平台之间方便、高效地交换信息。其支持的设备广泛，如PC、PDA、电话、摄像头、自动答录机、计算器、数据采集器和手表等。

STEP 07 实现蓝牙服务器端的数据处理：编写文件ServerSocketActivity.java，功能是实现蓝牙服务器端的数据处理，建立服务器端和客户端的连接和监听工作，其中的监听工作和停止服务器工作由独立的函数实现。

STEP 08 在文件AndroidManifest.xml中声明对蓝牙设备的使用权限，对应代码如下。

```
<uses-permission android:name="android.permission.BLUETOOTH" />
<uses-permission android:name="android.permission.BLUETOOTH_ADMIN" />
<uses-permission android:name="android.permission.READ_CONTACTS"/>
```

到此为止，整个实例全部实现完毕。本实例需要在真实机器上进行测试。在真机中搜索到某个蓝牙设备的执行效果如图20-4所示。

图20-4 搜索到某个蓝牙设备

第21章
拍照和二维码识别

在很多的现实应用场景中，都需要使用摄像头去拍摄照片或视频，然后在照片或视频的基础之上进行处理。但是因为Android系统源码是开源的，所以很多设备厂商均可使用，造成定制比较混乱的状况发生。在本部分的内容中，将详细讲解在Android系统中实现拍照和二维码识别的方法。

21.1 调用系统内置的拍照功能

Android系统为开发者提供了完整的相机拍照和录制视频接口，通过这些接口可以实现拍照和录制视频功能。在Android 9.0系统中，需要使用Camera2 API或相机Intent捕获图像和视频。本节将详细讲解使用Camera2 API实现拍照功能的过程。

21.1.1 开启权限

要想在自己的应用中使用摄像头，需要在文件AndroidManifest.xml中增加以下代码开启权限。

```
<uses-permission android:name="android.permission.CAMERA"></uses-permission>
<uses-feature android:name="android.hardware.camera"/>
<uses-feature android:name="android.hardware.camera.autofocus"/>
```

21.1.2 Camera2中的主要接口

在Camera 2中主要包含了如下接口类。

（1）CameraManager：这是一个摄像头管理器类，功能是获取CameraDevice对象和Camera属性。在Camera打开之前操作CameraManager，再打开Camera主要操作CameraCaptureSession，例如：

```
mCameraManager = (CameraManager) context.getSystemService(Context.CAMERA_SERVICE);
```

（2）CameraCharacteristics：Camera属性相当于Camera版本中的CameraInfo，通过CameraManager可以获取指定ID的摄像头属性。通过获取Camera属性信息可以设置Camera的输出，如FPS、大小、旋转等。例如：

```
mCameraCharacteristics = mCameraManager.getCameraCharacteristics(currentCameraId);
```

（3）CameraDevice：代表摄像头，相当早期版本的Camera类，用于创建CameraCaptureSession和关闭摄像头。可以通过CameraManager打开Camera，在StateCallback中会得到CameraDevice实例。

（4）CameraCaptureSession

在打开Camera后，我们就主要和CameraCaptureSession打交道了。CameraCaptureSession建立了一个和Camera设备的通道，当这个通道建立完成后就可以向Camera发送请求获取图像。

（5）CameraRequest和CameraRequest.Builder

CameraRequest.Builder能够配置CameraRequest，具体功能就是告诉Camera想要什么样的图像。Builder的主要结构是一个Map，在构建Builder后会得到CameraRequest，然后可以通过CameraCaptureSession发送CameraRequest。

21.2 使用Camera API

作为一款功能强大的移动操作系统，拥有众多使用者的Android系统当然还有其他的拍照方式，例如下面讲解的Camera API就是常用的一种拍照方式。

21.2.1 使用Camera API方式拍照

在Android系统中，可以使用Camera API方式实现拍照功能，此时需要用到如下所示的类。

（1）Camera类：最主要的类，用于管理Camera设备，常用的方法如下所示。
- open()：获取Camera实例。
- setPreviewDisplay(SurfaceHolder)：设置预览拍照。
- startPreview()：开始预览。
- stopPreview()：停止预览。
- release()：释放Camera实例。
- takePicture(Camera.ShutterCallback shutter, Camera.PictureCallback raw, Camera.PictureCallback jpeg)：这是拍照要执行的方法，包含了三个回调参数。其中参数Shutter是快门按下时的回调，参数raw是获取拍照原始数据的回调，参数jpeg是获取经过压缩成jpg格式的图像数据。
- Camera.PictureCallback接口：该回调接口包含了一个onPictureTaken(byte[]data, Camera camera)方法。在这个方法中可以保存图像数据。

（2）SurfaceView类：用于控制预览界面。其中SurfaceHolder.Callback接口用于处理预览的事件，需要实现如下所示的三个方法。
- surfaceCreated(SurfaceHolderholder)：预览界面创建时调用，每次界面改变后都会重新创建，需要获取相机资源并设置SurfaceHolder。
- surfaceChanged(SurfaceHolderholder, int format, int width, int height)：在预览界面发

生变化时调用，每次界面发生变化之后需要重新启动预览。
- surfaceDestroyed(SurfaceHolderholder)：预览销毁时调用，停止预览，释放相应资源。

21.2.2 实战演练：自己开发的拍照程序

实例21-1	自己开发的拍照程序
源码路径	素材\daima\29\21-1\（Java版+Kotlin版）

STEP 01 在布局文件main.xml中插入一个Capture按钮。

STEP 02 在文件AndroidManifest.xml中添加使用Camera相关的声明，主要代码如下所示。

```
<uses-permission android:name="android.permission.CAMERA" />
<uses-feature android:name="android.hardware.camera" />
<uses-feature android:name="android.hardware.camera.autofocus" />
<uses-permission android:name="android.permission.WRITE_EXTERNAL_STORAGE" />
```

STEP 03 编写AndroidCameraActivity类实现拍照功能，具体拍照流程如下所示。
- 通过Camera.open()来获取Camera实例。
- 创建Preview类，需要继承SurfaceView类并实现SurfaceHolder.Callback接口。
- 为相机设置Preview。
- 构建一个Preview的Layout来预览相机。
- 为拍照建立Listener以获取拍照后的回调。
- 拍照并保存文件。
- 释放Camera。

```
AndroidCameraActivity类的主要实现代码如下所示。
    protected void onCreate(Bundle savedInstanceState) {
        super.onCreate(savedInstanceState);
        setContentView(R.layout.main);
            if (ContextCompat.checkSelfPermission(this, Manifest.permission.CAMERA)
                == PackageManager.PERMISSION_GRANTED) {
            Log.i("TEST","Granted");
            //init(barcodeScannerView, getIntent(), null);



        // Create our Preview view and set it as the content of our activity.
```

```
        FrameLayout preview = (FrameLayout) findViewById(R.id.camera_
preview);
        mCameraSurPreview = new CameraSurfacePreview(this);
        preview.addView(mCameraSurPreview);

    // Add a listener to the Capture button
    mCaptureButton = (Button) findViewById(R.id.button_capture);
    mCaptureButton.setOnClickListener(this);
        } else {
            ActivityCompat.requestPermissions(this,
                    new String[]{Manifest.permission.CAMERA}, 1);//1
can be another integer
        }
    }
```

本实例需要在有摄像头的真机上运行，执行效果如图21-1所示。单击"Capture"按钮进行拍照，拍完照之后可以在SD卡中的"Pictures"目录下找到保存的照片，如图21-2所示。

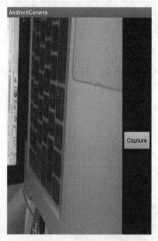
图21-1　执行效果

图21-2　拍照后保存

21.3　全新的Camera2 API

在Android系统的发展历程中，从Android 5.0（API 21）开始将原来的Camera API弃用，转而推荐使用新增的Camera2 API。和以前的拍照系统相比，Camera2 API的突出优势如下所示。

- 支持30fps的全高清连拍。
- 支持帧之间的手动设置。

- 支持RAW格式的图片拍摄。
- 支持快门0延迟以及电影速拍。
- 支持相机其他方面的手动控制，包括噪声消除的级别。

21.3.1　Camera2 API介绍

在Android系统中，Camera 2 API的具体架构如图21-3所示。

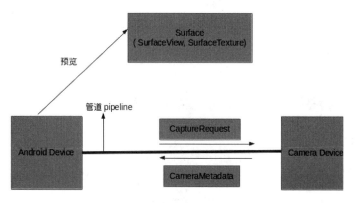

图21-3　Camera 2 API的具体架构

在上述架构中，引用了管道的概念将Android设备和摄像头之间联通起来，系统向摄像头发送Capture请求，而摄像头会返回CameraMetadata，这一切功能都是建立在一个称为CameraCaptureSession的会话中。在Camera 2 API中主要包含了如图21-4所示的类。

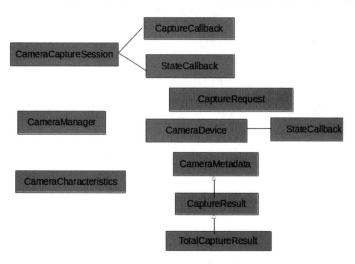

图21-4　Camera 2 API包含的类

在上述类中，CameraManager是站在高处统管所有摄像头设备（CameraDevice）的管理者，而每个CameraDevice自己会负责建立CameraCaptureSession以及建立CaptureRequest。CameraCharacteristics是CameraDevice的属性描述类。

CameraCaptureSession.CaptureCallback负责处理预览和拍照图片的工作。在Camera 2 API系统中，实现基本拍照功能的相关类如下。

- CameraManager：提供构建，列出以及链接相机设备的接口。
- CameraDevice：代表和Android设备相连的单个相机。
- CameraCaptureSession：提供一套输出目标的Surface。
- CaptureRequest：从相机设备中设置和输出所需捕捉的单一图像。
- CaptureResult：从图像传感器获得的单个图片拍摄的结果。

上述各个类实现拍照功能的具体流程如图21-5所示。

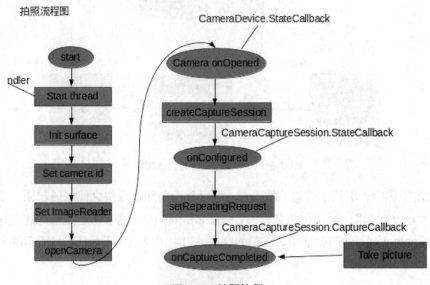

图21-5 拍照流程

在Android设备中，Camera2 API的所有特性并不都总是可用的，具体取决于设备本身。为了检查哪些特性可用，可以使用CameraCharacteristics来获得支持信息。具体格式如下。

```
characteristics.get(CameraCharacteristics.INFO_SUPPORTED_HARDWARE_LEVEL);
```

上述格式的返回结果是分级别的相机功能，分别按照全支持、有限支持和所有的设备都会有3种，具体说明如下。

- INFO_SUPPORTED_HARDWARE_LEVEL_FULL：全方位的硬件支持，允许手动控制全高清的摄像。如果返回的是这个，连拍模式以及其他新特性都是可用的。
- INFO_SUPPORTED_HARDWARE_LEVEL_LIMITED：一个"有限支持"的设备可能有一些或者没有"全支持"设备的特性。有些特性可能不属于任何硬件级别，需要单独查询。

- INFO_SUPPORTED_HARDWARE_LEVEL_LEGACY：所有的设备都会有的特性，这和过时的Camera API所支持的特性是一样的。

21.3.2 实战演练：使用Camera 2 API实现预览和拍照功能

接下来将通过一个具体实例的实现过程，详细讲解使用Camera 2 API实现相机预览和拍照功能的方法。本实例示范了使用Camera V2来进行拍照。当用户按下拍照键时，该应用会自动对焦，当对焦成功时拍下照片。该程序的界面中提供了一个自定义TextureView来显示预览取景，十分简单。

实例21-2	使用Camera 2 API实现预览和拍照功能
源码路径	素材\daima\29\21-2\（Java版+Kotlin版）

STEP 01 在布局文件fragment_camera2_basic.xml中设置一个"picture"按钮，单击这个按钮后将实现拍照功能。

STEP 02 编写文件Camera2BasicFragment.java实现拍照和预览功能，使用CameraManager来打开CameraDevice，并通过CameraDevice创建CameraCaptureSession，然后即可通过CameraCaptureSession进行预览或拍照了。通过函数process()监听相机的状态，用case语句执行对应的动作。主要实现代码如下所示。

```java
private void process(CaptureResult result) {
   switch (mState) {
     case STATE_PREVIEW: {
         break;
     }
     case STATE_WAITING_LOCK: {
         Integer afState = result.get(CaptureResult.CONTROL_AF_STATE);
                 if (afState == null) {
                     captureStillPicture();
                 } else if (CaptureResult.CONTROL_AF_STATE_FOCUSED_LOCKED == afState ||
                     CaptureResult.CONTROL_AF_STATE_NOT_FOCUSED_LOCKED == afState) {
                     //CONTROL_AE_STATE在某些设备中可以是空的
                     Integer aeState = result.get(CaptureResult.CONTROL_AE_STATE);
                     if (aeState == null ||aeState == CaptureResult.CONTROL_AE_STATE_CONVERGED) {
                         mState = STATE_PICTURE_TAKEN;
```

```
                    captureStillPicture();
                } else {
                    runPrecaptureSequence();
                }
            }
            break;
        }
        case STATE_WAITING_PRECAPTURE: {
            // CONTROL_AE_STATE在某些设备中可以是空的
    Integer aeState = result.get(CaptureResult.CONTROL_AE_STATE);
            if (aeState == null ||
     aeState == CaptureResult.CONTROL_AE_STATE_PRECAPTURE ||
     aeState == CaptureRequest.CONTROL_AE_STATE_FLASH_REQUIRED) {
                mState = STATE_WAITING_NON_PRECAPTURE;
            }
            break;
        }
        case STATE_WAITING_NON_PRECAPTURE: {
            // CONTROL_AE_STATE在某些设备中可以是空的
    Integer aeState = result.get(CaptureResult.CONTROL_AE_STATE);
        if (aeState == null || aeState != CaptureResult.CONTROL_AE_STATE_PRECAPTURE) {
                mState = STATE_PICTURE_TAKEN;
                captureStillPicture();
            }
            break;
        }
    }
}
```

STEP 03 通过函数createCameraPreviewSession()创建CameraCaptureSession，并开始预览取景。该过程调用了CameraDevice的createCaptureSession()方法来创建CameraCaptureSession，调用该方法时也传入了一个CameraCaptureSession.StateCallback参数，这样可保证当CameraCaptureSession被创建成功之后立即开始预览。

执行效果如图21-6所示。

图21-6　执行效果

21.4 解析二维码

二维码的学名是QR Code码，是由日本Denso公司于1994年9月研制的一种矩阵二维码符号，它具有一维条码及其他二维条码所具有的信息容量大、可靠性高、可表示汉字及图像多种文字信息、保密防伪性强等优点。在下面的内容中，将详细讲解使用相机解析QR Code码的方法。

21.4.1 QR Code码的特点

从QR Code码的英文名称Quick Response Code可以看出，超高速识读特点是QR Code码区别于四一七条码、Data Matrix等二维码的主要特性。由于在用CCD识读QR Code码时，整个QR Code码符号中信息的读取是通过QR Code码符号的位置探测图形，用硬件来实现，因此，信息识读过程所需时间很短，它具有超高速识读特点。用CCD二维条码识读设备，每秒可识读30个含有100个字符的QR Code码符号；对于含有相同数据信息的四一七条码符号，每秒仅能识读3个符号；对于Data Martix矩阵码，每秒仅能识读2～3个符号。QRCode码的超高速识读特性，使它能够广泛应用于工业自动化生产线管理等领域。QR Code码具有全方位（360°）识读特点，这是QR Code码优于行排式二维条码如四一七条码的另一主要特点，由于四一七条码是将一维条码符号在行排高度上的截短来实现的，因此，它很难实现全方位识读，其识读方位角仅为±10°，能够有效地表示中国汉字和日本汉字。由于QR Code码用特定的数据压缩模式表示中国汉字和日本汉字，它仅用13bit可表示一个汉字，而四一七条码、Data Martix等二维码没有特定的汉字表示模式，因此仅用字节表示模式来表示汉字，在用字节模式表示汉字时，需用16bit（二个字节）表示一个汉字，因此QR Code码比其他的二维条码表示汉字的效率提高了20%。

21.4.2 实战演练：在早期版本使用相机解析二维码

实例21-3	使用Android相机解析二维码
源码路径	素材\daima\29\21-3\（Java版+Kotlin版）

STEP 01 分别创建私有Camera对象mCamera01、mButton01、mButton02和mButton03，然后设置默认相机预览模式为false。具体代码如下所示。

```
/* 创建私有Camera对象 */
private Camera mCamera01;
private Button mButton01, mButton02, mButton03;
/* 作为review照下来的相片之用 */
private ImageView mImageView01;
```

```
private String TAG = "HIPPO";
private SurfaceView mSurfaceView01;
private SurfaceHolder mSurfaceHolder01;

/* 默认相机预览模式为false */
private boolean bIfPreview = false;

/** Called when the activity is first created. */
```

STEP 02 设置应用程序全屏幕运行,并添加红色正方形红框View供用户对准条形码,然后将创建的红色方框添加至此Activity中。具体代码如下所示。

```
public void onCreate(Bundle savedInstanceState)
{
  super.onCreate(savedInstanceState);
  /* 使应用程序全屏幕运行,不使用title bar */
  requestWindowFeature(Window.FEATURE_NO_TITLE);
  setContentView(R.layout.main);
  /* 添加红色正方形红框View,供User对准条形码 */
  DrawCaptureRect mDraw = new DrawCaptureRect
  (
    example203.this,
    110, 10, 100, 100,
    getResources().getColor(R.drawable.lightred)
  );

  /* 将创建的红色方框添加至此Activity中 */
  addContentView
  (
    mDraw,
    new LayoutParams
    (
      LayoutParams.WRAP_CONTENT, LayoutParams.WRAP_CONTENT
    )
  );
```

STEP 03 分别取得屏幕解析像素,绑定SurfaceView并设置预览大小。具体代码如下所示。

```
  /* 取得屏幕解析像素 */
  DisplayMetrics dm = new DisplayMetrics();
  getWindowManager().getDefaultDisplay().getMetrics(dm);

  mImageView01 = (ImageView) findViewById(R.id.myImageView1);
```

```
/* 以SurfaceView作为相机Preview之用 */
mSurfaceView01 = (SurfaceView) findViewById(R.id.mSurfaceView1);

/* 绑定SurfaceView，取得SurfaceHolder对象 */
mSurfaceHolder01 = mSurfaceView01.getHolder();

/* Activity必须实现SurfaceHolder.Callback */
mSurfaceHolder01.addCallback(example203.this);

/* 额外的设置预览大小设置，在此不使用 */
//mSurfaceHolder01.setFixedSize(320, 240);

/*
 * 以SURFACE_TYPE_PUSH_BUFFERS(3)
 * 作为SurfaceHolder显示类型
 * */
mSurfaceHolder01.setType
(SurfaceHolder.SURFACE_TYPE_PUSH_BUFFERS);

mButton01 = (Button)findViewById(R.id.myButton1);
mButton02 = (Button)findViewById(R.id.myButton2);
mButton03 = (Button)findViewById(R.id.myButton3);
```

STEP 04 编写单击方法mButton01按钮的响应程序mButton01.setOnClickListener，单击后打开相机及预览二维条形码。

STEP 05 编写方法单击mButton02按钮的响应程序mButton02.setOnClickListener，单击后停止预览。

STEP 06 编写单击方法mButton03按钮后的响应程序mButton03.setOnClickListener，单击后拍照处理并生成二维条形码。

STEP 07 定义方法initCamera()用于自定义初始相机函数。

STEP 08 定义方法takePicture()用于拍照并获取图像。

STEP 09 定义方法resetCamera()来实现相机重置，然后释放Camera对象。

STEP 10 定义方法onPictureTaken()，对传入的图片进行处理。首先设置onPictureTaken传入的第一个参数即为相片的byte；然后使用Matrix.postScale方法缩小图像大小；接下来创建新的Bitmap对象；然后获取4:3图片的居中红色框部分100×100像素，并将拍照的图文件以ImageView显示出来；最后将传入的图文件译码成字符串，并定义方法mMakeTextToast输出提示。

STEP 11 定义方法checkSDCard()来判断记忆卡是否存在。

STEP 12 定义方法decodeQRImage(Bitmap myBmp)来解码传入的Bitmap图片。

STEP 13 定义类DrawCaptureRect()来绘制相机预览画面里的正方形方框。
STEP 14 定义方法eregi()实现自定义比较字符串处理。
执行后能够通过手机拍照的方式实现二维码解析，如图21-7所示。

图21-7　执行效果

21.4.3　实战演练：使用开源框架Zxing生成二维码

对于广大初学者来说，面对二维码项目通常会有无从下手的感觉。幸运的是，Google为广大开发者提供了开源框架Zxing，此框架提供了Android和iPhone主流操作系统的二维码方案。在下面的实例中，使用开源框架Zxing生成了6种样式的二维码效果。

实例21-4	使用开源框架Zxing生成了6种样式的二维码
源码路径	素材\daima\29\21-4\（Java版+Kotlin版）

STEP 01 准备好本地加载引用的库文件core.jar和zxingjar-1.1.jar，然后引用界面框架appcompat-v7和单元测试框架junit。Android Studio中build.gradle文件的具体实现代码如下所示。

```
apply plugin: 'com.android.application'
android {
    compileSdkVersion 25
    buildToolsVersion "25"
    defaultConfig {
        applicationId "com.sevenheaven.zxingdemo"
        minSdkVersion 14
        targetSdkVersion 26
        versionCode 1
        versionName "1.0"
            testInstrumentationRunner "android.support.test.runner.AndroidJUnitRunner"
    }
    buildTypes {
        release {
```

```
            minifyEnabled false
            proguardFiles getDefaultProguardFile('proguard-android.txt'), 'proguard-rules.pro'
        }
    }
}
dependencies {
    compile fileTree(include: ['*.jar'], dir: 'libs')
    androidTestCompile('com.android.support.test.espresso:espresso-core:2.2.2', {
        exclude group: 'com.android.support', module: 'support-annotations'
    })
    compile 'com.android.support:appcompat-v7:25.0.0'
    testCompile 'junit:junit:4.12'
    compile files('libs/zxingjar-1.1.jar')
    compile files('libs/core.jar')
}
```

STEP 02 编写布局文件activity_main.xml，在里面插入6个ImageView图片组件用于显示生成的二维码。

STEP 03 编写文件QRCode.java，引用Google的Zxing框架，分别编写方法createQRCode、createQRCodeWithLogo2、createQRCodeWithLogo3、createQRCodeWithLogo4、createQRCodeWithLogo5和createQRCodeWithLogo6生成6种样式的二维码效果。文件QRCode.java的主要实现代码如下所示。

```
public class QRCode {
    private static int IMAGE_HALFWIDTH = 50;
    /**
     * 生成二维码，默认大小为500*500
     * @param text 需要生成二维码的文字、网址等
     */
    public static Bitmap createQRCode(String text) {
        return createQRCode(text, 500);
    }
    /**
     * 生成二维码
     * @param text 文字或网址
     * @param size 生成二维码的大小
     * @return bitmap
     */
    public static Bitmap createQRCode(String text, int size) {
```

```java
        try {
            Hashtable<EncodeHintType, String> hints = new Hashtable<>();
            hints.put(EncodeHintType.CHARACTER_SET, "utf-8");
            BitMatrix bitMatrix = new QRCodeWriter().encode(text,
                    BarcodeFormat.QR_CODE, size, size, hints);
            int[] pixels = new int[size * size];
            for (int y = 0; y < size; y++) {
                for (int x = 0; x < size; x++) {
                    if (bitMatrix.get(x, y)) {
                        pixels[y * size + x] = 0xff000000;
                    } else {
                        pixels[y * size + x] = 0xffffffff;
                    }
                }
            }
            Bitmap bitmap = Bitmap.createBitmap(size, size,
                    Bitmap.Config.ARGB_8888);
            bitmap.setPixels(pixels, 0, size, 0, 0, size, size);
            return bitmap;
        } catch (WriterException e) {
            e.printStackTrace();
            return null;
        }
    }
    /**
     * bitmap的颜色代替黑色的二维码
     */
    public static Bitmap createQRCodeWithLogo2(String text, int size, Bitmap mBitmap) {
        try {
            IMAGE_HALFWIDTH = size / 10;
            Hashtable<EncodeHintType, Object> hints = new Hashtable<>();
            hints.put(EncodeHintType.CHARACTER_SET, "utf-8");

            hints.put(EncodeHintType.ERROR_CORRECTION, ErrorCorrectionLevel.H);
            BitMatrix bitMatrix = new QRCodeWriter().encode(text,
                    BarcodeFormat.QR_CODE, size, size, hints);
            //将logo图片按martix设置的信息缩放
            mBitmap = Bitmap.createScaledBitmap(mBitmap, size, size, false);

            int[] pixels = new int[size * size];
            int color = 0xffffffff;
            for (int y = 0; y < size; y++) {
                for (int x = 0; x < size; x++) {
                    if (bitMatrix.get(x, y)) {
```

```java
                    pixels[y * size + x] = mBitmap.getPixel(x, y);
                } else {
                    pixels[y * size + x] = color;
                }
            }
        }
        Bitmap bitmap = Bitmap.createBitmap(size, size,
                Bitmap.Config.ARGB_8888);
        bitmap.setPixels(pixels, 0, size, 0, 0, size, size);
        return bitmap;
    } catch (WriterException e) {
        e.printStackTrace();
        return null;
    }
}
```
......
```java
/**
 * 生成带logo的二维码
 */
public static Bitmap createQRCodeWithLogo5(String text, int size, Bitmap mBitmap) {
    try {
        IMAGE_HALFWIDTH = size / 10;
        Hashtable<EncodeHintType, Object> hints = new Hashtable<>();
        hints.put(EncodeHintType.CHARACTER_SET, "utf-8");

        hints.put(EncodeHintType.ERROR_CORRECTION, ErrorCorrectionLevel.H);
        BitMatrix bitMatrix = new QRCodeWriter().encode(text,
                BarcodeFormat.QR_CODE, size, size, hints);
        //将logo图片按martix设置的信息缩放
        mBitmap = Bitmap.createScaledBitmap(mBitmap, size, size, false);
        int width = bitMatrix.getWidth();//矩阵高度
        int height = bitMatrix.getHeight();//矩阵宽度
        int halfW = width / 2;
        int halfH = height / 2;
        Matrix m = new Matrix();
        float sx = (float) 2 * IMAGE_HALFWIDTH / mBitmap.getWidth();
        float sy = (float) 2 * IMAGE_HALFWIDTH / mBitmap.getHeight();
        m.setScale(sx, sy);
        //设置缩放信息
        //将logo图片按martix设置的信息缩放
        mBitmap = Bitmap.createBitmap(mBitmap, 0, 0,
                mBitmap.getWidth(), mBitmap.getHeight(), m, false);
```

```java
                int[] pixels = new int[size * size];
                for (int y = 0; y < size; y++) {
                    for (int x = 0; x < size; x++) {
                        if (x > halfW - IMAGE_HALFWIDTH && x < halfW + IMAGE_HALFWIDTH
                                && y > halfH - IMAGE_HALFWIDTH
                                && y < halfH + IMAGE_HALFWIDTH) {
                            //该位置用于存放图片信息
                            //记录图片每个像素信息
                            pixels[y * width + x] = mBitmap.getPixel(x - halfW
                                    + IMAGE_HALFWIDTH, y - halfH + IMAGE_HALFWIDTH);
                        } else {
                            if (bitMatrix.get(x, y)) {
                                pixels[y * size + x] = 0xff37b19e;
                            } else {
                                pixels[y * size + x] = 0xffffffff;
                            }
                        }
                    }
                }
                Bitmap bitmap = Bitmap.createBitmap(size, size,
                        Bitmap.Config.ARGB_8888);
                bitmap.setPixels(pixels, 0, size, 0, 0, size, size);
                return bitmap;
            } catch (WriterException e) {
                e.printStackTrace();
                return null;
            }
        }

    /**
     * 修改三个顶角颜色的，带logo的二维码
     */
    public static Bitmap createQRCodeWithLogo6(String text, int size, Bitmap mBitmap) {
        try {
            IMAGE_HALFWIDTH = size / 10;
            Hashtable<EncodeHintType, Object> hints = new Hashtable<>();
            hints.put(EncodeHintType.CHARACTER_SET, "utf-8");
            /*
             * 设置容错级别，默认为ErrorCorrectionLevel.L
             * 因为中间加入logo所以建议把容错级别调至H,否则可能会出现识别不了
             */
            hints.put(EncodeHintType.ERROR_CORRECTION, ErrorCorrectionLevel.H);
```

第21章 拍照和二维码识别

```
            BitMatrix bitMatrix = new QRCodeWriter().encode(text,
                    BarcodeFormat.QR_CODE, size, size, hints);
            //将logo图片按martix设置的信息缩放
            mBitmap = Bitmap.createScaledBitmap(mBitmap, size, size,
false);
            int width = bitMatrix.getWidth();//矩阵高度
            int height = bitMatrix.getHeight();//矩阵宽度
            int halfW = width / 2;
            int halfH = height / 2;
            Matrix m = new Matrix();
            float sx = (float) 2 * IMAGE_HALFWIDTH / mBitmap.getWidth();
            float sy = (float) 2 * IMAGE_HALFWIDTH / mBitmap.getHeight();
            m.setScale(sx, sy);
            //设置缩放信息
            //将logo图片按martix设置的信息缩放
            mBitmap = Bitmap.createBitmap(mBitmap, 0, 0,
                    mBitmap.getWidth(), mBitmap.getHeight(), m, false);
            int[] pixels = new int[size * size];
            for (int y = 0; y < size; y++) {
                for (int x = 0; x < size; x++) {
                    if (x > halfW - IMAGE_HALFWIDTH && x < halfW +
IMAGE_HALFWIDTH
                            && y > halfH - IMAGE_HALFWIDTH
                            && y < halfH + IMAGE_HALFWIDTH) {
                        //该位置用于存放图片信息
                        //记录图片每个像素信息
                        pixels[y * width + x] = mBitmap.getPixel(x -
halfW
                                + IMAGE_HALFWIDTH, y - halfH + IMAGE_
HALFWIDTH);
                    } else {
                        if (bitMatrix.get(x, y)) {
                            pixels[y * size + x] = 0xff111111;
                                        if(x<115&&(y<115||y>=size-
115)||(y<115&&x>=size-115)){
                                pixels[y * size + x] = 0xfff92736;
                            }
                        } else {
                            pixels[y * size + x] = 0xffffffff;
                        }
                    }
                }
            }
            Bitmap bitmap = Bitmap.createBitmap(size, size,
```

```
                Bitmap.Config.ARGB_8888);
        bitmap.setPixels(pixels, 0, size, 0, 0, size, size);
        return bitmap;
    } catch (WriterException e) {
        e.printStackTrace();
        return null;
    }
  }
}
```

STEP 04 编写主界面文件MainActivity.java，功能是调用前面定义的6个方法，为指定的网址生成6种外观样式的二维码。

执行后将会为网站www.toppr.net中的6个网页生成6种不同样式的二维码，执行效果如图21-8所示。

图21-8　执行效果

第22章 网络防火墙系统

本章的网络流量防火墙系统实例采用Android开源系统技术，利用Java语言和Eclipse开发工具对防火墙系统进行开发。同时给出详细的系统设计流程、部分界面图及主要功能效果流程图。本章还将对开发过程中遇到的问题和解决方法进行详细讨论。整个系统实例集允许上网、权限设置、系统帮助等功能于一体，在Android系统中能独立运行。在讲解具体编码之前，先简要介绍本项目的产生背景和项目意义，为后面的系统设计和编码工作做好准备。

22.1 系统需求分析

根据项目的目标,我们可分析出系统的基本需求,以下从软件设计的角度来描述系统的功能,并且使用图示来描述。系统的功能模块,大致可分成两部分来概括,分别是主界面和设置界面。主界面又可以细分为选择模式和选中应用两部分,而设置界面又可以细分为防火墙开关、日志开关、保存规则、退出、帮助和更多6个部分。整个系统的构成模块结构如图22-1所示。

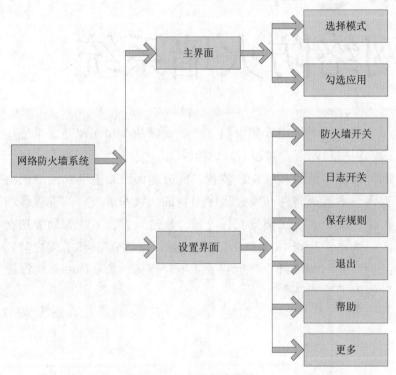

图22-1 系统构成模块

22.2 编写布局文件

STEP 01 首先编写主界面文件main.xml,系统执行之后首先显示主界面,具体代码如下所示。

```xml
<?xml version="1.0" encoding="utf-8"?>
<LinearLayout android:layout_width="fill_parent"
android:layout_height="fill_parent" xmlns:android="http://schemas.android.com/apk/res/android"
android:orientation="vertical" android:duplicateParentState="false">
<View android:layout_width="fill_parent" android:layout_height="1sp"
```

```xml
    android:background="#FFFFFFFF" />
<LinearLayout android:layout_width="fill_parent"
    android:layout_height="wrap_content" android:padding="8sp">
    <TextView android:layout_width="wrap_content"
        android:layout_height="wrap_content" android:id="@+id/label_mode"
        android:text="Mode: " android:textSize="20sp" android:clickable=
"true"></TextView>
</LinearLayout>
<View android:layout_width="fill_parent" android:layout_height="1sp"
    android:background="#FFFFFFFF" />
<RelativeLayout android:layout_width="fill_parent"
    android:layout_height="wrap_content" android:padding="3sp">
    <ImageView android:layout_width="wrap_content"
        android:layout_height="wrap_content" android:id="@+id/img_wifi"
        android:src="@drawable/eth_wifi" android:clickable="false"
        android:layout_alignParentLeft="true" android:paddingLeft="3sp"
        android:paddingRight="10sp"></ImageView>
    <ImageView android:layout_width="wrap_content"
        android:layout_height="wrap_content" android:id="@+id/img_3g"
        android:layout_toRightOf="@id/img_wifi" android:src="@drawable/eth_g"
        android:clickable="false"></ImageView>
    <ImageView android:layout_width="wrap_content"
        android:layout_height="wrap_content" android:id="@+id/img_download"
        android:src="@drawable/download" android:layout_alignParentRight="true"
        android:paddingLeft="22sp" android:clickable="false"></ImageView>
    <ImageView android:layout_width="wrap_content"
        android:layout_height="wrap_content" android:id="@+id/img_upload"
        android:layout_toLeftOf="@id/img_download" android:src="@drawable/
upload"
        android:clickable="false"></ImageView>
</RelativeLayout>
<ListView android:layout_width="wrap_content"
    android:layout_height="wrap_content" android:id="@+id/listview"></
ListView>
</LinearLayout>
```

在上述代码中,将整个主界面划分为如下两个部分。

- 上部分:显示模式和网络类型,其中模式分为黑名单模式和白名单模式两种。
- 下部分:列表显示了某种模式下的所有的网络服务,并且在每种服务前面显示一个复选框按钮,通过按钮可以设置某种服务启用还是禁用。

下部分的列表功能是通过文件listitem.xml实现的,具体代码如下。

```xml
<?xml version="1.0" encoding="utf-8"?>
<RelativeLayout xmlns:android="http://schemas.android.com/apk/res/android"
android:layout_width="fill_parent" android:layout_height="fill_parent">
<CheckBox android:layout_width="wrap_content"
    android:layout_height="wrap_content" android:id="@+id/itemcheck_wifi"
    android:layout_alignParentLeft="true"></CheckBox>
<CheckBox android:layout_width="wrap_content"
    android:layout_height="wrap_content" android:id="@+id/itemcheck_3g"
    android:layout_toRightOf="@id/itemcheck_wifi"></CheckBox>
<TextView android:layout_height="wrap_content" android:id="@+id/app_text"
    android:text="uid:packages" android:layout_width="match_parent"
    android:layout_toRightOf="@id/itemcheck_3g" android:layout_centerVertical="true"
    android:paddingRight="80sp"></TextView>
<TextView android:layout_height="wrap_content" android:id="@+id/download"
    android:layout_width="wrap_content" android:layout_alignParentRight="true"
    android:layout_centerVertical="true" android:paddingLeft="15sp"></TextView>
<TextView android:layout_height="wrap_content" android:id="@+id/upload"
    android:layout_width="wrap_content" android:layout_toLeftOf="@id/download"
    android:layout_centerVertical="true"></TextView>
</RelativeLayout>
```

系统主界面的效果如图22-2所示。

STEP 02 编写帮助界面布局文件help_dialog.xml，主要代码如下所示。

```xml
<?xml version="1.0" encoding="utf-8"?>
<FrameLayout xmlns:android="http://schemas.android.com/apk/res/android"
android:layout_width="fill_parent" android:layout_height="wrap_content">
<ScrollView xmlns:android="http://schemas.android.com/apk/res/android"
    android:layout_width="fill_parent" android:layout_height="fill_parent">
        <TextView android:layout_height="fill_parent"
            android:layout_width="fill_parent" android:text="@string/help_dialog_text"
            android:padding="6dip" />
</ScrollView>
</FrameLayout>
```

系统帮助界面的效果如图22-3所示。

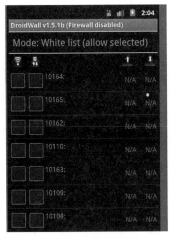 

图22-2　主界面效果　　　　图22-3　帮助界面效果

22.3　编写主程序文件

布局文件编写完毕之后，还需要编写值文件strings.xml，具体代码比较简单，请读者参考本书提供的代码即可，在此不再详细讲解。接下来开始详细讲解使用Java编写主程序文件的具体实现流程。

22.3.1　主Activity文件

首先编写文件MainActivity.java，此文件是整个系统的核心，能够实现服务选中处理和模式设置功能，选中后会禁止或开启某项网络服务。文件MainActivity.java的具体实现流程如下所示。

- 定义类MainActivity为项目启动后首先显示的Activity，设置按下Menu后显示的选项，并设置需要的各个实例函数。具体代码如下所示。

```
/**
 * 主activity. 当您打开应用时，这是被显示的屏幕
 */
public class MainActivity extends Activity implements OnCheckedChangeListener,
    OnClickListener {
// 按下Menu后显示的选项
private static final int MENU_DISABLE = 0;
private static final int MENU_TOGGLELOG = 1;
private static final int MENU_APPLY = 2;
private static final int MENU_EXIT = 3;
private static final int MENU_HELP = 4;
private static final int MENU_SHOWLOG = 5;
private static final int MENU_SHOWRULES = 6;
```

```java
private static final int MENU_CLEARLOG = 7;
private static final int MENU_SETPWD = 8;

/**进展对话实例*/
private ListView listview;
@Override
public void onCreate(Bundle savedInstanceState) {
    super.onCreate(savedInstanceState);
    checkPreferences();
    setContentView(R.layout.main);
    this.findViewById(R.id.label_mode).setOnClickListener(this);
    Api.assertBinaries(this, true);
}

@Override
protected void onStart() {
    super.onStart();
    // Force re-loading the application list
    Log.d("DroidWall", "onStart() - Forcing APP list reload!");
    Api.applications = null;
}
@Override
protected void onResume() {
    super.onResume();
    if (this.listview == null) {
        this.listview = (ListView) this.findViewById(R.id.listview);
    }
    refreshHeader();
    final String pwd = getSharedPreferences(Api.PREFS_NAME, 0).getString(
        Api.PREF_PASSWORD, "");
    if (pwd.length() == 0) {
        // No password lock
        showOrLoadApplications();
    } else {
        // Check the password
        requestPassword(pwd);
    }
}
@Override
protected void onPause() {
    super.onPause();
    this.listview.setAdapter(null);
}
```

- 定义函数checkPreferences()检查被存放的选项正常，具体代码如下所示。

```java
/**
 * 检查被存放的选项正常
 */
private void checkPreferences() {
    final SharedPreferences prefs = getSharedPreferences(Api.PREFS_NAME, 0);
    final Editor editor = prefs.edit();
    boolean changed = false;
    if (prefs.getString(Api.PREF_MODE, "").length() == 0) {
        editor.putString(Api.PREF_MODE, Api.MODE_WHITELIST);
        changed = true;
    }
    /* 删除旧的选项名字 */
    if (prefs.contains("AllowedUids")) {
        editor.remove("AllowedUids");
        changed = true;
    }
    if (prefs.contains("Interfaces")) {
        editor.remove("Interfaces");
        changed = true;
    }
    if (changed)
        editor.commit();
}
```

- 定义函数refreshHeader()来刷新显示当前运行的和网络相关的程序,具体代码如下所示。

```java
/**
 * 刷新显示当前运行的和网络相关的程序
 */
private void refreshHeader() {
    final SharedPreferences prefs = getSharedPreferences(Api.PREFS_NAME, 0);
    final String mode = prefs.getString(Api.PREF_MODE, Api.MODE_WHITELIST);
    final TextView labelmode = (TextView) this
            .findViewById(R.id.label_mode);
    final Resources res = getResources();
    int resid = (mode.equals(Api.MODE_WHITELIST) ? R.string.mode_whitelist
            : R.string.mode_blacklist);
    labelmode.setText(res.getString(R.string.mode_header,
            res.getString(resid)));
    resid = (Api.isEnabled(this) ? R.string.title_enabled
            : R.string.title_disabled);
    setTitle(res.getString(resid, Api.VERSION));
}
```

- 定义函数selectMode()显示对话框选择操作方式，供我们选择黑名单模式还是白名单模式。具体代码如下所示。

```java
/**
 * 显示对话框选择操作方式，供我们选择黑名单模式还是白名单模式
 */
private void selectMode() {
    final Resources res = getResources();
    new AlertDialog.Builder(this)
        .setItems(
            new String[] { res.getString(R.string.mode_whitelist),
                    res.getString(R.string.mode_blacklist) },
            new DialogInterface.OnClickListener() {
                public void onClick(DialogInterface dialog,
                    int which) {
                    final String mode = (which == 0 ? Api.MODE_WHITELIST
                        : Api.MODE_BLACKLIST);
                    final Editor editor = getSharedPreferences(
                        Api.PREFS_NAME, 0).edit();
                    editor.putString(Api.PREF_MODE, mode);
                    editor.commit();
                    refreshHeader();
                }
            }).setTitle("Select mode:").show();
}
```

- 定义函数setPassword()来设置一个系统密码，如果设置密码后，在进入主界面前会通过函数requestPassword()来验证密码，只有密码正确才能进入。具体代码如下所示。

```java
/**
 * 设置一新的密码
 */
private void setPassword(String pwd) {
    final Resources res = getResources();
    final Editor editor = getSharedPreferences(Api.PREFS_NAME, 0).edit();
    editor.putString(Api.PREF_PASSWORD, pwd);
    String msg;
    if (editor.commit()) {
        if (pwd.length() > 0) {
            msg = res.getString(R.string.passdefined);
        } else {
            msg = res.getString(R.string.passremoved);
        }
    } else {
        msg = res.getString(R.string.passerror);
```

```
    }
    Toast.makeText(MainActivity.this, msg, Toast.LENGTH_SHORT).show();
}

/**
 * 如果设置了密码,显示主界面前先验证密码.
 */
private void requestPassword(final String pwd) {
    new PassDialog(this, false, new android.os.Handler.Callback() {
        public boolean handleMessage(Message msg) {
            if (msg.obj == null) {
                MainActivity.this.finish();
                android.os.Process.killProcess(android.os.Process.myPid());
                return false;
            }
            if (!pwd.equals(msg.obj)) {
                requestPassword(pwd);
                return false;
            }
            // 如果密码正确
            showOrLoadApplications();
            return false;
        }
    }).show();
}
```

- 编写函数toggleLogEnabled()实现防火墙禁用和日志禁用开关处理,具体代码如下所示。

```
/**
 * 开关设置
 */
private void toggleLogEnabled() {
    final SharedPreferences prefs = getSharedPreferences(Api.PREFS_NAME, 0);
    final boolean enabled = !prefs.getBoolean(Api.PREF_LOGENABLED, false);
    final Editor editor = prefs.edit();
    editor.putBoolean(Api.PREF_LOGENABLED, enabled);
    editor.commit();
    if (Api.isEnabled(this)) {
        Api.applySavedIptablesRules(this, true);
    }
    Toast.makeText(
        MainActivity.this,
        (enabled ? R.string.log_was_enabled : R.string.log_was_disabled),
        Toast.LENGTH_SHORT).show();
}
```

- 编写函数showOrLoadApplications()，如果在某模式下有应用则显示里面的应用。函数showOrLoadApplications()的具体代码如下所示。

```java
/**
 * 如果某模式下有应用，则显示里面的应用
 */
private void showOrLoadApplications() {
    final Resources res = getResources();
    if (Api.applications == null) {
        final ProgressDialog progress = ProgressDialog.show(this,
                res.getString(R.string.working),
                res.getString(R.string.reading_apps), true);
        final Handler handler = new Handler() {
            public void handleMessage(Message msg) {
                try {
                    progress.dismiss();
                } catch (Exception ex) {
                }
                showApplications();
            }
        };
        new Thread() {
            public void run() {
                Api.getApps(MainActivity.this);
                handler.sendEmptyMessage(0);
            }
        }.start();
    } else {
        // 保存应用，显示名单
        showApplications();
    }
}
```

- 编写函数showApplications()显示应用名单，具体代码如下所示。

```java
/**
 * 显示应用名单
 */
private void showApplications() {
    final DroidApp[] apps = Api.getApps(this);
    // Sort applications - selected first, then alphabetically
    Arrays.sort(apps, new Comparator<DroidApp>() {
        @Override
        public int compare(DroidApp o1, DroidApp o2) {
            if ((o1.selected_wifi | o1.selected_3g) == (o2.selected_wifi | o2.selected_4g)) {
```

```java
                return String.CASE_INSENSITIVE_ORDER.compare(o1.names[0],
                    o2.names[0]);
            }
            if (o1.selected_wifi || o1.selected_3g)
                return -1;
            return 1;
        }
    });
    final LayoutInflater inflater = getLayoutInflater();
    final ListAdapter adapter = new ArrayAdapter<DroidApp>(this,
            R.layout.listitem, R.id.app_text, apps) {
        @Override
        public View getView(int position, View convertView, ViewGroup parent) {
            ListEntry entry;
            if (convertView == null) {
                // Inflate a new view
                convertView = inflater.inflate(R.layout.listitem, parent,
                        false);
                entry = new ListEntry();
                entry.box_wifi = (CheckBox) convertView
                        .findViewById(R.id.itemcheck_wifi);
                entry.box_3g = (CheckBox) convertView
                        .findViewById(R.id.itemcheck_3g);
                entry.app_text = (TextView) convertView
                        .findViewById(R.id.app_text);
                entry.upload = (TextView) convertView
                        .findViewById(R.id.upload);
                entry.download = (TextView) convertView
                        .findViewById(R.id.download);
                convertView.setTag(entry);
                entry.box_wifi
                        .setOnCheckedChangeListener(MainActivity.this);
                entry.box_3g.setOnCheckedChangeListener(MainActivity.this);
            } else {
                //转换一个现有视图
                entry = (ListEntry) convertView.getTag();
            }
            final DroidApp app = apps[position];
            entry.app_text.setText(app.toString());
            convertAndSetColor(TrafficStats.getUidTxBytes(app.uid), entry.upload);
            convertAndSetColor(TrafficStats.getUidRxBytes(app.uid), entry.download);
            final CheckBox box_wifi = entry.box_wifi;
            box_wifi.setTag(app);
            box_wifi.setChecked(app.selected_wifi);
            final CheckBox box_3g = entry.box_3g;
```

```
        box_3g.setTag(app);
        box_3g.setChecked(app.selected_3g);
        return convertView;
    }
```

- 编写函数convertAndSetColor()，根据对某选项的设置显示内容，并设置显示内容的颜色。假如没有任何设置，则显示"N/A"，如果已经设置了启用则显示已经用过的流量。函数convertAndSetColor()的具体代码如下所示。

```
    private void convertAndSetColor(long num, TextView text) {
        String value = null;
        long temp = num;
        float floatnum = num;
        if (num == -1) {
            value = "N/A ";
            text.setText(value);
            text.setTextColor(0xff919191);
            return ;
        } else if ((temp = temp / 1024) < 1) {
            value = num + "B";
        } else if ((floatnum = temp / 1024) < 1) {
            value = temp + "KB";
        } else {
            DecimalFormat format = new DecimalFormat("##0.0");
            value = format.format(floatnum) + "MB";
        }
        text.setText(value);
        text.setTextColor(0xffff0300);
    }
};
this.listview.setAdapter(adapter);
}
```

- 进入系统主界面后，如果按下MENU键则会弹出设置界面，在设置界面中可以选择对应的功能。在设置界面中的选择功能是通过如下三个函数实现的。

```
public boolean onCreateOptionsMenu(Menu menu) {
    menu.add(0, MENU_DISABLE, 0, R.string.fw_enabled).setIcon(
        android.R.drawable.button_onoff_indicator_on);
    menu.add(0, MENU_TOGGLELOG, 0, R.string.log_enabled).setIcon(
        android.R.drawable.button_onoff_indicator_on);
    menu.add(0, MENU_APPLY, 0, R.string.applyrules).setIcon(
        R.drawable.apply);
    menu.add(0, MENU_EXIT, 0, R.string.exit).setIcon(
        android.R.drawable.ic_menu_close_clear_cancel);
    menu.add(0, MENU_HELP, 0, R.string.help).setIcon(
```

```java
            android.R.drawable.ic_menu_help);
    menu.add(0, MENU_SHOWLOG, 0, R.string.show_log)
            .setIcon(R.drawable.show);
    menu.add(0, MENU_SHOWRULES, 0, R.string.showrules).setIcon(
            R.drawable.show);
    menu.add(0, MENU_CLEARLOG, 0, R.string.clear_log).setIcon(
            android.R.drawable.ic_menu_close_clear_cancel);
    menu.add(0, MENU_SETPWD, 0, R.string.setpwd).setIcon(
            android.R.drawable.ic_lock_lock);
    return true;
}

@Override
public boolean onPrepareOptionsMenu(Menu menu) {
    final MenuItem item_onoff = menu.getItem(MENU_DISABLE);
    final MenuItem item_apply = menu.getItem(MENU_APPLY);
    final boolean enabled = Api.isEnabled(this);
    if (enabled) {
        item_onoff.setIcon(android.R.drawable.button_onoff_indicator_on);
        item_onoff.setTitle(R.string.fw_enabled);
        item_apply.setTitle(R.string.applyrules);
    } else {
        item_onoff.setIcon(android.R.drawable.button_onoff_indicator_off);
        item_onoff.setTitle(R.string.fw_disabled);
        item_apply.setTitle(R.string.saverules);
    }
    final MenuItem item_log = menu.getItem(MENU_TOGGLELOG);
    final boolean logenabled = getSharedPreferences(Api.PREFS_NAME, 0)
            .getBoolean(Api.PREF_LOGENABLED, false);
    if (logenabled) {
        item_log.setIcon(android.R.drawable.button_onoff_indicator_on);
        item_log.setTitle(R.string.log_enabled);
    } else {
        item_log.setIcon(android.R.drawable.button_onoff_indicator_off);
        item_log.setTitle(R.string.log_disabled);
    }
    return super.onPrepareOptionsMenu(menu);
}

@Override
public boolean onMenuItemSelected(int featureId, MenuItem item) {
    switch (item.getItemId()) {
    case MENU_DISABLE:
        disableOrEnable();
        return true;
```

```
    case MENU_TOGGLELOG:
        toggleLogEnabled();
        return true;
    case MENU_APPLY:
        applyOrSaveRules();
        return true;
    case MENU_EXIT:
        finish();
        System.exit(0);
        return true;
    case MENU_HELP:
        new HelpDialog(this).show();
        return true;
    case MENU_SETPWD:
        setPassword();
        return true;
    case MENU_SHOWLOG:
        showLog();
        return true;
    case MENU_SHOWRULES:
        showRules();
        return true;
    case MENU_CLEARLOG:
        clearLog();
        return true;
    }
    return false;
}
```

- 编写函数disableOrEnable()设置开启或关闭防火墙，具体代码如下所示。

```
private void disableOrEnable() {
    final boolean enabled = !Api.isEnabled(this);
    Log.d("DroidWall", "Changing enabled status to: " + enabled);
    Api.setEnabled(this, enabled);
    if (enabled) {
        applyOrSaveRules();
    } else {
        purgeRules();
    }
    refreshHeader();
}
```

- 编写函数setPassword()来到设置密码界面，具体代码如下所示。

```
private void setPassword() {
    new PassDialog(this, true, new android.os.Handler.Callback() {
```

```
    public boolean handleMessage(Message msg) {
        if (msg.obj != null) {
            setPassword((String) msg.obj);
        }
        return false;
    }
}).show();
}
```

- 选择"Save rules（保存规则）"后执行函数showRules()，具体代码如下所示。

```
private void showRules() {
    final Resources res = getResources();
    final ProgressDialog progress = ProgressDialog.show(this,
        res.getString(R.string.working),
        res.getString(R.string.please_wait), true);
    final Handler handler = new Handler() {
        public void handleMessage(Message msg) {
            try {
                progress.dismiss();
            } catch (Exception ex) {
            }
            if (!Api.hasRootAccess(MainActivity.this, true))
                return;
            Api.showIptablesRules(MainActivity.this);
        }
    };
    handler.sendEmptyMessageDelayed(0, 100);
}
```

- 编写函数showLog()显示日志信息界面，具体代码如下所示。

```
private void showLog() {
    final Resources res = getResources();
    final ProgressDialog progress = ProgressDialog.show(this,
        res.getString(R.string.working),
        res.getString(R.string.please_wait), true);
    final Handler handler = new Handler() {
        public void handleMessage(Message msg) {
            try {
                progress.dismiss();
            } catch (Exception ex) {
            }
            Api.showLog(MainActivity.this);
        }
    };
```

```
    handler.sendEmptyMessageDelayed(0, 100);
}
```

- 编写函数clearLog()清除系统内的日志记录信息，具体代码如下所示。

```
private void clearLog() {
    final Resources res = getResources();
    final ProgressDialog progress = ProgressDialog.show(this,
        res.getString(R.string.working),
        res.getString(R.string.please_wait), true);
    final Handler handler = new Handler() {
        public void handleMessage(Message msg) {
            try {
                progress.dismiss();
            } catch (Exception ex) {
            }
            if (!Api.hasRootAccess(MainActivity.this, true))
                return;
            if (Api.clearLog(MainActivity.this)) {
                Toast.makeText(MainActivity.this, R.string.log_cleared,
                    Toast.LENGTH_SHORT).show();
            }
        }
    };
    handler.sendEmptyMessageDelayed(0, 100);
}
```

- 编写函数applyOrSaveRules()，当申请或保存规则后将规则运用到本系统。具体代码如下所示。

```
private void applyOrSaveRules() {
    final Resources res = getResources();
    final boolean enabled = Api.isEnabled(this);
    final ProgressDialog progress = ProgressDialog.show(this, res
        .getString(R.string.working), res
        .getString(enabled ? R.string.applying_rules
            : R.string.saving_rules), true);
    final Handler handler = new Handler() {
        public void handleMessage(Message msg) {
            try {
                progress.dismiss();
            } catch (Exception ex) {
            }
            if (enabled) {
                Log.d("DroidWall", "Applying rules.");
                if (Api.hasRootAccess(MainActivity.this, true)
```

```
                && Api.applyIptablesRules(MainActivity.this, true)) {
            Toast.makeText(MainActivity.this,
                    R.string.rules_applied, Toast.LENGTH_SHORT)
                    .show();
        } else {
            Log.d("DroidWall", "Failed - Disabling firewall.");
            Api.setEnabled(MainActivity.this, false);
        }
    } else {
        Log.d("DroidWall", "Saving rules.");
        Api.saveRules(MainActivity.this);
        Toast.makeText(MainActivity.this, R.string.rules_saved,
                Toast.LENGTH_SHORT).show();
    }
  }
};
handler.sendEmptyMessageDelayed(0, 100);
}
```

- 编写函数purgeRules()来清除一个规则,具体代码如下所示。

```
private void purgeRules() {
    final Resources res = getResources();
    final ProgressDialog progress = ProgressDialog.show(this,
            res.getString(R.string.working),
            res.getString(R.string.deleting_rules), true);
    final Handler handler = new Handler() {
        public void handleMessage(Message msg) {
            try {
                progress.dismiss();
            } catch (Exception ex) {
            }
            if (!Api.hasRootAccess(MainActivity.this, true))
                return;
            if (Api.purgeIptables(MainActivity.this, true)) {
                Toast.makeText(MainActivity.this, R.string.rules_deleted,
                        Toast.LENGTH_SHORT).show();
            }
        }
    };
    handler.sendEmptyMessageDelayed(0, 100);
}
```

- 编写函数onCheckedChanged()检查Wi-Fi选项和4G选项是否发生变化,具体代码如下所示。

```
public void onCheckedChanged(CompoundButton buttonView, boolean isChecked) {
    final DroidApp app = (DroidApp) buttonView.getTag();
    if (app != null) {
       switch (buttonView.getId()) {
       case R.id.itemcheck_wifi:
          app.selected_wifi = isChecked;
          break;
       case R.id.itemcheck_4g:
          app.selected_4g = isChecked;
          break;
       }
    }
}
```

到此为止，主界面程序介绍完毕，按下MENU后会弹出设置界面，如图22-4所示。

图22-4　帮助界面效果

22.3.2　帮助Activity文件

编写文件HelpDialog.java，单击设置面板中的 ? 后将会弹出帮助界面。文件HelpDialog.java的具体代码如下所示。

```
import android.app.AlertDialog;
import android.content.Context;
import android.view.View;
public class HelpDialog extends AlertDialog {
protected HelpDialog(Context context) {
   super(context);
   final View view = getLayoutInflater().inflate(R.layout.help_dialog, null);
   setButton(context.getText(R.string.close), (OnClickListener)null);
   setIcon(R.drawable.icon);
```

```
        setTitle("DroidWall v" + Api.VERSION);
        setView(view);
    }
}
```

22.3.3 公共库函数文件

编写文件Api.java，在此文件中定义了项目中需要的公共库函数。为了便于项目的开发，专门用此文件保存了系统中经常需要的函数。文件Api.java的具体代码如下所示。

- 编写函数scriptHeader()创建一个通用的Script程序头，此程序可供二进制数据使用。具体代码如下所示。

```
private static String scriptHeader(Context ctx) {
    final String dir = ctx.getDir("bin", 0).getAbsolutePath();
    final String myiptables = dir + "/iptables_armv5";
    return "" + "IPTABLES=iptables\n" + "BUSYBOX=busybox\n" + "GREP=grep\n"
            + "ECHO=echo\n" + "# Try to find busybox\n" + "if "
            + dir
            + "/busybox_g1 --help >/dev/null 2>/dev/null ; then\n"
            + " BUSYBOX="
            + dir
            + "/busybox_g1\n"
            + " GREP=\"$BUSYBOX grep\"\n"
            + " ECHO=\"$BUSYBOX echo\"\n"
            + "elif busybox --help >/dev/null 2>/dev/null ; then\n"
            + " BUSYBOX=busybox\n"
            + "elif /system/xbin/busybox --help >/dev/null 2>/dev/null ; then\n"
            + " BUSYBOX=/system/xbin/busybox\n"
            + "elif /system/bin/busybox --help >/dev/null 2>/dev/null ; then\n"
            + " BUSYBOX=/system/bin/busybox\n"
            + "fi\n"
            + "# Try to find grep\n"
            + "if ! $ECHO 1 | $GREP -q 1 >/dev/null 2>/dev/null ; then\n"
            + " if $ECHO 1 | $BUSYBOX grep -q 1 >/dev/null 2>/dev/null ; then\n"
            + "     GREP=\"$BUSYBOX grep\"\n"
            + " fi\n"
            + "# Grep is absolutely required\n"
            + "if ! $ECHO 1 | $GREP -q 1 >/dev/null 2>/dev/null ; then\n"
            + "     $ECHO The grep command is required. DroidWall will not work.\n"
            + "     exit 1\n"
            + "fi\n"
            + "fi\n"
            + "# Try to find iptables\n"
```

```
        + "if "
        + myiptables
        + " --version >/dev/null 2>/dev/null ; then\n"
        + " IPTABLES="
        + myiptables + "\n" + "fi\n" + "";
}
```

- 编写函数copyRawFile()，根据其ID给特定的资源文件位置，复制一个未加工的资源文件。具体代码如下所示。

```
private static void copyRawFile(Context ctx, int resid, File file,
    String mode) throws IOException, InterruptedException {
  final String abspath = file.getAbsolutePath();
  // 在iptables写入二进制数据
  final FileOutputStream out = new FileOutputStream(file);
  final InputStream is = ctx.getResources().openRawResource(resid);
  byte buf[] = new byte[1024];
  int len;
  while ((len = is.read(buf)) > 0) {
     out.write(buf, 0, len);
  }
  out.close();
  is.close();
  // 允许改变
  Runtime.getRuntime().exec("chmod " + mode + " " + abspath).waitFor();
}
```

- 编写函数applyIptablesRulesImpl()，功能是清洗并且重新加写所有规则，此功能是在内部实施的。函数applyIptablesRulesImpl()的具体代码如下所示。

```
private static boolean applyIptablesRulesImpl(Context ctx,
    List<Integer> uidsWifi, List<Integer> uids4g, boolean showErrors)
{
  if (ctx == null) {
     return false;
  }
  assertBinaries(ctx, showErrors);
  final String ITFS_WIFI[] = { "tiwlan+", "wlan+", "eth+" };
  final String ITFS_4G[] = { "rmnet+", "pdp+", "ppp+", "uwbr+", "wimax+",
       "vsnet+" };
  final SharedPreferences prefs = ctx.getSharedPreferences(PREFS_NAME, 0);
  final boolean whitelist = prefs.getString(PREF_MODE, MODE_WHITELIST)
       .equals(MODE_WHITELIST);
  final boolean blacklist = !whitelist;
  final boolean logenabled = ctx.getSharedPreferences(PREFS_NAME, 0)
       .getBoolean(PREF_LOGENABLED, false);
```

```java
      final StringBuilder script = new StringBuilder();
      try {
         int code;
         script.append(scriptHeader(ctx));
         script.append(""
               + "$IPTABLES --version || exit 1\n"
               + "# Create the droidwall chains if necessary\n"
               + "$IPTABLES -L droidwall >/dev/null 2>/dev/null || $IPTABLES --new droidwall || exit 2\n"
               + "$IPTABLES -L droidwall-4g >/dev/null 2>/dev/null || $IPTABLES --new droidwall-3g || exit 3\n"
               + "$IPTABLES -L droidwall-wifi >/dev/null 2>/dev/null || $IPTABLES --new droidwall-wifi || exit 4\n"
               + "$IPTABLES -L droidwall-reject >/dev/null 2>/dev/null || $IPTABLES --new droidwall-reject || exit 5\n"
               + "# Add droidwall chain to OUTPUT chain if necessary\n"
               + "$IPTABLES -L OUTPUT | $GREP -q droidwall || $IPTABLES -A OUTPUT -j droidwall || exit 6\n"
               + "# Flush existing rules\n"
               + "$IPTABLES -F droidwall || exit 7\n"
               + "$IPTABLES -F droidwall-4g || exit 8\n"
               + "$IPTABLES -F droidwall-wifi || exit 9\n"
               + "$IPTABLES -F droidwall-reject || exit 10\n" + "");
         // 检查是否能设置
         if (logenabled) {
            script.append(""
                  + "# Create the log and reject rules (ignore errors on the LOG target just in case it is not available)\n"
                  + "$IPTABLES -A droidwall-reject -j LOG --log-prefix \"[DROIDWALL] \" --log-uid\n"
                  + "$IPTABLES -A droidwall-reject -j REJECT || exit 11\n"
                  + "");
         } else {
            script.append(""
                  + "# Create the reject rule (log disabled)\n"
                  + "$IPTABLES -A droidwall-reject -j REJECT || exit 11\n"
                  + "");
         }
         if (whitelist && logenabled) {
            script.append("# Allow DNS lookups on white-list for a better logging (ignore errors)\n");
            script.append("$IPTABLES -A droidwall -p udp --dport 53 -j RETURN\n");
         }
         script.append("# Main rules (per interface)\n");
```

```java
for (final String itf : ITFS_4G) {
   script.append("$IPTABLES -A droidwall -o ").append(itf)
         .append(" -j droidwall-4g || exit\n");
}
for (final String itf : ITFS_WIFI) {
   script.append("$IPTABLES -A droidwall -o ").append(itf)
         .append(" -j droidwall-wifi || exit\n");
}
script.append("# Filtering rules\n");
final String targetRule = (whitelist ? "RETURN"
      : "droidwall-reject");
final boolean any_4g = uids3g.indexOf(SPECIAL_UID_ANY) >= 0;
final boolean any_wifi = uidsWifi.indexOf(SPECIAL_UID_ANY) >= 0;
if (whitelist && !any_wifi) {
   //当设置开启Wi-Fi时需要保证用户允许DHCP和Wi-Fi功能
   int uid = android.os.Process.getUidForName("dhcp");
   if (uid != -1) {
      script.append("# dhcp user\n");
      script.append(
            "$IPTABLES -A droidwall-wifi -m owner --uid-owner ")
            .append(uid).append(" -j RETURN || exit\n");
   }
   uid = android.os.Process.getUidForName("wifi");
   if (uid != -1) {
      script.append("# wifi user\n");
      script.append(
            "$IPTABLES -A droidwall-wifi -m owner --uid-owner ")
            .append(uid).append(" -j RETURN || exit\n");
   }
}
if (any_4g) {
   if (blacklist) {
      /* block any application on this interface */
      script.append("$IPTABLES -A droidwall-4g -j ")
            .append(targetRule).append(" || exit\n");
   }
} else {
   /*释放或阻拦在这个接口的各自的应用*/
   for (final Integer uid : uids4g) {
      if (uid >= 0)
         script.append(
               "$IPTABLES -A droidwall-4g -m owner --uid-owner ")
               .append(uid).append(" -j ").append(targetRule)
               .append(" || exit\n");
   }
```

```
    }
    if (any_wifi) {
        if (blacklist) {
            /*阻拦在这个接口的所有应用*/
                script.append("$IPTABLES -A droidwall-wifi -j ")
                    .append(targetRule).append(" || exit\n");
            }
        } else {
            /*释放或阻拦在这个接口的各自的应用*/
            for (final Integer uid : uidsWifi) {
                if (uid >= 0)
                    script.append(
                            "$IPTABLES -A droidwall-wifi -m owner --uid-owner ")
                        .append(uid).append(" -j ").append(targetRule)
                        .append(" || exit\n");
            }
        }
    if (whitelist) {
        if (!any_4g) {
            if (uids3g.indexOf(SPECIAL_UID_KERNEL) >= 0) {
                script.append("# hack to allow kernel packets on white-
list\n");
                script.append("$IPTABLES -A droidwall-4g -m owner
--uid-owner 0:999999999 -j droidwall-reject || exit\n");
            } else {
                script.append("$IPTABLES -A droidwall-4g -j droidwall-
reject || exit\n");
            }
        }
        if (!any_wifi) {
            if (uidsWifi.indexOf(SPECIAL_UID_KERNEL) >= 0) {
                script.append("# hack to allow kernel packets on white-
list\n");
                script.append("$IPTABLES -A droidwall-wifi -m owner
--uid-owner 0:999999999 -j droidwall-reject || exit\n");
            } else {
                script.append("$IPTABLES -A droidwall-wifi -j droidwall-
reject || exit\n");
            }
        }
    } else {
        if (uids3g.indexOf(SPECIAL_UID_KERNEL) >= 0) {
            script.append("# hack to BLOCK kernel packets on black-
list\n");
            script.append("$IPTABLES -A droidwall-4g -m owner --uid-
```

```
owner 0:999999999 -j RETURN || exit\n");
            script.append("$IPTABLES -A droidwall-4g -j droidwall-reject || exit\n");
        }
        if (uidsWifi.indexOf(SPECIAL_UID_KERNEL) >= 0) {
            script.append("# hack to BLOCK kernel packets on black-list\n");
            script.append("$IPTABLES -A droidwall-wifi -m owner --uid-owner 0:999999999 -j RETURN || exit\n");
            script.append("$IPTABLES -A droidwall-wifi -j droidwall-reject || exit\n");
        }
    }
    final StringBuilder res = new StringBuilder();
    code = runScriptAsRoot(ctx, script.toString(), res);
    if (showErrors && code != 0) {
      String msg = res.toString();
      Log.e("DroidWall", msg);
      // 去除多余的帮助信息
      if (msg.indexOf("\nTry `iptables -h' or 'iptables --help' for more information.") != -1) {
        msg = msg
            .replace(
                "\nTry `iptables -h' or 'iptables --help' for more information.",
                "");
      }
      alert(ctx, "Error applying iptables rules. Exit code: " + code
            + "\n\n" + msg.trim());
    } else {
      return true;
    }
  } catch (Exception e) {
    if (showErrors)
      alert(ctx, "error refreshing iptables: " + e);
  }
  return false;
}
```

- 编写函数applySavedIptablesRules()，功能是清洗并且重新加写所有规则，此规则不是内存中保存的。因为不需要读安装引用程序，所以此方法比函数applyIptablesRulesImpl()方式快。函数applySavedIptablesRules()的具体代码如下所示。

```
public static boolean applySavedIptablesRules(Context ctx,
    boolean showErrors) {
  if (ctx == null) {
```

```java
         return false;
    }
    final SharedPreferences prefs = ctx.getSharedPreferences(PREFS_NAME, 0);
    final String savedUids_wifi = prefs.getString(PREF_WIFI_UIDS, "");
    final String savedUids_4g = prefs.getString(PREF_4G_UIDS, "");
    final List<Integer> uids_wifi = new LinkedList<Integer>();
    if (savedUids_wifi.length() > 0) {
        // 检查哪一些应用使用WI-FI
        final StringTokenizer tok = new StringTokenizer(savedUids_wifi, "|");
        while (tok.hasMoreTokens()) {
            final String uid = tok.nextToken();
            if (!uid.equals("")) {
                try {
                    uids_wifi.add(Integer.parseInt(uid));
                } catch (Exception ex) {
                }
            }
        }
    }
    final List<Integer> uids_4g = new LinkedList<Integer>();
    if (savedUids_4g.length() > 0) {
        //检查哪些应用允许4G服务
        final StringTokenizer tok = new StringTokenizer(savedUids_4g, "|");
        while (tok.hasMoreTokens()) {
            final String uid = tok.nextToken();
            if (!uid.equals("")) {
                try {
                    uids_4g.add(Integer.parseInt(uid));
                } catch (Exception ex) {
                }
            }
        }
    }
    return applyIptablesRulesImpl(ctx, uids_wifi, uids_4g, showErrors);
}
```

编写函数saveRules()根据设置的选择项保存当前的规则,具体代码如下所示。

```java
public static void saveRules(Context ctx) {
    final SharedPreferences prefs = ctx.getSharedPreferences(PREFS_NAME, 0);
    final DroidApp[] apps = getApps(ctx);
    // 建立被隔离的名单列表
    final StringBuilder newuids_wifi = new StringBuilder();
    final StringBuilder newuids_4g = new StringBuilder();
    for (int i = 0; i < apps.length; i++) {
        if (apps[i].selected_wifi) {
```

```
        if (newuids_wifi.length() != 0)
            newuids_wifi.append('|');
        newuids_wifi.append(apps[i].uid);
      }
      if (apps[i].selected_4g) {
        if (newuids_4g.length() != 0)
            newuids_4g.append('|');
        newuids_4g.append(apps[i].uid);
      }
    }
    //除UIDs新的名单之外
    final Editor edit = prefs.edit();
    edit.putString(PREF_WIFI_UIDS, newuids_wifi.toString());
    edit.putString(PREF_4G_UIDS, newuids_3g.toString());
    edit.commit();
}
```

- 编写函数purgeIptables()清除所有的过滤规则,具体代码如下所示。

```
public static boolean purgeIptables(Context ctx, boolean showErrors) {
    StringBuilder res = new StringBuilder();
    try {
        assertBinaries(ctx, showErrors);
        int code = runScriptAsRoot(ctx, scriptHeader(ctx)
            + "$IPTABLES -F droidwall\n"
            + "$IPTABLES -F droidwall-reject\n"
            + "$IPTABLES -F droidwall-4g\n"
            + "$IPTABLES -F droidwall-wifi\n", res);
        if (code == -1) {
            if (showErrors)
                alert(ctx, "error purging iptables. exit code: " + code
                    + "\n" + res);
            return false;
        }
        return true;
    } catch (Exception e) {
        if (showErrors)
            alert(ctx, "error purging iptables: " + e);
        return false;
    }
}
```

- 编写函数clearLog()清除系统中的日志记录信息,具体代码如下所示。

```
public static boolean clearLog(Context ctx) {
    try {
        final StringBuilder res = new StringBuilder();
```

```
        int code = runScriptAsRoot(ctx, "dmesg -c >/dev/null || exit\n",
            res);
        if (code != 0) {
          alert(ctx, res);
          return false;
        }
        return true;
    } catch (Exception e) {
      alert(ctx, "error: " + e);
    }
    return false;
}
```

- 编写函数showLog()显示系统中的日志记录信息，具体代码如下所示。

```
public static void showLog(Context ctx) {
    try {
        StringBuilder res = new StringBuilder();
        int code = runScriptAsRoot(ctx, scriptHeader(ctx)
            + "dmesg | $GREP DROIDWALL\n", res);
        if (code != 0) {
          if (res.length() == 0) {
              res.append("Log is empty");
          }
          alert(ctx, res);
          return;
        }
        final BufferedReader r = new BufferedReader(new StringReader(
            res.toString()));
        final Integer unknownUID = -99;
        res = new StringBuilder();
        String line;
        int start, end;
        Integer appid;
        final HashMap<Integer, LogInfo> map = new HashMap<Integer, LogInfo>();
        LogInfo loginfo = null;
        while ((line = r.readLine()) != null) {
          if (line.indexOf("[DROIDWALL]") == -1)
              continue;
          appid = unknownUID;
          if (((start = line.indexOf("UID=")) != -1)
              && ((end = line.indexOf(" ", start)) != -1)) {
              appid = Integer.parseInt(line.substring(start + 4, end));
          }
          loginfo = map.get(appid);
          if (loginfo == null) {
```

```java
            loginfo = new LogInfo();
            map.put(appid, loginfo);
        }
        loginfo.totalBlocked += 1;
        if (((start = line.indexOf("DST=")) != -1)
                && ((end = line.indexOf(" ", start)) != -1)) {
            String dst = line.substring(start + 4, end);
            if (loginfo.dstBlocked.containsKey(dst)) {
                loginfo.dstBlocked.put(dst,
                        loginfo.dstBlocked.get(dst) + 1);
            } else {
                loginfo.dstBlocked.put(dst, 1);
            }
        }
    }
}
final DroidApp[] apps = getApps(ctx);
for (Integer id : map.keySet()) {
    res.append("App ID ");
    if (id != unknownUID) {
        res.append(id);
        for (DroidApp app : apps) {
            if (app.uid == id) {
                res.append(" (").append(app.names[0]);
                if (app.names.length > 1) {
                    res.append(", ...)");
                } else {
                    res.append(")");
                }
                break;
            }
        }
    } else {
        res.append("(kernel)");
    }
    loginfo = map.get(id);
    res.append(" - Blocked ").append(loginfo.totalBlocked)
            .append(" packets");
    if (loginfo.dstBlocked.size() > 0) {
        res.append(" (");
        boolean first = true;
        for (String dst : loginfo.dstBlocked.keySet()) {
            if (!first) {
                res.append(", ");
            }
            res.append(loginfo.dstBlocked.get(dst))
```

```
                    .append(" packets for ").append(dst);
                first = false;
            }
            res.append(")");
        }
        res.append("\n\n");
    }
    if (res.length() == 0) {
        res.append("Log is empty");
    }
    alert(ctx, res);
} catch (Exception e) {
    alert(ctx, "error: " + e);
}
}
```

- 编写函数hasRootAccess()检查是否具备进入根目录的权限，具体代码如下所示。

```
public static boolean hasRootAccess(Context ctx, boolean showErrors) {
    if (hasroot)
        return true;
    final StringBuilder res = new StringBuilder();
    try {
        // Run an empty script just to check root access
        if (runScriptAsRoot(ctx, "exit 0", res) == 0) {
            hasroot = true;
            return true;
        }
    } catch (Exception e) {
    }
    if (showErrors) {
        alert(ctx,
              "Could not acquire root access.\n"
                 + "You need a rooted phone to run DroidWall.\n\n"
                 + "If this phone is already rooted, please make sure DroidWall has enough permissions to execute the \"su\" command.\n"
                 + "Error message: " + res.toString());
    }
    return false;
}
```

- 编写函数runScript()执行前面编写的Script脚本头程序，此函数比较具有代表意义，能够在Android中调用并执行Script程序。函数runScript()的具体代码如下所示。

```
public static int runScript(Context ctx, String script, StringBuilder res,
    long timeout, boolean asroot) {
```

```
    final File file = new File(ctx.getDir("bin", 0), SCRIPT_FILE);
    final ScriptRunner runner = new ScriptRunner(file, script, res,
asroot);
    runner.start();
    try {
      if (timeout > 0) {
        runner.join(timeout);
      } else {
        runner.join();
      }
      if (runner.isAlive()) {
        // 设置超时
        runner.interrupt();
        runner.join(150);
        runner.destroy();
        runner.join(50);
      }
    } catch (InterruptedException ex) {
    }
    return runner.exitcode;
}
```

- 编写函数runScriptAsRoot(),功能是在Root权限下执行脚本程序。具体代码如下所示。

```
public static int runScriptAsRoot(Context ctx, String script,
    StringBuilder res, long timeout) {
  return runScript(ctx, script, res, timeout, true);
}
```

- 编写函数runScript(),功能是设置普通用户权限执行脚本程序。具体代码如下所示。

```
public static int runScript(Context ctx, String script, StringBuilder res)
    throws IOException {
  return runScript(ctx, script, res, 40000, false);
}
```

- 编写函数assertBinaries(),功能是断言二进制文件在高速缓存目录被安装。具体代码如下所示。

```
public static boolean assertBinaries(Context ctx, boolean showErrors) {
  boolean changed = false;
  try {
    // 检查iptables_armv5过滤包
    File file = new File(ctx.getDir("bin", 0), "iptables_armv5");
    if (!file.exists()) {
```

```
            copyRawFile(ctx, R.raw.iptables_armv5, file, "755");
            changed = true;
        }
        //检查busybox
        file = new File(ctx.getDir("bin", 0), "busybox_g1");
        if (!file.exists()) {
            copyRawFile(ctx, R.raw.busybox_g1, file, "755");
            changed = true;
        }
        if (changed) {
            Toast.makeText(ctx, R.string.toast_bin_installed,
                    Toast.LENGTH_LONG).show();
        }
    } catch (Exception e) {
        if (showErrors)
            alert(ctx, "Error installing binary files: " + e);
        return false;
    }
    return true;
}
```

22.3.4 系统广播文件

编写文件BootBroadcast.java，此文件是一个广播文件，在系统执行后将广播ptables规则。因为在规则中并没有设置开启显示信息，所以使用广播功能显示设置信息。文件BootBroadcast.java的主要代码如下所示。

```
import android.content.BroadcastReceiver;
import android.content.Context;
import android.content.Intent;
import android.os.Handler;
import android.os.Message;
import android.widget.Toast;
public class BootBroadcast extends BroadcastReceiver {

public void onReceive(final Context context, final Intent intent) {
    if (Intent.ACTION_BOOT_COMPLETED.equals(intent.getAction())) {
        if (Api.isEnabled(context)) {
            final Handler toaster = new Handler() {
                public void handleMessage(Message msg) {
                    if (msg.arg1 != 0)
                        Toast.makeText(context, msg.arg1,
                                Toast.LENGTH_SHORT).show();
                }
            };
```

```java
        // 开启新线程阻止防火墙
    new Thread() {
        @Override
        public void run() {
            if (!Api.applySavedIptablesRules(context, false)) {
                // Error enabling firewall on boot
                final Message msg = new Message();
                msg.arg1 = R.string.toast_error_enabling;
                toaster.sendMessage(msg);
                Api.setEnabled(context, false);
            }
        }
    }.start();
    }
}
```

然后编写文件PackageBroadcast.java，此文件也是一个具备广播功能的文件。当我们在手机中卸载一个软件后，会在防火墙中删除针对此软件的设置规则。文件PackageBroadcast.java的主要代码如下所示。

```java
import android.content.BroadcastReceiver;
import android.content.Context;
import android.content.Intent;

public class PackageBroadcast extends BroadcastReceiver {

@Override
public void onReceive(Context context, Intent intent) {
    if (Intent.ACTION_PACKAGE_REMOVED.equals(intent.getAction())) {
        //忽略应用更新
        final boolean replacing = intent.getBooleanExtra(Intent.EXTRA_REPLACING, false);
        if (!replacing) {
            final int uid = intent.getIntExtra(Intent.EXTRA_UID, -123);
            Api.applicationRemoved(context, uid);
        }
    }
}
}
```

22.3.5 登录验证

编写文件PassDialog.java，功能是在输入密码对话框中获取用户输入的密码，只有输入合法的密码数据才能登录系统。文件PassDialog.java的主要代码如下所示。

```java
public class PassDialog extends Dialog implements android.view.View.
OnClickListener, android.view.View.OnKeyListener, OnCancelListener {
    private final Callback callback;
    private final EditText pass;
    /**创建一个对话框*/
    public PassDialog(Context context, boolean setting, Callback callback)
    {
        super(context);
        final View view = getLayoutInflater().inflate(R.layout.pass_dialog,
null);
        ((TextView)view.findViewById(R.id.pass_message)).setText(setting ?
R.string.enternewpass : R.string.enterpass);
        ((Button)view.findViewById(R.id.pass_ok)).setOnClickListener(this);
        ((Button)view.findViewById(R.id.pass_cancel)).setOnClickListener(this);
        this.callback = callback;
        this.pass = (EditText) view.findViewById(R.id.pass_input);
        this.pass.setOnKeyListener(this);
        setTitle(setting ? R.string.pass_titleset : R.string.pass_titleget);
        setOnCancelListener(this);
        setContentView(view);
    }
    @Override
    public void onClick(View v) {
        final Message msg = new Message();
        if (v.getId() == R.id.pass_ok) {
            msg.obj = this.pass.getText().toString();
        }
        dismiss();
        this.callback.handleMessage(msg);
    }
    @Override
    public boolean onKey(View v, int keyCode, KeyEvent event) {
        if (keyCode == KeyEvent.KEYCODE_ENTER) {
            final Message msg = new Message();
            msg.obj = this.pass.getText().toString();
            this.callback.handleMessage(msg);
            dismiss();
            return true;
        }
        return false;
    }
    @Override
    public void onCancel(DialogInterface dialog) {
```

```
      this.callback.handleMessage(new Message());
   }
}
```

22.3.6 打开/关闭某一个实施控件

编写文件StatusWidget.java，功能是打开或关闭某一个实施控件。主要代码如下所示。

```
public class StatusWidget extends AppWidgetProvider {
@Override
public void onReceive(final Context context, final Intent intent) {
   super.onReceive(context, intent);
   if (Api.STATUS_CHANGED_MSG.equals(intent.getAction())) {
      // 当防火墙状态改变时马上广播信息
      final Bundle extras = intent.getExtras();
      if (extras != null && extras.containsKey(Api.STATUS_EXTRA)) {
         final boolean firewallEnabled = extras
               .getBoolean(Api.STATUS_EXTRA);
         final AppWidgetManager manager = AppWidgetManager
               .getInstance(context);
         final int[] widgetIds = manager
               .getAppWidgetIds(new ComponentName(context,
                  StatusWidget.class));
         showWidget(context, manager, widgetIds, firewallEnabled);
      }
   } else if (Api.TOGGLE_REQUEST_MSG.equals(intent.getAction())) {
      // 根据防火墙开关信息广播状态信息
      final SharedPreferences prefs = context.getSharedPreferences(
            Api.PREFS_NAME, 0);
      final boolean enabled = !prefs.getBoolean(Api.PREF_ENABLED, true);
      final String pwd = prefs.getString(Api.PREF_PASSWORD, "");
      if (!enabled && pwd.length() != 0) {
         Toast.makeText(context,
               "Cannot disable firewall - password defined!",
               Toast.LENGTH_SHORT).show();
         return;
      }
      final Handler toaster = new Handler() {
         public void handleMessage(Message msg) {
            if (msg.arg1 != 0)
               Toast.makeText(context, msg.arg1, Toast.LENGTH_SHORT)
                     .show();
         }
      };
```

```
    //开启新线程改变防火墙
    new Thread() {
       @Override
       public void run() {
          final Message msg = new Message();
          if (enabled) {
             if (Api.applySavedIptablesRules(context, false)) {
                msg.arg1 = R.string.toast_enabled;
                toaster.sendMessage(msg);
             } else {
                msg.arg1 = R.string.toast_error_enabling;
                toaster.sendMessage(msg);
                return;
             }
          } else {
             if (Api.purgeIptables(context, false)) {
                msg.arg1 = R.string.toast_disabled;
                toaster.sendMessage(msg);
             } else {
                msg.arg1 = R.string.toast_error_disabling;
                toaster.sendMessage(msg);
                return;
             }
          }
          Api.setEnabled(context, enabled);
       }
    }.start();
  }

  @Override
  public void onUpdate(Context context, AppWidgetManager appWidgetManager,
        int[] ints) {
     super.onUpdate(context, appWidgetManager, ints);
     final SharedPreferences prefs = context.getSharedPreferences(
           Api.PREFS_NAME, 0);
     boolean enabled = prefs.getBoolean(Api.PREF_ENABLED, true);
     showWidget(context, appWidgetManager, ints, enabled);
  }

  private void showWidget(Context context, AppWidgetManager manager,
        int[] widgetIds, boolean enabled) {
     final RemoteViews views = new RemoteViews(context.getPackageName(),
           R.layout.onoff_widget);
     final int iconId = enabled ? R.drawable.widget_on
```

```
        : R.drawable.widget_off;
    views.setImageViewResource(R.id.widgetCanvas, iconId);
    final Intent msg = new Intent(Api.TOGGLE_REQUEST_MSG);
    final PendingIntent intent = PendingIntent.getBroadcast(context, -1,
        msg, PendingIntent.FLAG_UPDATE_CURRENT);
    views.setOnClickPendingIntent(R.id.widgetCanvas, intent);
    manager.updateAppWidget(widgetIds, views);
}
}
```

到此为止,整个网络流量防火墙系统介绍完毕。执行后的主界面效果如图22-5所示,按下MENU键后会弹出设置选项卡,如图22-6所示。

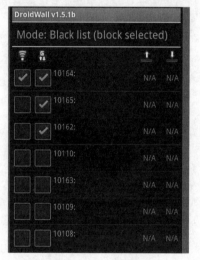
图22-5 主界面

图22-6 弹出设置选项卡

单击选项卡中的"Firewall disabled"选项可以打开/关闭防火墙,单击选项卡中的"Log enabled"选项可以打开/关闭日志,单击选项卡中的"Save rules"选项会弹出保存进度条,如图22-7所示。

图22-7 保存规则进度条

单击选项卡中的 会退出当前系统,单击选项卡中的 会弹出帮助对话框界面,如图22-8所示。

第22章 网络防火墙系统

图22-8　帮主对话框界面

单击选项卡中的会弹出一个新的对话框，如图22-9所示。在此对话框中可以选择实现其他功能，例如单击"Set password"选项后会弹出一个设置密码界面，如图22-10所示。

图22-9　新功能对话框　　　　　图22-10　设置密码界面

第 23 章
在线电话簿管理系统

PhoneGap是一个基于HTML、CSS和JavaScript的技术，是一个创建移动跨平台移动应用程序的快速开发平台。PhoneGap使开发者能够利用iPhone、Android、Palm、Symbian、WP7、Bada和Blackberry等智能手机的核心功能——包括地理定位、加速器、联系人、声音和振动等。此外，PhoneGap拥有丰富的插件，可以以此扩展更多的功能。本章将详细讲解PhoneGap的基本知识。

23.1 实例目标

通过市场调查可知，一个完整的电话本管理系统应该包括：添加模块、主窗体模块、信息查询模块、信息修改模块和系统管理模块。本系统主要实现设备内联系人信息的管理，包括添加、修改、查询和删除。整个系统模块划分如图23-1所示。

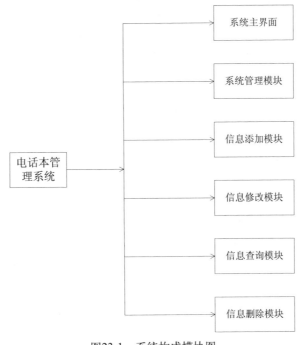

图23-1 系统构成模块图

（1）系统管理模块

用户通过此模块来管理设备内的联系人信息，在屏幕下方提供了实现系统管理的5个按钮。

- 搜索：触摸按下此按钮后能够快速搜索设备内需要的联系人信息。
- 添加：触摸按下此按钮后能够向设备内添加新的联系人信息。
- 修改：触摸按下此按钮后能够修改设备内已经存在的某条联系人信息。
- 删除：触摸按下此按钮后删除设备内已经存在的某条联系人信息。
- 更新：触摸按下此按钮后能够更新设备的所有联系人信息。

（2）系统主界面

在系统主屏幕界面中显示了两个操作按钮，通过这两个按钮可以快速进入本系统的核心功能。

- 查询：触摸按下此按钮后能够来到系统搜索界面，能够快速搜索设备内需要的联系人信息。

- 管理：触摸按下此按钮后能够来到系统管理模块的主界面。

（3）信息添加模块

通过此模块能够向设备中添加新的联系人信息。

（4）信息修改模块

通过此模块能够修改设备内已经存在的联系人信息。

（5）信息删除模块

通过此模块能够删除设备内已经存在的联系人信息。

（6）信息查询模块

通过此模块能够搜索设备内需要的联系人信息。

23.2 PhoneGap简介

PhoneGap是一个免费的开发平台，需要特定平台提供的附加软件，如iPhone的iPhone SDK、Android的Android SDK等，也可以和Dreamweaver 5.5及以上版本配套开发。使用PhoneGap只比为每个平台分别建立应用程序好一点点，因为虽然基本代码是一样的，但是仍然需要为每个平台分别编译应用程序。本节将简要讲解PhoneGap的基本知识。

23.2.1 产生背景介绍

随着智能移动设备的快速普及，Web新技术（如HTML 5）的飞速发展，Web开发人员将不可避免地遇到一大挑战：怎样在移动设备上将HTML 5应用程序作为本地程序运行？与传统PC机不同的是，智能移动设备完全是移动应用的天下，那么Web开发人员如何利用自己熟悉的技术（如Objective-C语言）来进行移动应用开发，而不用花费大量的时间来学习新技术呢？在手机浏览器上，用户必须通过打开超链接来访问HTML 5应用程序，而不能像访问本地应用程序那样，仅仅通过点击一个图标就能得到想要的结果，尤其是当移动设备脱机以后，用户几乎无法访问HTML 5应用程序。

在当前的移动应用市场中，已经初步形成了iOS、Android和Windows Phone三大阵营。随着移动应用市场的迅猛发展，越来越多的开发者也加入到了移动应用开发的大军当中。目前，Android应用是基于Java语言进行开发的，苹果公司的iOS应用是基于Objective-C语言开发的，微软公司的Windows Phone应用则是基于C#语言开发的。如果开发者编写的应用要同时在不同的操作系统上运行的话，则必须掌握多种开发语言，这必将严重影响软件开发进度和项目上线时间，并且已经成为开发团队的一大难题。

为了进一步简化移动应用开发，很多公司已经推出了相应的解决方案。Adobe推出的AIR Mobile技术，能使Flash开发的应用同时发布到iOS、Android和黑莓的Playbook上。Appcelerator公司推出的Titanium平台能直接将Web应用编译为本地应用运行在iOS和Android系统上。而Nitobi公司（现已被Adobe公司收购）也推出了一套基于Web技术的开源移动应用解决方案：PhoneGap。2008年夏天，PhoneGap技术面世。从此，开发移动应用时人们有了一项新的选择。PhoneGap是基于Web开发人员所熟悉的HTML、CSS和JavaScript技术，创建跨平台移动应用程序的快速开发平台。

23.2.2 什么是PhoneGap

PhoneGap是目前唯一支持当今主流移动平台的开源移动开发框架，具体包括如下平台。

- iOS。
- Android。
- BlackBerry OS。
- Palm WebOS。
- Windows Phone。
- Symbian。
- Bada。

PhoneGap是一个基于HTML、CSS和JavaScript创建跨平台移动应用程序的开发平台，与传统Web应用相比，它使开发者能够利用iPhone、Android等智能手机的核心本地功能，例如地理定位、加速器、联系人、声音和振动等。此外，PhoneGap还拥有非常丰富的插件，并可以凭借其轻量级的插件式架构来扩展无限的功能。

虽然PhoneGap是免费的，但是它需要特定平台提供的附加软件来实现，例如iPhone的iPhone SDK、Android的Android SDK等，也可以和Adobe Dreamweaver配套开发。利用PhoneGap Build，可以在线打包Web应用成客户端并发布到各移动应用市场。

有了PhoneGap和PhoneGap Build，Web开发人员便可以利用他们非常熟悉的JavaScript、HTML和CSS技术，或者结合移动Web UI框架jQuery Mobile、Sencha Touch来开发跨平台移动客户端，还能非常方便地发布程序到不同移动平台上。

23.2.3 搭建PhoneGap开发环境

在使用PhoneGap进行移动Web开发之前，需要先搭建PhoneGap开发环境。在实例的内容中，将详细讲解搭建PhoneGap开发环境的基本知识。

1. 准备工作

在安装PhoneGap开发环境之前，需要先安装如下所示的框架。

- Java SDK。
- Eclipse。
- iOS SDK。
- ADT Plugin。

2. 获得PhoneGap开发包

PhoneGap使用NodeJS进行管理，获得PhoneGap开发包的基本流程如下所示。

STEP 01 登录http://nodejs.org下载NodeJS，如图23-1所示。

图23-1　登录http://nodejs.org

STEP 02 http://nodejs.org页面会自动识别当前机器的操作系统版本和位数（32位或64位），单击"INSTALL"按钮后将自动下载适用当前机器的版本。

STEP 03 双击下载后的文件node-v0.12.0-x64.msi，根据屏幕提示完成安装。

STEP 04 接下来开始使用NodeJS获得PhoneGap，单击开始菜单中的"Node.js command prompt"选项，启动NodeJS，如图23-2所示。

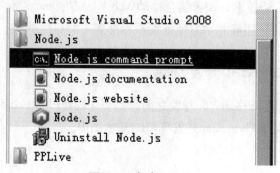

图23-2　启动NodeJS

第23章 在线电话簿管理系统

STEP 05 在弹出的命令行界面中输入命令"npm install -g phonegap"进行安装,此时系统会自动检测并安装当前最新版本的PhoneGap,如图23-3所示。

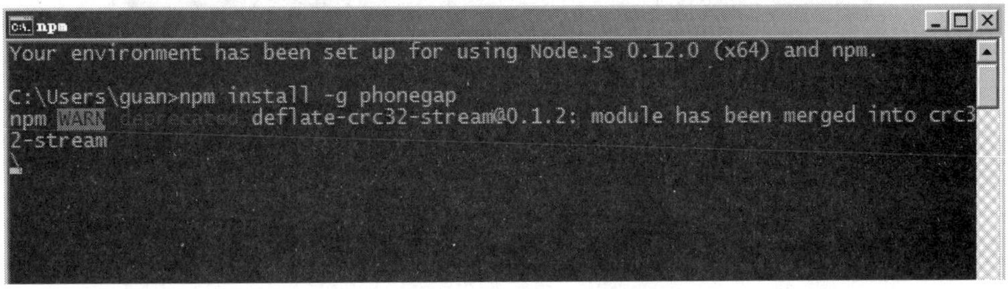

图23-3 安装命令行界面

STEP 06 通过安装命令行界面可知,获取后的文件保存在"C:\Users\用户名\AppData\Roaming\npm\node_modules"目录下,如图23-4所示。

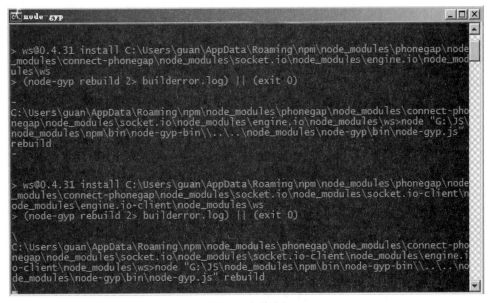

图23-4 安装路径

23.3 具体实现

23.3.1 创建Android工程

STEP 01 启动Android Studio,依次选中File、New、Other菜单,然后在向导的树形结构中找到Android节点。点击Android Project,在项目名称上填写phonebook。在其中填写包名com.example.web_dhb,如图23-5所示。

433

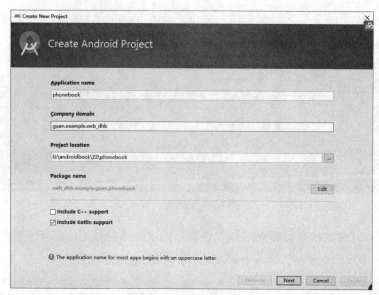

图23-5　创建Android工程

STEP 02 点击Next按钮，此时将成功构建一个标准的Android项目。图23-6展示了当前项目的目录结构。

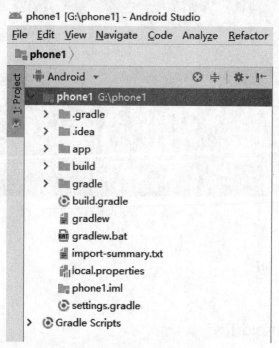

图23-6　创建的Android工程

STEP 03 修改文件MainActivity.java，为此文件添加执行HTML文件的代码，主要代码如下所示。

第23章 在线电话簿管理系统

```
public class MainActivity extends DroidGap {
    @Override
    public void onCreate(Bundle savedInstanceState) {
        super.onCreate(savedInstanceState);
        super.loadUrl("file:///android_asset/www/main.html");
    }
}
```

23.3.2 实现系统主界面

在本实例中，系统主界面的实现文件是main.html，主要实现代码如下所示。

```
  <script src="./js/jquery.js"></script>
  <script src="./js/jquery.mobile-1.2.0.js"></script>
  <script src="./cordova-2.1.0.js"></script>

</head>
<body>
    <!-- Home -->
      <div data-role="page" id="page1" style="background-image:
url(./img/bg.gif);">
        <div data-theme="e" data-role="header">
            <h2>电话本管理中心</h2>
        </div>
        <div data-role="content" style="padding-top:200px;">
            <a data-role="button" data-theme="e" href="./select.
html" id="chaxun"  data-icon="search" data-iconpos="left" data-
transition="flip">查询</a>
            <a data-role="button" data-theme="e" href="./set.html"
id="guanli"  data-icon="gear" data-iconpos="left"> 管理 </a>
        </div>
    <div data-theme="e" data-role="footer" data-position="fixed">
            <span class="ui-title">免费组织制作v1.0</span>
        </div>

        <script type="text/javascript">
          //App custom javascript
      sessionStorage.setItem("uid","");

         $('#page1').bind('pageshow',function(){
            $.mobile.page.prototype.options.domCache = false;

                });
        // 等待加载PhoneGap
```

```
          document.addEventListener("deviceready", onDeviceReady, false);

          // PhoneGap加载完毕
          function onDeviceReady() {
            var db = window.openDatabase("Database", "1.0", "PhoneGap myuser", 200000);
            db.transaction(populateDB, errorCB);
          }
          // 填充数据库
        function populateDB(tx) {
            tx.executeSql('CREATE TABLE IF NOT EXISTS `myuser` (`user_id` integer primary key autoincrement ,`user_name` VARCHAR( 25 ) NOT NULL ,`user_phone` varchar( 15 ) NOT NULL ,`user_qq` varchar( 15 ) ,`user_email` VARCHAR( 50 ),`user_bz` TEXT)');

        }
        // 事务执行出错后调用的回调函数
        function errorCB(tx, err) {
            alert("Error processing SQL: "+err);
        }

        </script>
    </div>
  </body>
</html>
```

执行后的效果如图23-7所示。

图23-7 执行效果

23.3.3 实现信息查询模块

信息查询模块的功能是快速搜索存储于设备中的联系人信息。触摸图23-7中的"查询"按钮后会进入具体的"查询"界面，如图23-8所示。

图23-8 查询界面

在查询界面上面的表单中可以输入搜索关键字，然后触摸按下"查询"按钮后会在下方显示搜索结果。信息查询模块的实现文件是select.html，主要实现代码如下所示。

```
    <script src="./js/jquery.js"></script>
    <script src="./js/jquery.mobile-1.2.0.js"></script>
    <!-- <script src="./cordova-2.1.0.js"></script> -->
</head>
<body>
<body>
        <!-- Home -->
        <div data-role="page" id="page1">
            <div data-theme="e" data-role="header">
                    <a data-role="button" href="./main.html" data-icon="back" data-iconpos="left" class="ui-btn-left">返回</a>
                    <a data-role="button" href="./main.html" data-icon="home" data-iconpos="right" class="ui-btn-right">首页</a>
                <h3> 查询</h3>
                <div >
                    <fieldset data-role="controlgroup" data-mini="true">
                        <input name="" id="searchinput6" placeholder="输入联系人姓名" value="" type="search" />
                    </fieldset>
                </div>
                <div>
                    <input type="submit" id="search"  data-theme="e" data-icon="search" data-iconpos="left" value="查询" data-mini="true" />
                </div>
            </div>
            <div data-role="content">
```

```html
            <div class="ui-grid-b" id="contents" >
         </div >
          </div >
         <script>
          //App custom javascript
         var u_name="";
          <!-- 查询全部联系人   -->
          // 等待加载PhoneGap
         document.addEventListener("deviceready", onDeviceReady, false);
          // PhoneGap加载完毕
            function onDeviceReady() {
            var db = window.openDatabase("Database", "1.0", "PhoneGap myuser", 200000);
              db.transaction(queryDB, errorCB);//调用queryDB查询方法，以及errorCB错误回调方法
            }
          // 查询数据库
         function queryDB(tx) {
             tx.executeSql('SELECT * FROM myuser', [], querySuccess, errorCB);
         }
          // 查询成功后调用的回调函数
          function querySuccess(tx, results) {
             var len = results.rows.length;
             var str="<div class='ui-block-a' style='width:90px;'>姓名</div><div class='ui-block-b'>电话</div><div class='ui-block-c'>拨号</div>";
             console.log("myuser table:"+ len + "rows found.");
             for (var i=0; i<len; i++){
               //写入到logcat文件
         str+="<div class='ui-block-a' style='width:90px;'>"+results.rows.item(i).user_name+"</div><div class='ui-block-b'>"+results.rows.item(i).user_phone
                       +"</div><div class='ui-block-c'><a href='tel:"+results.rows.item(i).user_phone+"' data-role='button' class='ui-btn-right' >拨打 </a></div>";
             }
             $("#contents").html(str);
         }
          // 事务执行出错后调用的回调函数
          function errorCB(err) {
```

```
                    console.log("Error processing SQL:"+err.code);
                }
                <!-- 查询一条数据   -->
                $("#search").click(function(){
                    var searchinput6 = $("#searchinput6").val();
                    u_name = searchinput6;
                    var db = window.openDatabase("Database", "1.0",
"PhoneGap myuser", 200000);
                    db.transaction(queryDBbyone, errorCB);
                });
                function queryDBbyone(tx){
                    tx.executeSql("SELECT * FROM myuser where user_name
like '%"+u_name+"%'", [], querySuccess, errorCB);
                }
            </script>
        </div>
    </body>
</html>
```

23.3.4 实现系统管理模块

系统管理模块的功能是管理设备内的联系人信息,触摸图23-7中的"管理"按钮,进入如图23-9所示的"管理"界面。

图23-9 "管理"界面

在图23-9所示的界面中提供了实现系统管理的5个按钮,具体说明如下所示。

- 搜索:触摸按下此按钮后能够快速搜索设备内我们需要的联系人信息。
- 添加:触摸按下此按钮后能够向设备内添加新的联系人信息。
- 修改:触摸按下此按钮后能够修改设备内已经存在的某条联系人信息。
- 删除:触摸按下此按钮后删除设备内已经存在的某条联系人信息。
- 更新:触摸按下此按钮后能够更新设备的所有联系人信息。

系统管理模块的实现文件是set.html,主要实现代码如下所示。

```html
<body>
    <!-- Home -->
    <div data-role="page" id="set_1" data-dom-cache="false">
        <div data-theme="e" data-role="header" >
            <a data-role="button" href="main.html" data-icon="home" data-iconpos="right" class="ui-btn-right"> 主页</a>
            <h1>管理</h1>
            <a data-role="button" href="main.html" data-icon="back" data-iconpos="left" class="ui-btn-left">后退 </a>
            <div >
                <span id="test"></span>
                <fieldset data-role="controlgroup" data-mini="true">
                    <input name="" id="searchinput1" placeholder="输入查询人的姓名" value="" type="search" />
                </fieldset>
            </div>
            <div>
                <input type="submit" id="search" data-inline="true" data-icon="search" data-iconpos="top" value="搜索" />
                <input type="submit" id="add" data-inline="true" data-icon="plus" data-iconpos="top"  value="添加"/>
                <input type="submit" id="modfiry"data-inline="true" data-icon="minus" data-iconpos="top" value="修改" />
                <input type="submit" id="delete" data-inline="true" data-icon="delete" data-iconpos="top" value="删除" />
                <input type="submit" id="refresh" data-inline="true" data-icon="refresh" data-iconpos="top" value="更新" />
            </div>
        </div>
        <div data-role="content">
            <div class="ui-grid-b" id="contents">
        </div >
    </div>
    <script type="text/javascript">

        $.mobile.page.prototype.options.domCache = false;
        var u_name="";
        var num="";


        var strsql="";
        <!-- 查询全部联系人   -->
```

第23章 在线电话簿管理系统

```javascript
            // 等待加载PhoneGap
            document.addEventListener("deviceready", onDeviceReady, false);
            // PhoneGap加载完毕
             function onDeviceReady() {
                 var db = window.openDatabase("Database", "1.0", "PhoneGap myuser", 200000);
                 db.transaction(queryDB, errorCB);    //调用queryDB查询方法,以及errorCB错误回调方法
             }
            // 查询数据库
            function queryDB(tx) {
                tx.executeSql('SELECT * FROM myuser', [], querySuccess, errorCB);
            }
            // 查询成功后调用的回调函数
            function querySuccess(tx, results) {
                var len = results.rows.length;
                var str="<div class='ui-block-a'>编号</div><div class='ui-block-b'>姓名</div><div class='ui-block-c'>电话</div>";
                //console.log("myuser table: "+ len + "rows found.");
                for (var i=0; i<len; i++){
                //写入到logcat文件
                //console.log("Row = "+ i + "ID = "+ results.rows.item(i).user_id + "Data = "+ results.rows.item(i).user_name);
                str +="<div class='ui-block-a'><input type='checkbox' class='idvalue' value="+results.rows.item(i).user_id+" /></div><div class='ui-block-b'>"+results.rows.item(i).user_name
                        +"</div><div class='ui-block-c'>"+results.rows.item(i).user_phone+"</div>";
                }
                $("#contents").html(str);
            }
            // 事务执行出错后调用的回调函数
            function errorCB(err) {
                console.log("Error processing SQL: "+err.code);
            }

            <!-- 查询一条数据   -->
            $("#search").click(function(){
                var searchinput1 = $("#searchinput1").val();
```

```javascript
            u_name = searchinput1;
            var db = window.openDatabase("Database", "1.0", "PhoneGap myuser", 200000);
            db.transaction(queryDBbyone, errorCB);
        });
        function queryDBbyone(tx){
            tx.executeSql("SELECT * FROM myuser where user_name like '%"+u_name+"%'", [], querySuccess, errorCB);
        }
        $("#delete").click(function(){
            var len = $("input:checked").length;
            for(var i=0;i<len;i++){
                num +=","+$("input:checked")[i].value;
            }
            num=num.substr(1);
            var db = window.openDatabase("Database", "1.0", "PhoneGap myuser", 200000);
            db.transaction(deleteDBbyid, errorCB);
        });
        function deleteDBbyid(tx){
            tx.executeSql("DELETE FROM `myuser` WHERE user_id in("+num+")", [], queryDB, errorCB);
        }
    $("#add").click(function(){
        $.mobile.changePage ('add.html', 'fade', false, false);
    });
    $("#modfiry").click(function(){
        if($("input:checked").length==1){
            var userid=$("input:checked").val();
            sessionStorage.setItem("uid",userid);
     $.mobile.changePage ('modfiry.html', 'fade', false, false);
        }else{
            alert("请选择要修改的联系人,并且每次只能选择一位");
        }

    });
    //=============与手机联系人  同步数据==================================
    $("#refresh").click(function(){
        // 从全部联系人中进行搜索
        var options = new ContactFindOptions();
        options.filter="";
```

```
                    var filter = ["displayName","phoneNumbers"];
                    options.multiple=true;
                    navigator.contacts.find(filter, onTbSuccess, onError, options);
            });
            // onSuccess: 返回当前联系人结果集的快照
            function onTbSuccess(contacts) {
                // 显示所有联系人的地址信息
                var str="<div class='ui-block-a'>编号</div><div class='ui-block-b'>姓名</div><div class='ui-block-c'>电话</div>";
                var phone;
                var db = window.openDatabase("Database", "1.0", "PhoneGap myuser", 200000);
                for (var i=0; i<contacts.length; i++){
                for(var j=0; j< contacts[i].phoneNumbers.length; j++){
                    phone = contacts[i].phoneNumbers[j].value;
                }

                strsql +="INSERT INTO `myuser` (`user_name`,`user_phone`) VALUES ('"+contacts[i].displayName+"','"+phone+"');#";
                }
                db.transaction(addBD, errorCB);
            }
            // 更新插入数据
            function addBD(tx){

                strs=strsql.split("#");
                for(var i=0;i<strs.length;i++){
                    tx.executeSql(strs[i], [], [], errorCB);
                }
                var db = window.openDatabase("Database", "1.0", "PhoneGap myuser", 200000);
                db.transaction(queryDB, errorCB);
            }
            // onError: 获取联系人结果集失败
            function onError() {
                console.log("Error processing SQL: "+err.code);
            }
        </script>
        </div>
    </body>
```

23.3.5 实现信息添加模块

在图23-9所示的界面中提供了实现系统管理的5个按钮，如果触摸按下"添加"按钮则会来到信息添加界面，通过此界面可以向设备中添加新的联系人信息，如图23-10所示。

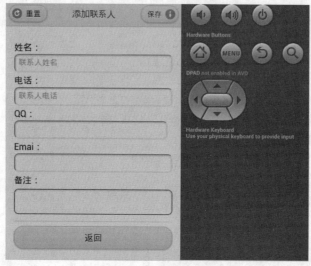

图23-10 信息添加界面

信息添加模块的实现文件是add.html，主要实现代码如下所示。

```html
<body>
<!-- Home -->
    <div data-role="page" id="page1">
        <div data-theme="e" data-role="header">
            <a data-role="button" id="tjlxr" data-theme="e" data-icon="info" data-iconpos="right" class="ui-btn-right">保存</a>
            <h3>添加联系人 </h3>
            <a data-role="button" id="czlxr" data-theme="e" data-icon="refresh" data-iconpos="left" class="ui-btn-left"> 重置</a>
        </div>
        <div data-role="content">
            <form action="" data-theme="e" >
                <div data-role="fieldcontain">
                    <fieldset data-role="controlgroup" data-mini="true">
            <label for="textinput1">姓名: <input name="" id="textinput1" placeholder="联系人姓名" value="" type="text" /></label>
                    </fieldset>
                    <fieldset data-role="controlgroup" data-mini="true">
```

```html
            <label for="textinput2">电话: <input name="" id="textinput2" placeholder="联系人电话" value="" type="tel" /></label>
                </fieldset>
                <fieldset data-role="controlgroup" data-mini="true">
                    <label for="textinput3">QQ: <input name="" id="textinput3" placeholder="" value="" type="number" /></label>
                </fieldset>
                <fieldset data-role="controlgroup" data-mini="true">
                    <label for="textinput4">Emai: <input name="" id="textinput4" placeholder="" value="" type="email" /></label>
                </fieldset>
                <fieldset data-role="controlgroup">
                    <label for="textarea1">备注: </label>
                    <textarea name="" id="textarea1" placeholder=" " data-mini="true"></textarea>
                </fieldset>
            </div>
            <div>
    <a data-role="button"  id="back" data-theme="e" >返回</a>
            </div>
        </form>
    </div>
    <script type="text/javascript">
    $.mobile.page.prototype.options.domCache = false;
    var textinput1 = "";
    var textinput2 = "";
    var textinput3 = "";
    var textinput4 = "";
    var textarea1  = "";
       $("#tjlxr").click(function(){

          textinput1 =  $("#textinput1").val();
          textinput2 =  $("#textinput2").val();
          textinput3 =  $("#textinput3").val();
          textinput4 =  $("#textinput4").val();
          textarea1  =  $("#textarea1").val();
            var db = window.openDatabase("Database", "1.0", "PhoneGap myuser", 200000);
            db.transaction(addBD, errorCB);
        });
        function addBD(tx){
           tx.executeSql("INSERT INTO `myuser` (`user_name`,`user_
```

```
phone`,`user_qq`,`user_email`,`user_bz`) VALUES ('"+textinput1+"','"+
textinput2+","+textinput3+",'"+textinput4+"','"+textarea1+"')",  [],
successCB, errorCB);
           }
           $("#czlxr").click(function(){
             $("#textinput1").val("");
             $("#textinput2").val("");
             $("#textinput3").val("");
             $("#textinput4").val("");
             $("#textarea1").val("");
           });
           $("#back").click(function(){
             successCB();
           });
           // 等待加载PhoneGap
      document.addEventListener("deviceready", onDeviceReady, false);
           // PhoneGap加载完毕
           function onDeviceReady() {
             var db = window.openDatabase("Database", "1.0",
"PhoneGap myuser", 200000);
             db.transaction(populateDB, errorCB);
           }
         // 填充数据库
       function populateDB(tx) {
         //tx.executeSql('DROP TABLE IF EXISTS `myuser`');
         tx.executeSql('CREATE TABLE IF NOT EXISTS `myuser` (`user_
id` integer primary key autoincrement ,`user_name` VARCHAR( 25 ) NOT
NULL ,`user_phone` varchar( 15 ) NOT NULL ,`user_qq` varchar( 15 )
,`user_email` VARCHAR( 50 ),`user_bz` TEXT)');
             //tx.executeSql("INSERT INTO `myuser` (`user_name`,`user_
phone`,`user_qq`,`user_email`,`user_bz`) VALUES ('刘',12222222,222,'nlll
llull','null')");
             //tx.executeSql("INSERT INTO `myuser` (`user_name`,`user_
phone`,`user_qq`,`user_email`,`user_bz`) VALUES ('张山',12222222,222,'nll
lllull','null')");
             //tx.executeSql("INSERT INTO `myuser` (`user_name`,`user_
phone`,`user_qq`,`user_email`,`user_bz`) VALUES ('李四',12222222,222,'nll
lllull','null')");
             //tx.executeSql("INSERT INTO `myuser` (`user_name`,`user_
phone`,`user_qq`,`user_email`,`user_bz`) VALUES ('李四搜索
',12222222,222,'nlllllull','null')");
             //tx.executeSql('INSERT INTO DEMO (id, data) VALUES (2,
```

```
"Second row")');
    }
    // 事务执行出错后调用的回调函数
    function errorCB(tx, err) {
        alert("Error processing SQL: "+err);
    }

    // 事务执行成功后调用的回调函数
    function successCB() {
        $.mobile.changePage ('set.html', 'fade', false, false);
    }
      </script>
    </div>
</body>
```

23.3.6 实现信息修改模块

在图23-9所示的界面中,如果先选中一个联系人信息,然后触摸按下"修改"按钮后会来到信息修改界面,通过此界面可以修改这条被选中联系人的信息,如图23-11所示。

图23-11 信息修改界面

信息修改模块的实现文件是modfiry.html,主要实现代码如下。

```
<script type="text/javascript" src="./js/jquery.js"></script>
</head>
<body>
 <!-- Home -->
    <div data-role="page" id="page1">
        <div data-theme="e" data-role="header">
```

```html
            <a data-role="button"  id="tjlxr" data-theme="e" data-icon="info" data-iconpos="right" class="ui-btn-right">修改</a>
            <h3>修改联系人 </h3>
            <a data-role="button"  id="back" data-theme="e" data-icon="refresh" data-iconpos="left" class="ui-btn-left"> 返回</a>
        </div>
        <div data-role="content">
            <form action="" data-theme="e" >
                <div data-role="fieldcontain">
                    <fieldset data-role="controlgroup" data-mini="true">
                        <label for="textinput1">姓名：<input name="" id="textinput1" placeholder="联系人姓名" value="" type="text" /></label>
                    </fieldset>
                    <fieldset data-role="controlgroup" data-mini="true">
                        <label for="textinput2">电话： <input name="" id="textinput2" placeholder="联系人电话" value="" type="tel" /></label>
                    </fieldset>
                    <fieldset data-role="controlgroup" data-mini="true">
                        <label for="textinput3">QQ: <input name="" id="textinput3" placeholder="" value="" type="number" /></label>
                    </fieldset>
                    <fieldset data-role="controlgroup" data-mini="true">
                        <label for="textinput4">E-mai: <input name="" id="textinput4" placeholder="" value="" type="email" /></label>
                    </fieldset>
                    <fieldset data-role="controlgroup">
                        <label for="textarea1"> 备注：</label>
                        <textarea name="" id="textarea1" placeholder="" data-mini="true"></textarea>
                    </fieldset>
                </div>
            </form>
        </div>
        <script type="text/javascript">
        $.mobile.page.prototype.options.domCache = false;
        var textinput1 = "";
        var textinput2 = "";
        var textinput3 = "";
        var textinput4 = "";
        var textarea1  = "";
        var uid = sessionStorage.getItem("uid");
//==================================================================================
        $("#tjlxr").click(function(){
```

```
                    textinput1 = $("#textinput1").val();
                    textinput2 = $("#textinput2").val();
                    textinput3 = $("#textinput3").val();
                    textinput4 = $("#textinput4").val();
                    textarea1  = $("#textarea1").val();
                    var db = window.openDatabase("Database", "1.0", "PhoneGap
myuser", 200000);
                    db.transaction(modfiyBD, errorCB);
                });
                function modfiyBD(tx){
        // alert("UPDATE `myuser`SET  `user_name`='"+textinput1+"',`user_
phone`="+textinput2+",`user_qq`="+textinput3
        // +",`user_email`='"+textinput4+"',`user_bz`='"+textarea1+"' WHERE
userid="+uid);
                    tx.executeSql("UPDATE `myuser`SET  `user_name`='"
+textinput1+"',`user_phone`="+textinput2+",`user_qq`="+textinput3
                    +",`user_email`='"+textinput4+"',`user_bz`='"+textarea1+"' WHERE
user_id="+uid, [], successCB, errorCB);
                }
//===================================================================
============================
                $("#back").click(function(){
                    successCB();
                });
        document.addEventListener("deviceready", onDeviceReady, false);
                // PhoneGap加载完毕
                function onDeviceReady() {
                    var db = window.openDatabase("Database", "1.0",
"PhoneGap myuser", 200000);
                    db.transaction(selectDB, errorCB);
                }
            function selectDB(tx) {
                //alert("SELECT * FROM myuser where user_id="+uid);
                tx.executeSql("SELECT * FROM myuser where user_id="+uid, [],
querySuccess, errorCB);
            }
            // 事务执行出错后调用的回调函数
            function errorCB(tx, err) {
                alert("Error processing SQL: "+err);
            }
            // 事务执行成功后调用的回调函数
            function successCB() {
                $.mobile.changePage ('set.html', 'fade', false, false);
            }
            function querySuccess(tx, results) {
```

```
                var len = results.rows.length;
                for (var i=0; i<len; i++){
                //写入到logcat文件
                //console.log("Row = " + i + "ID = "+ results.rows.
item(i).user_id + "Data =   "+ results.rows.item(i).user_name);
                $("#textinput1").val(results.rows.item(i).user_name);
                $("#textinput2").val(results.rows.item(i).user_phone);
                $("#textinput3").val(results.rows.item(i).user_qq);
                $("#textinput4").val(results.rows.item(i).user_email);
                $("#textarea1").val(results.rows.item(i).user_bz);
                }
            }
        </script>
    </div>
</body>
</html>
```

23.3.7 实现信息删除模块和更新模块

在图23-9所示的界面中，如果先选中一个联系人信息，然后触摸按下"删除"按钮后会删除这条被选中的联系人信息。信息删除模块的功能在文件set.html中实现，相关的实现代码如下所示。

```
            function deleteDBbyid(tx){
                tx.executeSql("DELETE FROM `myuser` WHERE user_id
in("+num+")", [], queryDB, errorCB);
            }
```

在图23-9所示的界面中，如果触摸按下"更新"按钮则会更新整个设备内的联系人信息。信息更新模块的功能在文件set.html中实现，相关的实现代码如下所示。

```
        $("#refresh").click(function(){
            // 从全部联系人中进行搜索
        var options = new ContactFindOptions();
        options.filter="";
        var filter = ["displayName","phoneNumbers"];
        options.multiple=true;
        navigator.contacts.find(filter, onTbSuccess, onError, options);
        });
```

到此为止，整个实例讲解完毕。